U0306546

Agricultural Heritage Systems
and
Rural China

农业文化遗产  乡土中国

孙庆忠 主编

中央编译出版社
CCTP Central Compilation & Translation Press

图书在版编目（CIP）数据

农业文化遗产与乡土中国／孙庆忠主编. —北京：
中央编译出版社，2021.9
ISBN 978-7-5117-4024-3

Ⅰ.①农… Ⅱ.①孙… Ⅲ.①农业-文化遗产-研究-
中国 Ⅳ.①S-05

中国版本图书馆 CIP 数据核字（2021）第 184792 号

农业文化遗产与乡土中国

责任编辑	杜永明	
责任印制	刘　慧	
出版发行	中央编译出版社	
地　　址	北京西城区车公庄大街乙 5 号鸿儒大厦 B 座（100044）	
电　　话	（010）52612345（总编室）	（010）52612339（编辑室）
	（010）52612311（营销部）	（010）52612315（新技术部）
传　　真	（010）66515838	
经　　销	全国新华书店	
印　　刷	北京汇林印务有限公司	
开　　本	880 毫米×1230 毫米　1/32	
字　　数	344 千字	
印　　张	14.75	
版　　次	2021 年 9 月第 1 版	
印　　次	2021 年 9 月第 1 次印刷	
定　　价	68.00 元	

新浪微博：@中央编译出版社　微　　信：中央编译出版社(ID: cctphome)
淘宝店铺：中央编译出版社直销店(http://shop108367160.taobao.com)
　　　　　（010）52612322

本社常年法律顾问：北京市吴栾赵阎律师事务所律师　闫军　梁勤
凡有印装质量问题，本社负责调换，电话：(010) 52612317

中国农业大学"双一流"文化传承创新项目

序：农业文化遗产的永续价值与保护实践

孙庆忠

作为中华文明立足传承之根基，长达数千年的农耕文化是祖先留给我们的宝贵遗产。丰富的农业生物多样性、传统的知识与技术体系、独特的生态和文化景观，充分体现了人与自然和谐共处的生存智慧。党的十八大以来，习近平总书记多次强调保护中华优秀农耕文化，指出"我国农耕文明源远流长、博大精深，是中华优秀传统文化的根"，并号召"让收藏在禁宫里的文物、陈列在广阔大地上的遗产、书写在古籍里的文字都活起来"。如何将祖先的农耕智慧引入现代化农业生产和现代生活方式之中，使其成为助推农业绿色发展的重要力量，成为慰藉人们心灵的文化源泉，是全面推进乡村振兴的时代命题。

文化根基：储备丰富的遗产资源

我国地域广阔、生态环境复杂多样，由此造就了种类繁多、形态各异的农业文化遗产。

它们鲜明的生态属性和社会文化属性，是我们认识"三农"问题和研究乡土社会的理论基点。

作为一种国际认可的遗产保护类型，全球重要农业文化遗产（Globally Important Agricultural Heritage Systems，简称 GI-AHS），是联合国粮农组织（FAO）在 2002 年发起的一项大型国际计划，旨在保护生物多样性和文化多样性的前提下，促进地区发展和农民生活水平的提高。截止 2020 年底，FAO 已将全球 22 个国家的 62 个具有代表性的传统农业系统认定为 GI-AHS，其中中国 15 项，数量位居各国之首。2012 年，我国启动了中国重要农业文化遗产（China-NIAHS）的发掘与保护工作。2016 年原农业部组织开展农业文化遗产普查工作，共发掘出 408 项具有保护潜力的农业生产系统。截至 2020 年底，农业农村部共认定 5 批 118 项中国重要农业文化遗产，涉及 136 个县级行政区域，其中 45 个属于少数民族地区。这些遗产涵盖稻鱼共生、桑基鱼塘、湿地农业、山地梯田、农牧复合、草原游牧等类型多样的生产系统，是可持续农业和乡村发展的典范。

浙江青田稻鱼共生系统是我国第一个全球重要农业文化遗产，1300 多年来一直保持着传统的农业生产方式——稻鱼共生。它既是一种种植业和养殖业有机结合的生产模式，也是一种资源复合利用系统。鱼依稻而鲜，稻依鱼而香。鱼以田中之虫为食，而禾苗恰以鱼儿之粪为料。稻鱼共生系统通过"鱼食昆虫杂草—鱼粪肥田"的方式，使系统自身维持正常循环，保证了农田的生态平衡。此种生态循环系统大大减少了对化肥农药的依赖，增加了系统的生物多样性，以稻养鱼，以鱼促稻，生态互利，实现了稻鱼双丰收。

云南省红河哈尼族彝族自治州是哈尼梯田的故乡。崇山峻岭之中的哈尼梯田，历经千年开垦而成，处于多元的系统循环之中。哈尼族的寨子大多建在向阳、有水、有林，海拔在1000米至2000米的半山腰。森林在上，村寨居中，村寨之下依地势造田，层层梯田由此绵延至河谷山麓，河水升腾为水雾，继而凝结为雨，落在森林，再流入村寨、灌溉梯田、流进河谷，从而形成"森林—村寨—梯田—河谷"四素同构的人与自然高度协调、可持续发展、良性循环的生态系统。

内蒙古阿鲁科尔沁草原游牧系统，以蒙古族传统的"逐水草而居，食肉饮酪"的生产和生活方式为特征，人和牲畜不断迁徙和流动，从而既能够保证牧群不断获得充足的饲草，又能够避免由于畜群长期滞留一个地区而导致草场过载、草地资源退化。游牧系统内的三要素［牧民—牲畜—草原（河流）］之间形成了天然的相互依存和相互制约的关系。

此类农业文化遗产，多是现代化背景下人们理想的生态宜居之地和乡愁栖居之所。如果能将其潜存的深厚资源挖掘利用，实现一、二、三产业的融合发展，那么乡村传统的知识系统以及与此共生的社群生活，就会转化成为乡村发展的内生动力。

循环永续：传统农业的生态智慧

农业文化遗产是人与自然环境长期协同进化的结果，是农村生计、多样化粮食系统、农业生物多样性保护和可持续利用的来源。这些传承久远的生产与生活系统以及其中的本土知识和生态原则，经受住了千百年的考验，具有极高的适应性。

我国的传统农业之所以能在生存资源极度短缺的自然条件下，滋养着中华民族繁衍生息，孕育了不曾间断的华夏文明，正是得益于积聚了数千年的农耕智慧。就观念层面而言，"天人合一"的哲学思想、五行相生相克的辩证认识，深度影响了人们的生产与生活实践。从经验层面而论，不同季节作物种植的安排、有机肥料的使用方法、旱作技术、稻田生产技术、选种和积肥技术等，无不蕴含着丰富的科学道理。以物种多样性为例，稻田养鱼，鱼撞击稻禾，50%的稻飞虱掉下来被鱼吃掉，排泄物可以养地。鱼身上分泌的黏滑物质还可以控制水稻的纹枯病，这是利用物种之间的吃与被吃关系进行的食物链模式。北方棉田间作玉米，玉米可以吸引棉铃虫的天敌瓢虫、蜘蛛等，从而有效减少棉花遭受危害，这是利用生物之间的化学关系进行的相生相克的害虫防治模式。除了这些农耕技术的传统知识外，我国各民族的文化体系都蕴含着人与自然和谐共处的生态观。"有了森林才会有水，有了水才会有田地，有了田地才会有粮食，有了粮食才会有人的生命"，这样的生态观对于森林保护和农业的永续发展发挥了重要作用，而山林祭祀、农事庆典、农耕礼俗、乡规民约等，均体现着对大自然的呵护意识，成为维护生态平衡的重要资源。

然而，不幸的是，传统农业这类混合种植的用地制度和生物养地的本土化习俗，在与现代高科技遭遇之时，往往备受冷遇。在西方发展主义和现代化理论的胁迫之下，全球性的政治经济和自然生态问题凸显，更为严峻的是，乡村传统的知识系统以及与此相连的社群生活日趋瓦解，乡村发展陷入窘境。

乡村发展的主体是农民，但从事农业的人数在锐减，乡土知识的传承后继乏人。据国家统计局统计数据显示，2019年全国农民工总量已达29077万人。他们告别乡土的直接后果是土地撂荒、村庄的社会生活缺乏活力。即使在农业文化遗产保护地，农民离村的趋势依旧蔓延。在侨乡浙江青田，中青年劳动力绝大部分已经转移到国外和国内的城市，从事第二、第三产业；在贵州从江小黄村，几乎所有的农户在稻田养鱼的同时还要外出打工；在云南哈尼村寨，掌握梯田农耕技术的老者相继谢世，接受学校教育的年轻一代外出打工，本民族传统文化渐已遗失；在江西万年，因产量低、老百姓的收益低，贡谷种植面积在减少，保护区内的野生稻濒危。

作为一种特殊的遗产类型，农业文化遗产保护的动因之一是反思现代农业的危机与弊端，意欲在传统农业系统中寻找农业可持续发展之源。从这个意义上说，保护不是让我们回到前现代的农业社会，不只是对传统的刻意存留，还必须考虑到农业生态系统中农民生活水平的提高和生活质量的改善。因此，保护农业文化遗产是对农业特性、对乡村价值的再评估，是对人类未来生存和发展机会的战略性保护，其终极指向是现代化背景下的乡村建设。

资源效应：保护与发展的创造性转化

对于农业的可持续发展和乡村振兴而言，农业文化遗产的挖掘和利用都是不可替代的资源。近年来的保护实践证明，以农民为主体、以政府为主导、社会多方力量参与的保护机制，是农业文化遗产保护的有效路径。

内蒙古敖汉旗是我国旱作农业的发源地之一。当地政府将农业文化遗产打造成地方发展的金字招牌，先后建成敖汉旗旱作农业展览馆、中国小米博物馆。从 2014 年开始，连续 6 年举办了世界小米起源和发展大会，与国内外农业遗产地交流保护经验，让小米产业链成为助力脱贫攻坚的主导产业。以王金庄村为核心保护区域的河北涉县旱作梯田系统，在地方农业部门支持下，2017 年农民筹划成立了旱作梯田保护与利用协会，他们组织开展社区资源调查，加深了对梯田和村庄的认同感与归属感。可见，在生态脆弱和经济贫困地区，农业文化遗产保护使地方政府找到了脱贫攻坚的抓手，让农民看到了乡土文化资源潜藏的多功能价值，也拓宽了民间组织服务国家建设的路径。

综观我国农业文化遗产的保护实践还会发现，无论是遗产保护与产业发展并举的江苏兴化垛田传统农业系统，还是借助农业文化遗产解困而重现原貌的湖州桑基鱼塘；无论是桑产业带动大健康生态农业的夏津黄河故道古桑树群，还是对原生态民族文化旅游资源保护和利用的贵州从江稻鱼鸭复合系统，都展现出了在应对现代化危机中农耕文化强大的适应性和创造性。这充分说明，保护农业文化遗产并非让我们回到过去，而是立足当下重新思考农业的发展和乡村的未来。作为践行"绿水青山就是金山银山"理念的现实成果，农业文化遗产保护的经验对于我国农业和农村发展以及国际可持续农业运动，都具有重要的示范和借鉴意义。

保护农业文化遗产能够形成一种精神动力，让我们的子孙更好地生存与生活。如果在追逐现代化的过程中，我们丧失了对这些生产和生活经验的传承能力，失去的不仅是我们这个民族的文化特质，更是基于历史认同的安顿心灵之所。保护农业文化遗产表面上是保存传统农业的智慧，保留和城市文化相对应的乡土文明，其更为长远的意义则在于留住现在与过往生活之间的联系，留住那些与农业生产和生活一脉相承的文化记忆。这不仅是弘扬农耕文化的精神基础，也是社会再生产的情感力量。

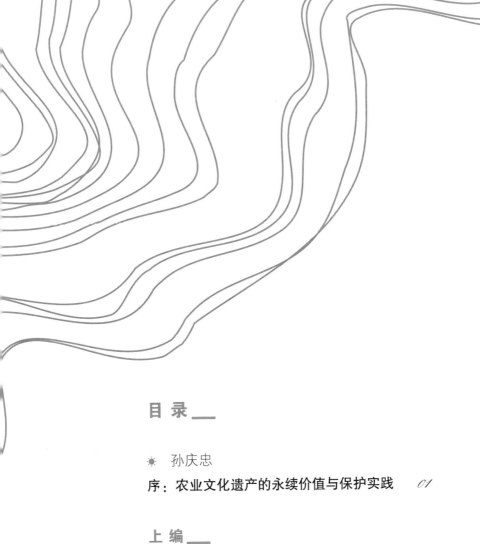

目 录__

农业文化遗产

乡土中国

上编

☀ 金沙江畔的纳西村落（王文燕 摄）

农业文化研究与农业文化遗产保护

——乌丙安教授访谈录

乌丙安　孙庆忠

乌丙安，1929 年生于内蒙古自治区呼和浩特，祖籍喀喇沁，蒙古族。著名民俗学家、民间文艺学家。中国民俗学会荣誉会长、国家非物质文化遗产保护工作专家委员会副主任、中国民间文化遗产抢救工程专家委员会副主任，原辽宁大学民俗研究中心主任，教授。

孙庆忠，中国农业大学人文与发展学院社会学系教授。

题记：作为国家非物质文化遗产保护的权威专家，乌丙安教授始终站在学术研究和保护实践的最前列。他有关"非遗"的著作，以及"匪夷所思"的系列博文，为我们理解和反思文化遗产的保护工作提供了重要的理论支撑和思考路径，也为文化遗产的学科建设指明了方向。截至当下，自然遗产保护、世界遗产保护、非物质文化遗产保护、世界文化记忆保护和全球农业文化遗产保护，是在联合国名下所进行的全球性的遗产保护工作。如何认识这五种保护类型之间的内在关联，如何认识农业文化遗产保护的核心理念，如何寻找遗产保护的可行性路径？这都是亟待解决的关键问题。为了寻求这些问题的答案，2011年4月8日和8月12日，乌先生先后两次应邀专程来北京接受了我们的专访。现将访谈辑录成篇，以期引导和启发各学科共同推动农业文化研究和农业文化遗产保护。

一、遗产：概念诠释与保护类型

孙庆忠（以下简称"孙"）：老师，感谢您专程来北京为我们传道解惑！近年来与非物质文化遗产保护同步，农业文化遗产受到了特别多的关注。但遗憾的是，到目前为止，学界对于农业文化遗产的很多问题还没有梳理清楚，因此我们特别渴望您能利用这个机会帮我们解惑，引导我们从事农业文化研究和农业文化遗产保护。提到农业文化遗产保护，咱们首先就来谈谈遗产的问题，我们到底怎么来理解"遗产"这个事儿？

乌丙安（以下简称"乌"）：从遗产本身来讲，它最重要的属性是要"传"的，而且遗产的语境，就是跟前代已经有了距离，因此一提到遗产那就得回到历史。有的遗产可以划定界线，有的是不可划的。农业文化遗产和非物质文化遗产都不像文物那样是固化了的物质文化遗产，其年代很难划得非常精细，原因就是时代的变化有相当错综复杂的历史过渡，今天我们提到遗产是因为今天的历史跟过去的历史在观念上的进展。我们当今为什么提出了那么多的遗产？是因为社会文化变迁的速度太快，已经不容我们再犹豫了，有的地方一夜之间就没有了农业，至少在那个特定的空间里没了。社会转型给历史带来的压力就是用速度来标识的，非物质文化遗产也好，农业文化遗产也好，都出现了一种危机感。当你还没觉得它是遗产的时候，它已经越过遗产的栏杆跳过来了，所以对遗产的概念必须有现代意识。我们常常讲人与人之间的代沟，其实正像是遗产的界线。过去我们说25年左右才能有一代，现在"80后"已经被"90后"和"00后"看作是很古老的年代，以这种眼光看遗产我们才发现，最近从联合国到我们国家，保护遗产的呼声如此之高，是有它的现实意义的。

孙：一提到"遗产"我们就会想到祖上，想到祖先留给我们的东西。在农业文化遗产和非物质文化遗产保护过程中，我们对于祖先留给我们的遗产应该怎么看呢？

乌：这里我们打一个比方就清楚了。从民俗学的角度来看，民俗文化的研究不是在研究工业社会、后工业社会，我们这一代研究的就是农耕文化。祖先把农业文明交给我们，也哺育了一代一代的祖先，我们身上流着的血液里面都是农业文明的血液，"日出而作，日落而息"，今天也没有改变，你怎么"夜猫子"、怎么"夜生活"也离不开这个基本规律。祖先给我们留下的这个家底，就是咱们的遗产，不管它是残破的还是恢宏的，不论它是不值几个钱的还是金银满窖的。对这些个财产，我觉得首先应该是精神上、情感上的认知，我们必须尊重并热爱这种血脉相连的情感。像对母亲和父亲、对祖母和祖父、对外祖母和外祖父的崇敬一样，这种情感必须和你对遗产的情感完全联系起来。这绝不像现在有一种遗产观，就盯上老人的钱，家里留了点财产儿孙们就争得打破了头。我们所说的继承遗产首先继承的是一份祖上的情感，一代一代的文化哺育养育之恩。

为什么祭祖呢？祭祖就是要珍视祖先留下的精神财富。按照农业文明给我们带来的一种仪式，那就是双膝跪下，带着崇敬的心情、浓厚的情感来祭祀它。所以，我们对于农业文化遗产或者由此延伸出来的非物质文化遗产都应该带着崇敬的心情，从整体到局部到细部，都要尊重它、珍视它。有了这种观念和情感，才能考虑用什么有效的措施加以保护。这种尊重和热爱不是贪财性的留恋，农业文化的遗产是整个人类的共有财富，我们的责任就在于把它保护好，而不是在我们这儿出败家子。我经常谈我们这一代经历的农业变化，亲眼所见，亲耳所闻，饱含着历史沧桑，子孙后代无论发展到什么样的超现代化，都要记住祖先是怎么过来的。这就是精神家园，找不到回家的路怎么行！把祖先留下的东西都分光，这还是不错的，总算分了，或者继承了一点点，怕的是一脚踹开、糟蹋、抛弃，绝对不承认这是遗产，根本拿它不当回事，这是最无知、愚蠢的，也是最残忍和缺乏人性的。如果站在更高的历史角度来看遗产的本质，我们就会把农业文化遗产，以至于由此衍生出来的一系列遗产用最快的速度、最有效的方法保护下来。

孙：您这里提到的，就是我们当下对于文化遗产的一种崇敬的态度，有了这样的一份情感才能和过往生活、和我们的祖上紧密地联系在一起。提及遗产，有这么一个问题，就是在联合国的名下有自然遗产保护、世界遗产保护、非物质文化遗产保护、世界文化记忆保护和全球农业文化遗产保护共五种遗产保护类型。现在要明晰的是，这几种全球性的遗产，它们之间的内在关联是怎样的？我们怎么能用一种您说的更为公益的全球的眼光来面对这几种遗产？

乌：这个问题提得非常好。首先应该看到一点，现在国际组织提出了若干遗产的名目进行保护，严格讲是措手不及的。因为来不及系统地整理，所以各个组织管理之下，分别出来几个遗产的保护。咱们就拿现在我们知道的五种保护来说吧，自然遗产保护应该是第一位的，如果这个承载地球所有生物的遗产没有保护下来，其他都是空谈。这个小小的地球村，物种毁灭和失去的速度是惊人的。因此，保护自然遗产是第一义的，这是人类和其他生物赖以生存的基础。自然生态保护最重要的目标就是生物的多样性，自然界是一个共生的系统，彼此相生相克，所谓自然和谐就是这么来的。有了这个基础，我们再看人文，悠久的农业文明离不开自然生态，否则什么农业都没有了。农业文明是第一个发展起来的人类生产和生活的根基，由此衍生的农业文化是我们赖以生存的命根子。无论是工业社会还是后工业社会，人类要摄取食物，都离不开吃。因此，联合国粮农组织在我们国家试点的浙江青田稻鱼共生系统、贵州从江侗乡稻鱼鸭系统、云南红河哈尼稻作梯田系统等，正是凸显了农业文化遗产保护的特殊价值。农业文化遗产本身所居的位置对人类来讲跟生态保护是一样的。至于农业文化遗产里面哪些值得保护、怎么保护，那是另外一个题目。因此，每次在辅导和培训非物质文化遗产课程的时候，甚至于执行工作的时候，我都讲非物质文化遗产保护来得太猛，还没有来得及保护别的遗产的时候先突出保护了它，原因就是非物质文化遗产消失得太快了。其实，应该先顺理成章地把农业文化遗产这个根基保护好，在此基础上衍化的那些婚丧嫁娶、衣食住行包括信仰等才会保护得更好。现在我们来不及，我们所有的遗产都是在仓促上阵中进行保护的，与其说保护，不如说是在有人喊"救命"的时候，我们才发现需要抢救。所以，我们的保护一开始政府就提出了"保护为主，抢救第一"，这种说法本身就已经呈现临危待命的处境了。非物质文化遗产跟农业文化遗产的衔接本来应该是正向的，应该在保留农业文化遗产的基础上才考虑非物质文化遗产。这里面还牵扯到物质文化遗产的文物保护，它可以单独拿出来，不影响农业。它唯一跟我们衔接的就是农业文化遗产如果不保护好，那么文物保护同样会受到侵害。如果在征地的过程中发现了新的文物，文物保护就搅和在农业文化遗产保护中间了。有了天坛、地坛、日坛、月坛、社稷坛，才能想办法研究或恢复当年祭日、祭月、祭天地、祭社稷、祭先农，就这样文物保护又跟非物质遗产保护紧密联系在了一起。

接下来就是世界文化记忆的保护，归根结底还是农业文化遗产直接衍生的遗产，在这个原生性遗产的基础上，出现了那么多智慧的结晶，而这些恰恰是最原生的农业文化遗产的财富之一，遗憾的是散失太多了。非物质文化遗产还不包括它，非物质文化遗产是活态传承的，是老农在那里口述，巫师在那里演示信仰仪礼，是行为上的传承。而这个文化记忆是用手抄的文字甚至用古代木板印刷的文字固化下来的，这些东西的散失也是大灾难。我们以最简单的一件事来说，当我们研究农业文化遗产的时候，看到了稻鱼共生系统，却很容易忽视漫山遍野的那些曾经进入农耕社会视野里的准备要做可用材料的东西，比如说药材和可以嫁接使用的野草，这对农业文化来讲都是必要的。这些东西，我们的先祖、历史上的有识之士已经把它固化并作为间接的知识传下来了。比如说《黄帝内经》《本草纲目》，已经被联合国教科文组织评为世界文化记忆的遗产。这些典籍虽说是以古代中医药学经典作为世界文化记忆加以保护，但是它们也都紧紧关联着农业文化。《黄帝内经》里有专章研究农业食物，它论述："五谷为养，五果为助，五畜为益，五菜为充，气味合而服之，以补精益气"，"安生之本，必资于食；不知食宜，不足以存生也"。《本草纲目》里有谷部、菜部和果部的专论，这些都是农业文化遗产里最核心的内容，所以这些遗产是不可分割的，它们应该是衔接在一起的。当下我们已经有了现代科技手段，对上述几大遗产的调查和研究应该是集团化的，应该是全方位的多学科的综合的科学研究，这是最佳的方案，而不是做非物质文化遗产的只抓农民是怎样唱秧歌的、农民是怎样跳傩舞的、怎样祭祀祖先的，而对农业生产方式、生产工具这些农业文化的本源弃之不理。我们应该知晓农民在种庄稼的时候才唱秧歌，如果脱节了的话，等农业文化遗产的工作者进行调查和保护的时候，它已经没有了。同样道理，农业文化遗产关注了农业的产食活动，却把种庄稼和打庄稼停歇时候的跳舞、早晨起来要祭祀烧香等中间环节都越过去，那又是一个损失。所以我越来越急切地希望"集团军多兵种作战"，现在是时候了。我们应该加快各个遗产保护前期的或中期的工作，使它们尽快地衔接起来。我们民俗学调查有这种传统，下田野的时候常常集合各个门类有特长的人去做。所以，我觉得这五种类型的遗产从发展趋势来看是有可能逐渐互相关照的，最后形成集群式的按照科学程序开展的整体的遗产保护。

二、文化遗产保护：情感的学问与实践

孙：在五种类型的遗产保护中，农业文化遗产保护是根基性的，它是产食文明的核心，非物质文化遗产应该是在这个基础之上的对于精神方面的探寻。从生态文化遗产保护，到农业文化遗产的推进，到今天非物质文化遗产保护的定位和拓展，这种内在的逻辑我们清楚了，那么这些遗产保护所追求的最核心的精神理念又是什么呢？

乌：我觉得这是两个问题：一个是我们今天保护用的是什么理念？第二个就是这些遗产本身存在的内在的核心、灵魂是什么？这两者契合了，我们才能检验今天的保护是否对头。不要以为我们提出了保护，我们就会做得很好。如果不知道农业文化本身的灵魂而只是保护了一些皮毛，最后还是会失去这个遗产。如果我们曲解了农业文明最核心的东西，就有可能在做好事中破坏了它。现在有个词叫做"建设性破坏"，这个词当然是悲剧性的词，应该掉着泪说这话，就是太想好心地去保护，实际是在糟蹋，其后果越是现代化手段实施得多，越是破坏得惨。

　　文化积累到文明的程度，它最突出的东西不在于物质本身，而在于物质背后所隐藏的最深层的期盼、愿望、心理，这是农业社会里最高信仰的那些东西。从春秋战国时期的百家争鸣一直到后来的儒释道继续延伸的百家争鸣，都在探讨农业文化本身给人类带来什么样的前景，人类将向何处去，怎么样人类才能永存下来？农业要不停地改良品种，要不停地整地加肥，发明各种各样的大大小小的农具，其目的就在于解决人类生存这一核心的问题。这样就得从农业文化遗产的所有的操作层面一步一个脚印地去保护，把人类对宇宙的企盼最终推衍出来。千万年来人们想追求的恰恰是这个东西。我们通常说如来佛的手心，农业文化本身的核心就像如来佛的手心一样，是谁也离不开的人类生存与发展的根基。农耕民族所追求的最高精神境界如今都化成了各种类型的遗产，包括非物质遗产的节日、庙会。这些东西是我们要保护的，我们归根结底保护的不是这一块儿梯田，不是这一块儿稻鱼共生系统，而是通过这些看到我们祖先在变化多端的自然条件下，怎么样对待大自然，怎么样从大自然那儿摄取精华，怎么样去寻找整个人类的共同利益，而不是一家一户的温饱。这个理念对我们难道没有意义吗？我想农业文化遗产的保护，最终必然回归这种理念。从这里可以引申出我们保护农业文化遗产的神圣目的，那就是通过具体的保护和继承能形成新时代的一种精神动力，这个动力促使我们两千年后还为这个目标奋斗，我们的子孙依然以此为支撑，更好地生存与生活。我们不能把农业文化扫地出门，把祖先的遗产轻易地一脚踹开。历史上其实有很好的经验，我们注意到，无论怎样改朝换代，但最核心的是不能动摇农业文化的根基。

我们国家改革开放前曾经有一段扭曲的历史，说老实话，我们砍掉了太多农业文明最宝贵的东西，最后的结果是经济到了崩溃的边缘。这是必须咬紧牙关承认的事实，虽然在情感上不愿接受。在非物质遗产保护中我们看到，那些浸透在生活中的崇高的理想和愿望，最后不是还在保护吗？我们的端午节不是也成为世界级人类非物质文化遗产了吗？那些祛五毒的观念，跟大自然的炎热、瘟疫作斗争，在饮食上讲究而不将就，那个粽子实际上是一种药膳，不是说拿一个叶子包着米煮着吃就行的，古代都是要用草木灰的水，或用矿物质的灰水泡一泡。那都是祛瘟解毒的，其中包含着很多的科学性，是在实践中积累下来的非常宝贵的生活经验。每逢端午大家早晨就去采艾蒿草药，多美、多纯洁的一种灵魂需求，这些都是我们需要继承的。

同样道理，庙会就是香火正旺，而不是乌烟瘴气，它的背后是人们良好的愿望。我们曾经有一个时期要把这些非物质文化的精华摧毁，其实也就摧毁了我们农业文化遗产最根本的东西。但实际上广大农民心目中最良好的愿望是摧毁不了的，改革开放之后中国社会的变化，证明了这一点。通过这些曲折的历史，反思农业文化遗产到底值多少钱，可以说是无价之宝，不要小看这一点一滴的保护。作为现代人，我们必须承认我们比祖先高明得多，但是从另一个历史角度看，我们又觉得我们真的不如祖先。在祖先创造的农业文明里人和大自然的和谐、人和土地的和谐，要比我们今天做得好。打猎的都知道举起弓弩来马上放手，为什么呢？因为看到了那猎物怀着一个小犊，已经快临产了，要保护自己射杀的对象，要按生态循环的规律保护种群，这都是农业文明告诉我们的。农民珍惜土地，该轮作就要轮作，宁可忍受耕作面积减少，也得把这块土地再养护好，所以在治山治水方面农业文明留下了很多宝贵的经验。我们反其道而行之，最后就出现了问题。我们的湿地水域曾经失去了那么多，而且忘掉了祖先对湿地水域的崇敬。易经八卦里面专门有一个"兑卦为泽"部分就是要研究"泽"的，泽就是湿地水域，就是润泽滋养大地为生灵造福的大自然恩惠。由此可以看出，我们的祖先多么富有智慧。我说这些话是要说明，今天我们将农业文化遗产保护作为根基之根基加以保护是很有道理的。

我在非物质文化遗产的讲座里每次都提到，我们现在先走了一步，其实我最痛心的还不是丢了几个舞蹈，丢了几个跳傩的巫师，最重要的是丢了最古老的生产方式在耕作期间的那种理念，甚至包括细微到"谁知盘中餐，粒粒皆辛苦"的那种理念。它是在一颗谷粒儿上呈现出的农业文化遗产的精髓。我们历代的祖先重农是有道理的，今天农业提的位置也很高，但我们实践得怎么样？我们很多人有这种错觉，好像后工业时代是对工业时代的否定，同时后工业时代和工业时代是对农业文明的彻底的否定，这种"非前代"是很可怕的思想。我们应该看到，清代作为一个少数民族进了北京，在把明王朝推翻以后却保护了明陵，仅仅是阴谋吗？它要肯定大明这个朝代了不起，后代皇帝不掘人家前代的祖坟，才留下了明十三陵，至今变成世界的遗产，让大家都来瞻仰。清代尚且如此，我们怎么能"非前代"呢？怎么一定要把自己家的祖坟掘了呢？败家子就是这么败家的。

保护遗产是一种情感的学问和实践。你要祖宗的遗产吗？那你对祖宗遗产要尊重。我常给年轻的博士、硕士讲，同学们要学会跪下来，双膝跪倒是农业文化创造的最尊贵的礼节，它只给最尊贵的祖先和大自然跪下来，所以叫敬天祭祖，每逢传统节日都要敬天祭祖。然而，在保护过程中，我们却听到一些奇怪的言论，说我们要把传统节日都打造成狂欢节。疯了！祖先遗训忘了！怎么能所有的节日都狂欢呢？你先得祭，祭完了才能庆，祭典和庆典是交叉组合的，每一个节日里头都必须先祭而后庆。你敢保证明年就不歉收吗？谁来管你的歉收呢？敬天，大自然管理，它给我们恩惠，不要得罪它；祭祖，祖宗告诉你怎么做，祖宗传给了我们生产、生活和抗灾的经验和能力，我们应当虔敬地感谢他们。

"春节"，我一直觉得这叫"过年"。"年"跟"节"不是一回事，"年"是一个最大的农耕周期。它的时间长，年期是农业文明、农业文化带来的周期，一年一度的春夏秋冬，春种、夏锄、秋收、冬藏，今年丰收了多少、歉收了多少，都在这个时候要调整。所以这个期间的活动，每天都有它的文化元素。北方很多地区都有"一进腊八就是年"的说法，还有地方是一进腊月就是年。一直到正月十五，还不够，还得延长到正月十六，有的地方一直到二月二。二月二"龙抬头"还不行，还往前延伸，反正到了极限的时候宣布，立春了，春耕开始了。我们的老祖宗对这些全都熟悉，这一年四季的周期安排是自然自在的。农民经过几千年的农业社会已经形成了我们把它叫作"农业文化基因"的东西，在他的整个机体里面都有这个因素。他对那块地方的水土和牧场空气的感觉都是与生俱来的。我们怎么看节日，怎么推动节日的发展？为什么到了正月十五变成"闹元宵"，为什么在大年三十子时的时候，多好的春晚也不看了，必须出去举行仪式，就要放鞭炮，就要把自己的愿望表达出来？明白了这个，就明白了为什么过去祭祀都选在过节的时候了。真正庆典的时候，那是到了正月十五，这些过完了以后第一个槛就是"打春"，"鞭打春牛"仪式，就是老牛进地了，开始种庄稼了。从这儿开始，全部进入产食活动。男耕女织，包括"七夕"的牛郎织女，在天上也好地上也好，在人们的心目中也好，都是在做这些农事。由这儿才发明了蚕桑，才发明了至今世界上谁都仰慕的一种织物，这可是中国老祖先做的。缫丝技术之高，简直就是鬼斧神工。为什么我们敬天祭祖呢？就是让我们知道这些技艺、这些人类的智慧怎么来的。农耕文化每一年的周期都会在这些地方表现出来。当我们把南方各地不同类型的傩、跳神的仪式、歌舞挖掘出来以后就会感到，就在那块土地、那块山场、那块水系，每年种植的时候跳，收割的时候跳，收藏起来祈求明年丰收的时候跳。在跳的过程中，所有的神词里面把大自然的神、农业的神都要念到，都要感谢到。那一刻间你不得不惊叹，我们那些老祖宗怎么那么精致地把这些都传下来。年复一年，一辈传一辈，把这些支撑他们灵魂的农耕经验和精神文化全部塑造出来。

孙：这点恰恰是农业文化遗产保护或者非遗保护的精髓所在，也是最高的价值追求。

乌：对。至少我们先解释到这儿。我们所有从事这项工作的人员，必须首先树立这种理念，而不是去挖一个舞蹈，挖了舞蹈我们县就出名了，我们马上就可以出一个旅游项目，我们就可以赚钱了。不只如此吧！这个舞蹈从当初推演到今天成为最美的舞蹈，它背后追求的是什么？这恰恰是重要的。所有的项目、具体的物或人的行为的遗产保护，背后都隐藏着很深的核心的东西。非物质文化遗产的传人，没有一个不带着这种情感和这种理念传艺的。为什么有时候老艺人在那里舞蹈，立刻就有震撼力，但他的徒孙嘻嘻哈哈、嬉皮笑脸地在那里演示节目的时候，你就觉得那不像是遗产，主要是他没有那种传承遗产的观念，他也没理解和悟出这种观念。所以我觉得我们国家也好、国际组织也好，人类既然还有这点良知，还在考虑保护遗产，就不是在作秀或只是为了赚钱，就是动真格的，就得知道我们不如爷爷，爷爷那辈儿比我们高明多了。他们对着青天跳着傩舞，跪下来祈求，即使是三年大旱他还在祈求，他们那一大堆愿望该多么美好！我们有过这样的心情吗？我们曾经对大自然动容过，流过汗淌过泪吗？那种虔诚，恰恰是值得我们学习的。

三、"遭遇发展"：现代文明与现代野蛮

孙：您在多次的演讲里，曾经提到过文化遗产保护是情感的学问和实践。我原来没有理解这么深，今天您这样一讲我对此有了更进一步的理解，也明白了您过去有一个很形象的比喻，您说新中国成立以后，很多人为的破坏是在农耕文明的心脏上插了一把刀。这已经成为历史，我们可以暂且不去深究。但在当下，当农业文明遭遇工业文明，当全球化和城市化已经成为人们根深蒂固的发展观念的时候，农业文化遗产的凋敝是历史的必然。我们虽然曾以悠久的农耕文明而自居，但是这几千年的遗产在无法抗拒的现代化的席卷之下，终结的命运已经

在劫难逃了。您如何来看农业文化遗产和现代化之间的关联？我们深切地关怀我们祖先留下来的文化遗产，我们急切存留它的特殊价值又在哪里？

乌：这个问题提得非常好，也很现实，且是我长久以来所想的。刚才讲的可能有些沉重，但是用今天的语境来对待它，是可以解决的。现代化的趋势我们感同身受，因为我们身处其中。我平常很自得其乐的是，自己83岁还在玩电脑玩动漫。有时候我想，我父亲要是活着也许也喜欢这个，20世纪20年代末，他只弹过祖父买回来的一架德国制造的风琴，那时我觉得我父亲已经很时髦了。我常常给小学生讲，马克思是没看过电影的，列宁是没看过电视的，毛泽东是没使用过电脑的，目的是让孩子们知道现代化发展的重要性。但是这之中有一个东西不能变，就是刚才讲的情感。我们知道，农业文化的根基动摇了，农业文化的形态消失了，在东北的松辽平原上，还想看大车店里跑出的一串拉粮食的大马车吗？没有了，现在全是物流，上百吨的大卡车。你那车三吨都拉不了，车轱辘还要坏，牲口还有病，这生产力在那儿放着。这种变化是自然的，也不必去凭吊它。那么，我们怎么去认识它呢？我觉得脑子里应该有一个根本的主心骨支撑你，就是对文明的更迭和转型要不要有一种科学思维的准备。

农业文化终结的条件，有的是剧烈变化的，比如说中原地区现在割麦子是联合收割机同时作业，从前麦客们拿着镰刀开镰的场景不见了。但同时也要注意，在中国的大地上是一个复杂的农业社会，有多少块土地甭说两千年后的今天，至少再有一千年，还有一些地块儿依然是一刀一刀地在割着，这就是我们农业文明找到的典范。比如红河哈尼族的梯田，依然保存着古老的形态，除非将来完全脱离这种农业生存的条件。因此，现在农业文化遗产的保护就是要先把存活着的一块一块地保护下来，它可能变成很精致的绿色食品的"盆景"。比如黄土高原上窑洞前面有一些曲曲弯弯的地，始终不可能有大的机械来支持它。农民依然拿着磨好的刀割莜麦的，他们心知肚明哪块地先割，因为黄土高原的地势层次不一样，先熟的后熟的不能同时作业。立秋以后或寒露的某个时候正好最后一块割完，绝对是按照从春到秋到冬的次序，那个小小版图，依然是农耕文化的根据地。这一个典范就代表着中原文化、黄河文化的根基。难道不可以留下来吗？把它留下来以后，哪怕全世界的人都会通过各种交通手段到那儿看看，立刻就会震惊的。这块地依然是农业文化的宝地。你尝尝那里的莜麦面，那是最宝贵的绿色食品。我的意思是说，今天的遗产保护跟现代化不矛盾。我在德国讲学的时候注意到，他们给我做饭就到那些个绿色生态商店去买大小不一的土豆和番茄，不像超市里的黄瓜齐刷刷都一样。现代文明、后工业时代，哪一个最高级的餐桌上没有农民农忙农闲吃的那点土餐？上来的鸡蛋要特别说一句，这是生态的、绿色的，母鸡是吃蚂蚱的，这说明宝贝还是宝贝。所以，农业文化遗产里面那些宝贵的东西依然是农业文明的高水平的东西。当今的社会转型，出现了农业文化遗产与现代化的矛盾，但我们必须坚信，古老的农业文化本身就是过去农业文明遗留下来的好东西，它是农耕时期古代文明的一部分。不要把今天的现代化一律叫做现代文明，因为已经证实是有现代野蛮伴生的，现代化是现代文明与现代野蛮的一对双胞胎。当讴歌现代化的时候，现代野蛮已经在那里摧毁农业文化传统的文明部分了。正因为这样，联合国才在它遗产保护的宗旨上提出了现代化来得异常迅猛，有直接摧毁非物质文化遗产的危险。因此，我们必须看到现代化不都是文明。比如说原子能真的就是为人类造福的吗？为什么日本的一场地震灾难，没有去骂老天爷的地震，恰恰去骂核辐射？为什么紧接着德国立刻下令要去核？现在各国军事装备的竞争，难道不是现代野蛮吗？怎么能说是现代文明呢？所以，别把科学看成百分之百的良知。事实上，我们一直在可能的程度下容忍着野蛮。我们必须唤起这种理念，就是现代化要摧毁所有的遗产，而这些遗产又那么宝贵，我们有责任有义务把这个家底儿看护下来，不要糟蹋它，不要把所有化学毒物都扔到这些个遗产上。为什么我们现在眼光就这么低，把遗产拿来马上就卖钱，马上开发？我们的遗产真的就值那点旅游钱？现代化面前的保护，应该越来越多地尊重遗产，尊重传承人和传承群体，没有他们遗产就休想保护下来。中华大地上的农耕土地自古以来就是最好的，经过的磨难都是令人痛心的。日伪时期，过去都是小麦产地的华北平原和黄土高原，全都被强行种植了大片大片的罂粟，生产鸦片烟。现在回忆起来，那就是一种掠夺，那是用鸦片烟毒害了你们的民众，又拿去在世界上去赚钱，肥了日本军国主义。我们的农业文化怎么承载这些灾难！每当想起这些，我就觉得我们必须有一个崇高的理念，我们应该大规模地做。遗产的保护必须有大的投入，富起来的国家再不投入，而想把祖上留下来的这点最精华的遗产利用保护之机去赚钱，这是非常不道德的，甚至于说是很残忍的。

曾经有一位地方政府的领导给我打电话，请我给他们省估算一下"非遗"保护能在他们省的 GDP 里占多少百分比。我想，如果把非物质遗产的性质弄清楚，他就会知道想从这里要钱去增加 GDP 的份额，跟非物质遗产保护的宗旨是完全相对立的。保护非物质文化遗产是责任和义务，是公益性的，政府要在财力、人力、物力和智力上给予最大的投入，你要对得起民族的历史文化，对得起祖先，对得起农业社会，对得起农民，怎么可以向遗产保护索要 GDP 份额呢？再举个例子，某省申报了一个祭祖仪式项目，想弘扬中国的传统道德，那个仪式很完整，祠堂也都在，可是当专家评委准备评它为国家级非物质遗产时，发现这个遗产项目其实是作为旅游项目表演用的，几乎在那个祠堂里天天在祭祖。这个遗产还能保护吗？那个嫡系长门长孙每天在那里跪着烧香，我说要是祖先有灵的话，当场就把这个祠堂整塌了，叫所有不肖子孙都压在那里。祭祀祖先是庄严的仪式，它传达的是一种精神，怎么可以天天卖票赚钱？更有甚者，神圣的祈福纳祥的泼水节已经遭到了过度开发的破坏。该节日来源于古印度的佛教"浴佛节"，我国傣、阿昌、德昂、布朗、佤等族都过这一节日。柬埔寨、泰国、缅甸、老挝等国也过泼水节，至今已传承数百年。到了节日，男女老少穿上节日盛装，妇女们各挑一担清水为佛像洗尘，求佛灵保佑。"浴佛"完毕，人们就开始相互泼水，表示祝福，希望用圣洁的水冲走所有病灾，得到幸福和吉祥。这个节日的节期是每年傣历四月中旬举行三至四天。现在却把这个神圣的节日开发为一年 365 天疯狂嬉闹天天泼水的旅游项目，大赚其钱。我想，即使是最欢乐的泼水节仪式，也不应该失去原有的庄严、虔敬和对遗产的尊重。这些例子都历历在目，这叫保护吗？可悲的是，现在还有一些市场文人，公开在媒体上喊叫："非物质文化遗产最佳的保护方式就是现代产业化开发"，这跟原来的保护宗旨是顶牛的。事实上，我们的非物质遗产保护和文化产业开发是有严格的法律规定的。我国的《非物质文化遗产法》第三十七条规定："国家鼓励和支持发挥非物质文化遗产资源的特殊优势，在有效保护的基础上，合理利用非物质文化遗产代表性项目开发具有地方、民族特色和市场潜力的文化产品和文化服务。开发利用非物质文化遗产代表性项目的，应当支持代表性传承人开展传承活动，保护属于该项目组成部分的实物和场所。"合理利用的方针就是必须在保护的基础上做有条件的有范围限定的适度开发，绝不可以是造成破坏性后果的过度开发。

为此，我们现在不得不苦口婆心地引导保护工作。尽管把民俗文化遗产都留住是不可能的，也是不必要的，但要把它曾经的形态记录下来，传播开去，让当代和后代的人们都能记住我们的民族文化是怎样传承发展下来的。

农耕文明繁荣的时期，农民离不开家乡这块土地。但在现代化冲击下，农民失去了土地，失去了施展农业技术的空间，于是背井离乡出外打工。这是最大的历史变革，也是农业文化被彻底摧毁的一幕。但是谁能去理解，每到过年的时候，原来守家在地的亿万农民又从外地，跋山涉水、车马劳顿地赶回家。我们能够正确认识这个现象吗？我们的官方也好，商界也好，只认识到"春运"这么一个高度。难道我们对农民百姓没有愧疚吗？我呼吁了三年，春节是中国古代最重要的农事节日，不要乱加改造。年还是老样子，它就是高跷、龙灯、民间社火等农民的艺术、农民的祭祀。在那里，古代没有发明出街舞，没有发明出轮滑。所有的节日都是给农民过的，没有给现代化大都市准备过的。

我在德国讲学曾在那里过了两次圣诞节，一位汉学家跟我说：乌教授，你们平安夜过得很有意思啊。我说，中国人绝大多数并不信仰基督教和天主教，但他们却要过圣诞节，这个节日已经被世俗化了，你们不也是这样吗？他说：我们还达不到你们那么狂热，但是我可以告诉你一点，每年过圣诞那天，圣诞老人很早就回北极了。我问：为什么呢？他说：有一个国家连夜在步行街上吃得一塌糊涂，购物啊，减价打折啊，这个国家他就不再去了。因为圣诞夜是安静的，它的礼物要轻轻地，顶着平安夜的星星，红鼻子小鹿鲁道夫晃着铃铛拉着雪橇，然后把这礼物从烟囱上带进去，往孩子们床头搭着的袜子里装礼物。可是到了中国呢，没有人过圣诞节，他们在过购物节、饮食节，所以圣诞老人早早就回去了。这似乎是德国朋友用开玩笑的方式批评我们吧？我们是洋节胡乱过，自己家的传统节日还抛弃了，这是农业文明的后代吗？我们的节日"闹元宵"了不得，外国的哪一个狂欢节也没有我们那样闹得欢、闹得好。申报"非遗"正月十五报上来的最多，好多绝活农民全都恢复了，像浙江仙居农民老艺人全力以赴地在那儿率领中年农夫农妇耍的那个"线狮九狮图"绝活是闹元宵灯会里最受欢迎的国宝级遗产，九个狮子在拥挤的灯会人群头上穿来穿去，把节日气氛推向高潮。我想拿这些例子来证明农业文化遗产的珍贵。可以说，那些想一脚就把农业文化遗产踢开、踏碎的想法和做法是违背文化法则的，是极端错误的。现在我们的政府在财政上已经动用十几亿的财力往"非遗"保护上投了，这是很好的迹象啊！一说到现代化和保护传统遗产，我这话就比较多，那是因为我对现代野蛮实在是不仅不敢恭维，而且十分愤慨。

孙：您提到"现代文明伴随着现代野蛮"这句话让我们不寒而栗啊！您刚才提到的某地祭祖仪式、傣族泼水节被不断开发利用翻版重写，实际上是越来越离开了它的原生形态，这种破坏是让很多人欣喜若狂的。因为天天祭祖、天天泼水会使地方经济蓬勃发展，当事者老百姓和地方官员也可能都会高兴。您曾在给我的 E-mail 中写道："原农耕文明几乎一次性地被现代化转型扫地出门，那种洋洋得意、气势汹汹，恨不得一夜之间祖国山河现代化完成的发高烧情境，比起胡作非为的摧毁力大出许多倍。以牺牲传统的农业文化遗产为代价（也）在所不惜。等到退了高烧之后，才有人发现，许许多多优秀遗产已经在一夜之间荡然无存了！只留下一些残缺的文化记忆，令人们扼腕叹息，甚至后悔莫及。"面对着这种残酷破坏的现实，作为专家学者，我们能做什么呢？从实践的层面，我们又能为文化遗产保护做些什么呢？

乌：这个我想千万不要有无奈的感觉。我们能做的事情很多，就看你做不做，或者给你机会你做不做。我们把希望寄托在好几个方面，最重要的一个就是要呼吁政府，在我们国家制定政策的时候，有一个原则是政府主导，政府主导没有支撑力或者不主导了，那不堪设想。对于专家来讲呢，要把自己的责任和义务肩负起来，他的良知必须得存在，如果这个没有了，真的就是没希望了。因此我们学术界要动真格的，就是我们守土有责，就是保护遗产有责，这个责任要从我做起。动用所有的条件，比如说媒体、科研的项目，要多渠道地广泛地保护。

再有就是必要的时候把好的外国经验，比如日本、韩国的经验借鉴过来。我曾几次去日本讲学考察，注意到这个国家二战后第五个年头上就出台了一部《文化财保护法》，我们的《中华人民共和国非物质遗产法》（以下简称《非遗法》）比它晚了60年。这是个差距，但后来居上，也没什么了不起，问题就在于怎样扭转风气贯彻实施。我们能不能依法保护？我在《非遗法》出台那天的座谈会上讲了这个问题，有了法律，谁来执法？执法者的法律责任谁去追究？，从生效那天起到现在，法律触动过哪些东西？有法搁在那儿不做，那是没用的，所以我们学者有责任监督，发现的问题非要提出不可，不能让它蔓延下去，这不很简单嘛。比如说一种手工技艺非常原始的造纸技艺，在海南、在贵州少数民族地区都有，那种纸做得非常精致，但是那个绝活老艺人不在了，传到了中年一代。现在某邻国大批量订货就提出了条件，可以出高价但是纸面上不许有任何生产作坊的水印标记。这样拿回去后，他们可以在上面马上转印该国厂家的水印和纹饰，然后就可以变为该国专利制作了，这是很危险的产权问题。我们的传承人就受不了，他说我们应该把这个标记做上，这是我们发明创造的。但是我们常常感觉到力不从心，什么原因呢？它没有形成全国性的各部门协同保护。这个保护不是专家要保护，不是管理部门要保护，而应该是各个部门、企事业、社会团体等全民都自觉地在保护。我们有的海关非常好，经常发现非物质遗产的一些道具、民族服饰被走私，但是我们那时没有法律，没办法扣下来。这种情况很值得我们注意，我们要通过各种机制让全民知道保护文化遗产的重要性。呼吁全民，特别是政府官员，不要给非遗保护和农业文化保护工作施加压力，要 GDP，无论市场经济怎样推动，有些传统精神文化是不可能转为产业化商品的。我们已经有了《非遗法》，对遗产必须依法保护、科学保护。

一个国家如果没有这样的软实力，都变成硬实力，最后的硬实力就像旅游产品一样。我们注意到日本，美术工艺加贺泥人就是只有加贺当地手工艺精制，别处大规模仿制都不行。现在俄罗斯文化市场很麻烦，他们的专家跟我说，我们国家现在自己的套娃不能做了，成本太高，市场上全是中国进口的廉价套娃。很多中国人去俄罗斯旅游买回来套娃一看是中国制造，显然这对俄罗斯的非物质文化遗产保护不利。什么叫软实力？当时的国务院领导同志 2007 年 4 月亲自率领了一个艺术团去日本，这个艺术团就是我国第一个非物质文化遗产艺术团，没有专业院团的专业演员，百分之百来自民间，最大年龄是80岁以上的老人，最小的是6—9岁的小姑娘，全是从南方的少数民族山寨和西北边陲的少数民族地区请过来的，他们演出很成功。外交上得到了胜利，靠什么呢？仅仅靠两国领导人的对话吗？这一次访问日本的"融冰之旅"震动了全世界，变成了"和平之旅"，联合国教科文组织立刻请这个艺术团到巴黎演出，轰动了巴黎，赢得了各国称赞，这样，国家的软实力就展现出来了。你说"非遗"值多少钱？"非遗"助推了外交上的胜利值多少钱？

孙：您刚才提到的专家学者能做什么，政府官员能做什么，给我们指明了方向。但这里还存在一个问题，就是从农业文化遗产保护来说，它是由人地关系构成的非常复杂的系统，人要参与其中，文化遗产才是活的。它跟静态的文物保护不一样，因为有人的参与，有农民的参与，而农民就希望过好日子。这样在保护过程中就存在一个困境，一个是如何保护，一个是要可持续发展，在这两者之间，从农民的角度来说能做什么？

乌：解决这个矛盾，首先问问农民要过什么样的好日子。我下去考察时常听到来自公务员或媒体记者这样的追问："乌老，难道您就愿意让农民还过那么穷困的日子吗？"这多少有点强词夺理、抬杠，因为我没有那么想。现在许多发达国家的民居依然是过去几个世纪的风格，过的却是现代化的生活。我们没有叫北京胡同里的居民依然过背着粪桶的日子，保护也不是这个概念。在进行文化保护的时候，我们尽最大力量优先给传承人补贴，因为那些最基层的传承人生存条件很差，这样是很难谈什么保护的。但是应该知道，整体保护要有一个文化生态保护区，要跟农民商量，要征得居民的同意。比如说一条古街、一个古镇保护下来了，居民还在这儿住，还保持着原来的生活状态，而不是把居民撵出去保留一个空壳民居。活态的文化遗产保护不是这样的。我认为我们在保护过程中有不少地方政府不作为，然后就推到"农民也想过好日子"，说他们希望他们村子里有个家乐福，有个沃尔玛，那是农村吗？在德国，离海德堡、法兰克福城市不远的小农村，很现代，家家都是电炉灶，每家的小洋房都各有各的传统民居特色，有许多住房上都有过去几世纪建房年代的标记。但是大家还要去村镇里有几代传承人的小面包房买那种 18 世纪制作工艺的各种面包，这就叫新农村。法兰克福的人双休日的时候开着车到那个小店去取订购的传统面包。难道这不是老传统新农村吗？我们怎么一定要替农民做主，说他们梦想着有家乐福，要住高楼大厦，要住到北京等大城市来？为什么德国有那么多的政府公务员、企业高管离开了大城市住在农村小镇，跑一二百公里往返车程到法兰克福等大城市上下班，什么原因？那些百年小古镇、小村庄太美了，这就叫保护。我们怎么就不能做呢？

我们现在已经注意到新农村的建设了，但是新农村建设要有中国农村固有的浓郁乡土气息。老百姓还是愿意安居乐业、恪守传统的。不是说只有年龄大的人怀旧才喜欢那些古老的建筑和传统的居住方式，年轻人也觉得那是一块宝地。我们应该这样去揣摸他们的内心世界。

四、地理标志产品：农业遗产的自然禀赋与人文智慧

孙：我从 2008 年开始关注农业文化，现在寻找到了一个切入点，就是从农产品的地理标志入手，研究农产品背后所深

蕴的人文智慧和自然禀赋，进而认识农业的特性，及其对今天农村发展的深远影响。在您看来，农业文化遗产研究的主要内容应该是什么？农业文化遗产的保护对于今天的农业和农村又有哪些现实的意义？

乌：农业文化遗产的范围，一个是狭义的、直接的，一个是广义的、扩展的。狭义的农业文化遗产，就是原生性的物产，这种原生性的产食文化，就是直接农耕种植这一套系列，是农业文化遗产的第一义。比如说种豆子，等到它成熟了以后把豆子做成豆腐，这是第二义的。农业就是种庄稼，这是直接的。在这个基础上，农业文化遗产应该扩展成为囊括农耕社会所有的遗产，包括它最高的信仰遗产。现在我们把农业文化遗产分成许多系统，实际是限定了农业文化遗产。就其本质而言，最直接的农业文化遗产，就只指生产的物，生产食物的粮豆、瓜果、蔬菜、鱼肉、禽蛋和生产衣物的桑、麻、棉等。各地因农耕、气候条件的差异，所以才出现了不同的物产。农耕本身的区划是受气候、土壤等自然条件和物产控制的，把这些因素综合起来，农业文化遗产就明朗化了。地理标志产品就是具有法律意义的土特产，不同的地域有不同的物产，也因此形成了不同的地域文化和民风民俗。

这里应该明确的是，当地地理标志产品本身就是原来农业日常生活中古老的项目，只是没有依法弘扬它罢了。各地的特产早已摄入古代民俗文化的视野里了，而且是重中之重，只不过那时候不叫地理标志。如果研究农业文化就无法绕过《农书》《神农》《农政全书》《齐民要术》《四民月令》和《农桑辑要》等典籍，这里面的土特产比我们说的要宽泛点，包括原生的、再生的、次生的、衍生的。人们在日常生活的体验中，经过多方比较最终突出了特产的光泽，于是扬名在外。应该说，自打原生的物产出来之后，民俗文化就已经开始关注了。除了农书概说之外，对于这些特产的介绍还有《本草衍义》《本草纲目》《果食谱》《蔬品谱》《野菜谱》《鱼谱》《茶经》等很多的古籍可供参阅，这里面讲了很多瓜果梨桃、麦稻粟稷各种各样的记事。这实际上就是古老的媒体，对农业物产在做广告。我在1983年出版的那本《民俗学丛话》里，第一篇谈的是"多子的石榴"，讲石榴的产地不是中国，是汉代张骞把它从西域带回来的，种在洛阳并轰动一时，从此以后就有了洛阳石榴。北魏时期洛阳流传一句民间谣谚叫做"白马甜榴，一实值牛"，"白马寺"这个称呼代表洛阳，石榴品种很多，一种甜，一种酸，还有一种苦石榴。它说"白马甜榴，一实值牛"，实就是果实，一颗石榴值一头牛的价钱，高度评价了这甜石榴。这里所说的洛阳石榴，洛阳为产地，而标志性的就是石榴，别的地方没有这种石榴。为什么呢？张骞带回来后就在宫廷和皇家寺院里栽种发展，那是贵族食品、皇家食品。宫廷里把这个作为最重要的镇宫之宝，历代皇帝的皇后和贵妃要是不怀孕就得吃这个，所以"榴开百子"一直到今天依然是石榴的标志。所有的吉祥话里边、年画里，都有榴开百子。为什么榴开百子呢？这是石榴最标志性的结构，也是它的特性。打开石榴皮以后里面还有膜，标准的石榴是十房，十个膜做出的房，每一个房打开软皮以后是百粒石榴籽，榴开百子，十房千子，象征子孙繁衍越多越好，中华民族繁衍成这样，石榴的影响力功不可没。这个广告效应很厉害，家家要多子多孙多福寿，不吃石榴怎么行？吃石榴就得到洛阳白马寺来。据记载，榴果大的重七斤，民间盛赞白马寺的石榴的硕大，也暗示了这种石榴在宫廷贵人家的价值。这种通过植养石榴树和吃石榴最后繁衍后代所形成的民俗价值观念，以及其中所蕴含的广告效应，直到今天也是很难企及的。

与此雷同，比如说灵芝，现在无论学者怎么说，灵芝的药用价值并不大，但是人们依然崇拜它。长白山的野生山参是很贵的，尽管人们对它的神奇效果很难把握。与之相比，在园子里种的人参现在卖的是胡萝卜价钱。为什么呢？因为人参的那种神秘的民俗文化根基全被破除掉了。民间认为它不只是滋润补血，而是有使人长生不老的神效，因为牵扯到生与死的民俗观念，野山参才物有所值。可见，许多物种的广告效应是根据民俗文化和神话故事生发出来的。这就是地理标志产品了，这本身就是民俗，所以要在古代典籍里、民间传说里寻找挖掘出物产的民俗精华。它本身就是一种标志，是可以继承的。

孙：民俗文化与今天具有法律意义的地理标志产品之间的联系是密不可分的，您认为哪些方面的文化元素最能体现农产品人文智慧和自然禀赋呢？哪些文化元素能激发人们对农业文化的敬仰之情？从民俗学的角度来看，从事地理标志农产品研究又有怎样的意义？

乌：各种物产的本性决定人们对它的价值观。所谓"人文智慧"，从民俗学的角度看，最重要的就是对这个物本身的崇拜，一定得归到这儿。我认为，自有人类社会以来，即使是原始的采集时期，当人们知道这个物产对人本身是有利并且掌握了它的规律的时候，就会对他们所接触到的实物产生崇拜之情。举个例子来说，狩猎的鄂伦春族打熊的时候要举行仪式，先拜拜熊的神灵，打死了以后还继续祭拜它，而且还要赎罪。举行仪式时家族里的头人、长者就唱歌了，神歌里讲："熊爷爷熊祖宗啊，原谅饶恕我啊，不是我打死你的，是你不小心从悬崖上掉下来摔死的啊。"跟打的猎物和解，转过去跪在那里说："这是俄国枪的子弹打死你的，不是我们鄂伦春人打死你的。"然后说："你饶恕我们吧，我们不是为了吃你的肉，是为了你的灵魂力量进到我们身里，能保佑我们。最喜欢吃你的不是我们，是乌鸦。"吃肉之前，这个头人就领着大家学乌鸦叫"嘎—呱—呱—"，这才开始吃，表示是乌鸦吃的。到近代了还这么祷告。这种原始的方式表达了对熊这种动物的崇敬，然后把熊头供起来，连同四个爪子。不像后来汉族人连熊掌都吃。熊掌是神物啊。鄂伦春人养驯鹿，母鹿产奶不足或者不喂小鹿，他们就请来萨满一边念着祈祷神歌咒语，一边手拿熊爪在母鹿乳房上挠，请它快快产奶，不要让小鹿饿死。现在看那就是按摩嘛。我看到的熊掌，前边的爪都磨平了，这就是几辈子传下来的神圣法器。这种神圣做法是崇敬的，一面吃着它，一面依赖着它、崇拜着它。中华民族从最原始的农业进入到出现农业文明的时候，对谷种的崇拜，成为祭祀社稷的重要组成部分。

在研究地理标志和农业文化遗产的过程中，一定要关注特定物产的"精神部位"。民俗文化的那些玄而又玄的神秘分分的东西都是它的要素，离开了这些也就失去了人类对它的想象力，人们对它寄托的神圣愿望就没有了。甚至那些物产果实本身的形态，都具有神奇的魅力。比如热带水果番荔枝，台湾、海南等地都盛产，果实很清甜，果肉乳白色，有独特香味，被列为热带名果之一。熟果淡绿黄色，外表形体以多角形小指大小的凸起软疣组成，民间认为它的构造更像释迦牟尼佛像的头型，所以在台湾它的俗名叫"释迦"，又口语称"佛头果"，就特别受人喜爱和尊敬。这种名称的出现和对这种水果形态的神圣印象，正是民众最珍重此物的内在之谜。在标志里面，不仅仅是我们看到的那个物，而是要注意平民百姓是怎么用自己的语言和思维传播这个物的，其核心不是它原生形态本身，是民众怎样形容它，这是它真正重要的标志。果实能做什么，果实外边的皮能做什么，皮的哪一层能做什么，哪些纤维能做什么，把这种物产浑身是宝的特性讲透，广告效应自然就有了。原因就在于，它后边跟着的人文元素是它核心价值最好的体现。不客气地说，任何科学分析和数据，如果离开了人文的价值观对它的评价、歌颂和弘扬，这个物是不会有价值的，它重大的价值全在这里。

做地理标志研究，要努力把古代农耕文化里民俗这部分材料搜集到并展现出来，把历史元素积累起来去弘扬它。农业文明把眼睛盯住物，这是最具体的。要关注物种的多样性，不要违背了基本的物的规律，这样才能真正揭示农产品的内涵。就拿俗称"小京枣"的北京蜜枣来说，成熟时枣红色鲜亮，个头不大，有七八克重，咬开皮肉质脆嫩有淡淡的青翠色，它的脆嫩香甜是别的枣类没法比的，清代专供八旗子弟和皇家王公贵族，甚至供慈禧老佛爷做金丝蜜枣、枣糕、枣粽子和小枣窝头的时候也用。有了这样的故事，北京蜜枣就永远是独领风骚的地理标志名产。因此，着眼于民众分析和认识"物"的智慧，着手挖掘、采集那些有关民俗民风的材料，地理标志研究才有生气有神气，才出现有灵魂的魅力。

我多年从事民俗研究，关于物产这部分我很敏感，因为农民离不开这些东西。我在《民俗学丛话》里用果树果实为题开篇正是基于这种认识，我觉得我的调查研究应当力求抓住农耕文明的根本。就农业物产研究来说，首要的工作是组建采风队，到一个地方去挖掘这一种粮豆水果背景性的各种文化材料。要让研究的视野开阔些，从民俗文化的根基上去找，对每一个物种进行大量的调查，而不仅仅是那点儿科学分析，要仅仅是那点数据资料，有生命的果子最后就全都死了。唯有这样，农业文化研究才会鲜活起来。

民俗本身就是很古老的遗产传承，当务之急是在保护和弘扬的基础上振兴中国悠久的农业文化。咱们农民的智慧很多，只不过他还没有现代化的处理方式。现在农业科技快速发展，要使它们与传统的农业知识嫁接，这样可以衍生出多种产品来。中国很多古老的农产品需要借助现代科技弘扬，我觉得这个遗产开发和振兴的价值很大。但是有个条件，千万不要把它本源性的元素扔掉，否则就不值钱了。它的无形资产正是有关它的那些神话和传说，如果把这些东西都扔给"四旧"了，我觉得物产就没灵魂了，萝卜就是萝卜。你到了产萝卜的地方，就有萝卜治愈晚期癌症的传闻，像这个东西真假别考虑，它的震撼力就在这儿。有了这一点，他的病就可能真的好了，还不是吃萝卜好的，是这个东西本身衍生出来的精神动力使他好的。作为民俗学者，我很重视所有物产的精神层面。人们对某物产的评价有的不一定完全符合科学，但它的文化价值就在这里。农业文化研究别拉下脸来一味地强调纯科学化，人们对某个产品的认知观念不是科学性就能讲清楚的。从地理标志入手，研究农业文化遗产前景是非常广阔的，做起来也挺有兴趣。

五、农业文化研究：乡土知识的实践与发掘

孙：您刚才的讲述，让我们看到了文化遗产保护未来美好的愿景，也看到了当下存在的主要问题。为了能从学理和实践两个层面研究农业文化，我还想请老师从民俗学的角度为我们回顾一下农耕文明的历史，并以此启发我们对农业文化研究理路的思考。

乌：在我国的学术界有一个经常说的话题，那就是中国的

农耕文明最长久而且从没间断过。从民俗史的角度来看，刚刚脱离采集阶段的农耕是原始农耕。采集就是去采草籽、采野果野菜吃，知道这种东西好吃才种植。种植的最早习俗就是发现了种子，发现一些草本植物的籽实是可以永久循环食用的，而且种一个能产出成百上千个。比如粟，最早在中国出现至少已有八千年的历史。我愿意用"农耕"这个词，因为它跟"刀耕"比较近，就是砍砍地、掘一掘，破土而栽种，这首先是认识到了土地的重要性。与此同时，我们的先人注意到野草生长的期限，在那么多选出来的草籽中看到了生长粮食给人带来的恩惠，这才出现五谷杂粮。所以不要把中国的农耕文明单一化，一定要考虑它的多阶段、多元性。现在我们中原大地已经全部在用联合播种机和联合收割机种植、收割，但是在中国大地的犄角旯旮里，山上山下只要是有水源的地方仍然存在原始农耕，一家一户、春秋两季烧荒的还在继续。认识到这点我们就会知道农业文明本身是从文化积淀中生成的，不可把文化看成铁板一块，文明是长期积累、多样形态的，是从文化的多样性中积累出来的。

农耕文明最短的时期其实就是我们现在所说的最长的时期——封建时期。农业文明的封建时期前前后后几千年，但它在农耕文明史上所占的时间是最短的，因为此前漫长的刀耕火种的历史恐怕有万年以上。这样看来，人类的农业文明是漫长的原始文明。有人认为，人类经过采集阶段之后进入狩猎阶段，其实不是，狩猎需要有生产资源，不是所有的大平原都有野兽。在不种庄稼的地方是从采集直接到狩猎，这在许多原始岩画中已经得到了证明。我认为采集跟原始农业有直接关系，人们采集之后多了种子就种植，种植业就这样产生了。而狩猎则独辟蹊径，它是有一定生产资源条件的。所谓农耕的"食"

是相当晚的，我们的先民能知道先种植然后再收割，而且还拿石棒、石磨把它一点点地研磨出来，已经是很了不起的文明了。

当中国的农耕文明进入到用五行思想来思考后又是一大进步。物质就有金、木、水、火、土五种，五行的看法认定土为中，土就是中原的土，就是中央为土。土的观念战胜了其他的观念，因为谁都知道没有土就没有农业。五行的观念产生以后，解释世界都用这五种物质了，这是一直延续到现在的中国人的思维方式。我们的文明对土的鉴别非常直观，现在北京的中山公园是古代的社稷坛，那里的五色土真的就是从中国大地东西南北中直接运来的，我国最南边的大地都是高温多雨下残留有氧化铁铝的红色土；西部高含镁钠的盐碱地都是白色土；东北大地湿冷条件下积累的厚实有机物形成了一片黑土；东部大地常年浸水，氧化铁还原成蓝色氧化亚铁使田土呈青蓝色；中原包括黄土高原的土壤普遍缺乏有机物形成了黄色土。中国最早农耕文化的自然根基就在这五色土中产生了。于是出现了五帝崇拜：对东方青帝太昊、南方赤帝（炎帝）、西方白帝少昊、北方黑帝颛顼和中央黄帝的崇拜，随之才发展演化出社稷祭祀制度，全民膜拜土地粮谷的农业神了。

汉字的字音、字形、字义基本上都与农耕文明有关。饮食中的发酵就是了不起的发明，一旦粮食吃不了就把它发酵，创造了酒这种农耕文明的产物，全面影响了封建社会的物质生活与精神生活，特别是影响了祭祀礼仪民俗文化的发展。从另一个方面也反映了产食文化的巨大进步。除了酒以外，更多的就是腌制品，就是把食物腌熟，这也很不简单。农耕文明出现集权后，就把盐先管制起来，因为人们生活离不开盐，因为有盐就不怕过日子了，用盐把多种食料腌了就能吃，这就是农耕文明的观念。所以汉字中以坛罐类容器为形态的"酉"字偏旁的所有食物或食法，都和发酵饮食密切关联。例如酒、醋（酢）、酱、酥、酪、醯、醇、酿、醉、酸、醃（腌）、酽等不下百种与农业产食密切相关的字样，就连当下最流行的时尚字眼儿"酷"，其字义原本就是"酒味醇香浓烈"。"酉"字形器皿就是饮食必需的用具，陶器的发明，青铜酒器、礼器的铸造，完全是为农业文化服务的。没有陶器、青铜器就无法储存，也无法制作熟食，更无法斟酒摆供祭祀众多的农耕神灵。

农耕文明的演变是很系统、很具体的演进历程，农耕文明史必须从细节中解剖。如果只是关注每年粮食的产量，是不能说明问题的，因为每年都有丰有歉，技术非常好也可能有天灾人祸而颗粒无收。所以如果不对农耕文明进行细致的研究，而是抽象地表明农耕结束了、我们已经现代化了、我们很多大宗的农业产品已经跟美国接近了，这些说法是完全无视农耕文明最为精致的细节。离开了农耕文明那一点点水、那一点点土，也就看不出农耕文明的全貌了。

孙：中国地域广阔，各地生物多样性和文化多样性的生态属性，决定了区域文化的基本格局。那么，在研究农业文化的过程中，有哪些重要的细节我们要特别关注？农业文化研究的核心要义又在哪里？

乌：跟农耕最直接相关的人文表现形态就是农业耕作技法，这一点是原始积累最多的。最早的木犁不含一点铁，直到今天有的地方还在使用木犁。但现在最先进的犁铧和农业机械都有了，这些都应该感谢原始农业，没有它们就没有今天的农业机械化。咱们从农耕作业最精细之处找到它的发展脉络就会发现，农耕文明一直延续不断的物质基础是从原始农耕到今天农业的转型时期到底发明制作了多少农具。这些农具的制作过程没有一个是没有仪式的，像铁匠的仪式、木匠的仪式。现在为什么说农业民俗重要呢？首先是农耕本身对仪式的需求。人们制造工具，然后使用工具耕作、培育、收获都有多少技术和方法的序列，把收获的食料通过多少道手工技艺吃到肚里，把蚕丝棉麻穿到身上，甚至用的都是非常精致纤细的工具，使用的都是最为精细的手工绝活儿。然后再把人畜粪便、农作物秸秆等农业的副产品经过调制还原到土地里，这都需要一整套的作业工具及其操作技术和方法去完成。所以一些发达国家不失时机地把百多年来的民具（主要包括农具）用博物馆的形式保留下来。日本在现代化过程中，尤其是二战之后首先做的就是把江户时代的农具都保存下来，因此出现了民具学。把老百姓所有用过的工具收集起来，这是最好的证据，有了这些证据才能进一步调查考证它的使用方法。工具是怎么制作出来的，人们当时的理念是什么，是减轻体力呢，还是精耕细作所必需的要求？例如苗之间的距离多宽，高粱和豆子是不一样的，只有采用了相应的工具才能提高效率，这就是农耕时期的生产力与生产方式的研究。古人说"工欲善其事，必先利其器"，因此今天我们要研究农耕文明的遗产就要先从"利其器"着手，同时从农具保存的遗产上去看他们是如何"善其事"的，从而探索出农耕文明发展的脉络。可是我们现在断代了，农业技术的现代化进程以迅猛的冲击力几乎把传统农具及其作业方法一夜之间扫光了。全面完整地收集农耕民具，恐怕为时已晚。

中华大地上的农耕之所以是完美的还在于它的多元化，多元化自古以来就解决了以丰补歉的问题，这不是我们今天才想到的。例如汶川地震粮食不够了，其他地方就运过去，自古以来就是这样做的，不会是整个中国全都遭灾的。这是源于各个地方根据它的土地资源和生态环境的不同而使用了不同的作业方法。农耕技术的多样化决定了东北就是东北、华北就是华北、江南就是江南。我们现在的行政区划就是根据古时候的耕作划分的。我们曾经在五六十年代，特别是 60 年代破坏了农业的组织结构，内蒙古太贫瘠了，就把昭乌达盟划给辽宁，哲里木盟划给吉林，呼伦贝尔盟划给黑龙江，这三个省是农耕大省，但最终还是要退还原处返回给内蒙古。因为中国原来的行政区划都是跟农业有关，各地百姓必须有自己的生业，生业必须是每个地方根据自身的特点去解决。草原只能是按照游牧业的生产方式去解决，历史上之所以解决不了问题是因为大批农耕民移民到那里要种地，跟草原民争地发生了冲突。经验已经证明，原先是草场的地方怎么改农田也不行，产不出多少粮食，因为那里原先是牧区。为什么要讲这些呢？是想通过这些现象来说明中华大地上多样性的生产方式，其中还是以农耕的生产方式为主导的。

农耕文明的多样性历史，要压缩可以压缩到一起，要展开可以展开到无限远。我做了将近十年的"非遗"保护工作，使我对非物质的农耕文化看得更具体而全面。你的视野可以很宽阔，但是你的视点却能透视到所有的细节，而且每个细节都是可考察可研究的。就拿黄河流域、黄土高原的"麦客"来说，这些割麦子的庄稼汉，就是根据当地气温变化，根据祖祖辈辈多年的传统和自己的经验，念农耕习俗那本经，根据二十四节气脑子里能排出麦子种植、生长和成熟的时间表，哪块地方先种后种，哪块地方先收后收，他们一年就出色地干这两件事儿。中国农业文明最早的时候是种植五谷杂粮的，其中种子是否优良十分关键。它的优点是什么地种什么，什么季节种什么，如果需要马上换种别的，也都有相适宜的种子。中国农民对种子的识别是高水平的，同样是黑豆就有十几种叫法、种法。这种对种子的识别，几乎从采集时代就开始了，分别留种，然后杂交。杂交后他要验证好吃不好吃，不是说杂交粮产量高了就好，还必须得弄出好吃的种子来。所以，农耕文明在识别大自然物产上是非常准确的，分门别类都储存好，一旦这茬地荒了，怎么办？这茬庄稼没种上或遭灾了，就补充播撒其他品种，找回几成收成人们就可以活下来。所以，无论是下种的选择，还是农时的安排，农民脑子里都有一本精细的账。现代农业里出现的气候、施肥、除病虫害、水利、土壤等诸多要素，都在农民口传心授的所有日常生活习俗惯制之中，这就是劳而又苦的农民独特的生产生活智慧。农业文化遗产的研究就不能不对此加以关注。

中国的农业文化非常生动活泼、丰富多彩，从打春到过年每一个大小阶段和数不尽的每个细节都是农耕文化遗产最宝贵的资料。把从有丰富经验的老农口述中采录下来的那些纪实的农事史志，都完整地保留下来、展示出来，建立起一部鲜活感人的农耕文明百科全书。别让我们的现代青少年和后代子孙对中国农业文明史继续处于茫然无知的状态。

孙：在您以前的讲演和著作里，提到民俗学研究有一个重要领域"灾难民俗学"。大自然的生态系统是生物多样性和文化多样性赖以生存的基础。在我们的生活世界中能看到的有地震、泥石流，有干旱，有水涝这些自然的生态灾害，同时也有人和土地之间的矛盾，以及由此而生的人为的生态性灾难。您一直积极倡导灾难民俗学的研究，对于农业文化遗产的保护而言，灾难民俗学的潜存价值和启发意义又在哪里呢？

乌：灾难民俗学最早是人类学提出来的，就是灾害人类学。因为从有人类开始，灾害就是不断的。古代神话中那个没有光的混沌世界里发生的天塌地陷、洪水滔天、女娲补天、十日并出、后羿射日等故事，其实都是在告诉我们，人类一出现就遇到了灭顶的灾难，所谓的"灾难民俗"也就因此与生俱来了。周期性有规律的灾难和无规律突发的灾难就会接踵而至，所以农民祖祖辈辈深受的水旱虫病灾害之苦难，连同他们丰富的防灾、避灾、减灾和救灾的实践经验，都活生生地反映在一部厚重的农业文化史中。几千年来，中国人各地族群不但没有因为地震、洪水、旱魃、暴雪、冰雹或蝗虫之灾而灭绝，反而壮大了族群并繁衍至今。可见，农业文明中十分丰富多彩的应对农业灾害的大大小小的民俗事物和表现，都是老百姓最可贵的精神遗产，值得认真研究。

为什么要研究灾害民俗学呢？就是要把广大农耕民这个族群，也包括林业、牧业、渔业这些普通民众世世代代对付灾害的经验搜集、总结下来，不仅提供农业文化史的认知，更重要的是为现代化社会的进步与发展提供借鉴。比如从灾害民俗学的视角来看端午节，就会发现驱瘟、辟邪、除五毒的行事，甚至画个钟馗也能把鬼抓去，这都是灾害民俗在发挥作用。它既有对灾害的防范，也有对灾害恐惧心理的抚慰，还有医药上的治疗。家家采插菖蒲艾叶，用它洗澡也好，洗发也好，喝雄黄酒也好，这都是直接抗拒瘟疫灾害的传统民俗。遗憾的是，我们研究民俗学往往对节日人文主题很感兴趣，却常常忽略对更深层的更复杂的与农业文化息息相关的灾害研究。这里所说的灾难包括了天灾人祸，自古以来农业社会的天灾人祸几乎是相伴而生的，因此才有了"天人合一"的理念和学说。在这种观念之下，认为国君若不兴仁政，就会有大灾报复，这种意识就是在农民承受不了灾难的时候提醒国君，不要使老百姓遭涂炭。历史的经验证明，天灾人祸的最大受害者是农民大众。因此，我们要认识到灾害民俗学的重要性，对研究农业文化遗产，对减灾免灾，对社会转型中农业、农民的生存与发展，都有重大的借鉴意义。

六、终结者工程：农业文化遗产保护迫在眉睫

孙：您对农业文明的阐释为我们呈现了一个细致、丰繁、生动、活泼的生活世界。费孝通先生说中国是乡土中国，中国文化就是从土地里长出来的，因此，中国文化的核心内核就是农业文化。然而，近三十年来中国社会的快速发展，昔日手工榨糖、酿酒、纺棉织布、土陶制作、打铁、竹编等一些古老的技艺，连同那些记录了农耕民族文化创造的历史记忆，都已经渐行渐远了。从这个角度来看，我们当下的文化遗产保护的确是终结者工程了。

乌：我感觉到农耕文明几千年的遗产，它的保护不是一般性的迫在眉睫，而是必须有急速抢救的大动作，要纠正对传统农业文化遗产摒弃冷漠的偏差。这在对我的采访中或在我的文章里我都说过，否则，我们就愧对创造农业文明的列祖列宗了。尽管我年纪大已经力不从心了，但我还想极力振奋精神做好这项工作，我知道"尽人事、听天命"的保护是不负责任的。因为，现代化的猛烈冲击波迫使传统农业文化的剧烈转型加速并走向终结，所以我才把我们从事的保护工作叫做"农耕文化终结者的工程"，它理应是里程碑式的巨大文化工程。

我们把农业文明所有的东西统起来看的话，今天"非遗"正在保护的不过是九牛之一毛。为什么这样说呢？根据联合国教科文组织的规章公约，"非遗"关注的是文化的表现形态，可我们更多的是没有表现形态的东西，可惜的是这部分丢掉了。还有一些有表现形态的东西又难以被采纳进来，因为"非

物质遗产"这个定义束缚了我们。农耕文明里的一小部分表现形态很突出，我们把它切割了一部分成为保护性遗产，而这些东西如果离开了母体，农耕文明整个的体系就被分裂成若干系统，保护了局部却解决不了整体的问题，因此被大量地丢失了。比如刚才说的，非物质遗产第一个排斥的就是大量的农具，因为它必须跟非物质遗产的表现形态有关。那么，非物质文化遗产保护的这个遗产，是否能够涵盖农业文明里面表现形态很清楚的那些遗产的全貌呢？不能纳入的部分该归谁保护，该有什么政策呢？比如一个"饸饹床子"，这是农耕文明北方传统饮食习俗里挤压燕麦面条（山西、陕西、内蒙古方言叫做莜面）或荞麦面条的器具，是各家吃荞面、莜面都要常常用的便捷工具。但是这个东西拿到文物部门，文物部门不保护。打铁的砧子、钳子和锤子，钉马掌的那套工具，从来不算文物。我们应该确认这就是农业文化遗产的文物，农耕文明所有的文物不像慈禧太后的一个翡翠西瓜那样，而是更多的犁、锄头和不同品种的磨具，以及各种各样的箩筐、簸箕，是没有这一切慈禧太后连饭都吃不上的民具。这样看来，我们的有形文化遗产的保护一直都在关注值钱的古董，没有关注到民间社会农耕生活的民具，广大民众手里的有形财产，在农耕文明里很重要的工具、用具没有被很好地保存下来。也就是说，有形民俗文化遗产没有归入文物范围里，于是这些民具大量地被丢失遗弃。民间手工艺的整套技巧受到"非遗"保护，而手工艺的工具、用具怎么办？所以在非物质遗产保护里面，特别设有一个栏目就是把与它相关的用具必须保护下来，一是政府要收购，二是要鼓励传承人或者申报单位自己保护。因为要保护这项遗产，它的所有相关用具就得全部保留下来。比如景颇族的巫师，要想保护本民族的信仰民俗的传承，就必须保护好他在做法术时头上的那个鸟冠、身穿的法衣和手里的法器。从这个角度看，"非遗"的定义和政策规定里有哪些漏洞，就需要我们再思考再调整。

孙：面对转型中的乡村生活，留住那些与农业生产和生活一脉相承的历史记忆，这是使农村和农业充满生机的前提。从这个意义上说，保护好农业文化遗产，就是在呵护我们这个农耕民族的生存与发展之根。因为无论是过去、现在还是将来，决定中国社会形貌的因素依然是农村、农民和活在生活中的乡土文化。您从农耕文明的历史，讲到当下文化遗产保护的困境，那么对于农业文化遗产保护的未来您又有怎样的期待呢？

乌：我们过去的民间文化保护几乎都是靠手写记述下来的，现在各种声像采录技术手段都有，而且越来越先进，我们就该把应做想做的保护工作都尽快尽量地做下来。联合国教科文组织的一位奥地利非物质遗产科技保护专家，早在2002年末应邀来北京出席非物质遗产学术研讨会的讲演中告诉中国学者：我们现在已经有这种能力，就是用高科技把非物质遗产原原本本地记录下来，比如说传承人一整套手工技艺的作业流程、来龙去脉，都能用精密的摄录手段进行数字化处理，从局部到细部全部采集下来，再用虚拟的手段把它重新演绎，这样就可以一代代往下传。两千年后的子孙，根据这些数据资料就可以完全复原整个工艺流程。他的讲话给当时的中国保护遗产的学者很大启发和鼓舞。我们的保护应当立即用先进的科技手段装备起来。

说到我对农业文化遗产保护的期待，我认为当务之急一是如何加大政府主导、社会参与、组织动员和广泛宣传的力度；二是如何营造出全社会、全民自觉保护农业文化遗产的良好氛围；三是如何建立起一支保护、研究农业文化遗产的高素质、高水平的多学科专家组成的专业队伍；四是如何按照国家的总体规划，实施有计划、有步骤地依法保护、科学保护的工作。一旦上述这些方面的工作都井然有序地推动起来，农业文化遗产保护就有了成功的希望。我想我们应该有这种科学的远见。中国的农业文化遗产保护将来做好的话，应该成为全世界农业文化遗产保护的典范，也是对全人类做出的不朽贡献，这应该也是我们文化遗产研究者的美好愿景。

[原载《中国农业大学学报》(社会科学版) 2012 年第 1 期]

☀ 龙脊云雾（杨秋红 摄）

全球重要农业文化遗产：国际视野与中国实践

——李文华院士访谈录

李文华　孙庆忠

　　李文华，1932 年生于山东广饶，汉族，生态学家、中国工程院院士、国际欧亚科学院院士。中国生态学会顾问，联合国粮农组织（FAO）全球重要农业文化遗产（GIAHS）指导委员会主席，农业农村部全球重要农业文化遗产专家委员会主任委员。

　　孙庆忠，中国农业大学人文与发展学院社会学系教授，农业农村部全球重要农业文化遗产专家委员会委员。

　　题记：2002 年联合国粮农组织（FAO）发起的全球重要农业文化遗产（GIAHS）保护项目，旨在保护生物多样性和文化多样性的前提下，促进地区可持续发展和农民生活水平的提高。2014 年 FAO 章程及法律事务委员会第 97 届会议报告赋予了 GIAHS 在 FAO 组织框架内的正式地位，这标志着 GIAHS 将变成 FAO 的一项常规性工作。截至 2014 年底，已有 13 个国家的 31 个遗产地被纳入全球重要农业文化遗产保护名录。在这项国际性的行动计划中，李文华院士发挥了举足轻重的作用。为全面了解 GIAHS 的提出与发展历程，更好地推动这一项目的中国实践，2014 年 11 月 24 日和 12 月 5 日，我先后两次专访了李先生。现将访谈辑录成篇，以期读者在他的往事回眸中，重温科学家的探索发现之旅，进而关注农业文化遗产保护的现实处境与发展前景。

一、学术前缘：从综合考察到综合研究

孙庆忠（以下简称"孙"）：李先生，在我们正式进入农业文化遗产保护这个话题之前，先来总体上谈谈您六十多年的学术研究吧。您从 1953 年毕业留校从事森林经营管理方面的教学，到留苏回国后对大小兴安岭、长白山的定位研究；从 20 世纪七八十年代对青藏高原、横断山的科学考察，到近些年来对生态农业和农业文化遗产保护的系统研究，在这一系列的研究主题背后有着怎样的学术机缘？回首自己治学的足迹和心路时，会有怎样的人生感慨？

李文华（以下简称"李"）：每个从事科研的人所经历的发展道路各不相同。在我们那个时代，干什么不取决于个人的选择，而是根据国家的需要和组织的安排。我们也习惯于服从党的分配。也许这样的安排对于个人深入的科学研究会有一定的影响，但是能为国家的需要贡献自己微薄的力量，回想起来也是无怨无悔的。从我毕业后的六十多年来，虽然一直没有离开生态领域，但是却经历了从自然生态系统的结构功能研究，到资源的保护与利用，再到生态农业复合系统的理论、方法与实践，以至于到区域可持续发展的范畴这样一个与时俱进的发展过程。

1953 年我从北京林学院毕业留校后，最初是在森林经理教研室担任助教，后转到森林学教研室（即现在的生态教研室）担任讲师和教授。前一阶段的经历使我对森林测算和森林经营管理有了比较系统的了解，后一阶段的工作则为我后来一直从事的生态学领域的教学和研究打下了较好的基础。

1957 年我有幸被学校推荐到苏联留学，这在当时几乎是所有青年学子梦寐以求的事。更使我喜出望外的是，著名的生物学家和森林生态学家苏卡乔夫院士担任我的导师。他是生物地理群落理论的创始人，为进行生物地理群落研究，在不同自然地带建立了定位研究站开展长期定位研究。苏卡乔夫多次带团访问中国，对我国有深厚的感情，并协助我国在西双版纳建立了第一个森林生物地理群落站。从苏联学习回国后，自 1961 年开始，我就在小兴安岭伊春北京林学院教学实验林场带学生野外实习，开展半定位的森林生态研究。尽管当时工作条件异常艰苦，研究仪器和手段也非常落后，但通过师生们齐心协力和坚持不懈的工作，我们取得了大量的第一手资料。遗憾的是，由于"文革"的干扰，北京林学院搬迁到云南，我们不得不在 1972 年终止了在小兴安岭的研究。但值得庆幸的是，在那段颠沛流离的过程中，我还保留了部分零星的原始材料，并在"文革"后期整理出来油印成册。这部分材料成了见证当地森林变化的历史文献。当"文革"结束后故地重游时，实验林场的森林已荡然无存、面目全非，我们刚刚开始的研究就在其襁褓阶段不幸夭折了。后来，我有机会到世界各地的生态站参观访问，看到他们展示的上百年完整的科研记录，深深地感受到科学研究的连续性和保留前人研究与智慧结晶的遗产的珍贵性。这也为我以后关注自然和文化遗产保护工作埋下了种子。在这以后，我的工作几经变迁，但是不论到哪儿，我都对自然和文化遗产的保护有着特殊的感情。我出版的第一本专著就是关于自然保护区的问题。后来我参加联合国人与生物圈计划，主持生物圈保护区的遴选工作和长白山生态站的保育工作，这些也都为我组建科学院自然与文化遗产中心和开展农业文化遗产保护工作埋下了伏笔。

1973 年，我有机会参加了中国科学院青藏综合科学考察队。这是我生命中的一个重大转折点。我们这批人在当时被允许到青藏去工作，这让我们都很珍惜这个难得的机会。

孙：您为什么说青藏科考是您生命中的一个重大转折点？除了使您中断的学术研究得以延续之外，科学考察本身又带给您怎样的人生体验和学术思考？

李：这次科学考察在我的科研生涯中占有重要的地位，它不仅使我一度中断的科学研究得以继续，同时也为我打开了广阔的视野，体验到综合研究的真谛和重要性，同时也为我从"教学为主"向"科学研究为主"的转型起到了关键作用。

青藏高原是地球上独特的地理单元，以其巨大的高差、崭新的地质历史、辽阔的面积和独特的生态环境，成为生物地学界关注的热点地区。但同时由于这一地区地处边疆，交通不便，所以在科学研究上许多方面还是空白。中华人民共和国成立后，为了大规模经济建设和科学发展的需要，中国科学院于1972 年专门制定了《青藏高原 1973—1980 年综合科学考察规划》。从 1973 年开始，组建了中国科学院青藏高原综合科学考察队，组织了全国 56 个科研、大专院校、生产单位等，包括地球物理、地质、地理、生物、农林牧业等方面的 50 多个专业的 400 多名科学工作者，在西藏各族人民和中国人民解放军的大力支持下，克服了高山缺氧、风雪严寒、交通不便、野外装备简陋等困难，历时四年的跋山涉水、风餐露宿、团结协作、艰苦奋斗，完成了有史以来西藏自治区范围内全面、系统的综合科学考察，出版 30 多部专著，在青藏高原地区的综合科学考察研究史上谱写了辉煌的一页。

青藏科学考察除了让我在专业上有所收获外，使我难忘的是开拓了视野，懂得了在生态学和地理学的研究中多学科和综合性研究的重要性。通过综合考察不仅学到多方面的知识，在科学组织方面也得到了锻炼和提高。那时参加青藏科学考察的同志们个个都是全国生物地学界单位的骨干，大家集中到这样一个项目里来，相互交流，耳濡目染，培育了科学家之间的协作意识和团队精神。正是这种精神使得我在后来的工作中能与不同学科的科学家一起合作，互相帮助，并建立友谊。我认为自己一些比较大的科研成果都是在集体的帮助和协作下完成的。

二、人与生物圈计划和可持续发展的理念

孙：您刚刚讲到青藏高原科学考察及生态学研究，是您投入精力较多的领域。这也为您积极推动生态建设和可持续发展实践的系列工作打下了坚实的基础。您曾在 1986—1990 年间担任过两届"人与生物圈计划"国际协调理事会主席和执行局主席，参与此类国际性的工作对于您个人的学术研究、对于解决我国的生态环境问题又有怎样的意义？

李：20 世纪 70—90 年代是国际上可持续发展概念的孕育和发展时期，这段时期也是我参与国际交往最活跃的时期，使我有机会涉足这一领域。通过在联合国教科文组织（UNESCO）的人与生物圈计划（MAB）和国际自然与自然资源保护联盟

（IUCN）领导机构的工作，我与联合国发展规划署（UNDP）、联合国粮农组织（FAO）、世界自然保护基金（WWF）以及国际科联（ICSU）保持了较为密切的联系，而这些都是当时对环境问题以及对可持续发展理念和实践具有重要影响的国际组织。通过参与有关工作，我扩大了生态学研究的视野，认识到要解决当前面临的生态环境问题必须走可持续发展的道路。

人与生物圈计划是联合国教科文组织长期支持的综合性计划之一，是一项具有时代特点和创新精神的、雄心勃勃的政府间生态学研究计划，在推动自然资源的合理利用和环境保护方面起到了历史性的作用。MAB 计划一个很重要的贡献就是，明确提出了人类是生态系统的一员，而不是把人作为局外因素来看待这些问题，这个计划着重研究人类不同程度影响下的生态系统的功能、人类影响下的资源管理与恢复、人类对资源的利用以及人类对环境压力的反应，并在全世界范围内建立生物圈保护区网。应该说，MAB 计划在 20 世纪 70 年代和 80 年代初对生态学新潮流起到了引领的作用。

我从 1978 年我国成立 MAB 国家委员会就介入了这项工作，在 1986—1990 年间还曾担任过两届人与生物圈计划国际协调理事会主席和执行局主席，1990 年在 MAB 国家委员会秘书处兼任秘书长。回想起来，MAB 计划不仅对我国生态学的发展具有重要的影响，在 MAB 工作的这段经历对我个人的成长也起到非常重要的作用。

孙：MAB 的工作经历对我国生态学的发展、对您个人的成长都有着深远影响，那么，是怎样的机缘让您参与到了这项国际性的环境发展计划之中？MAB 计划在中国的推广和实施又取得了哪些成绩？

李：谈到机缘，就得追溯到改革开放之初了。作为中华人民共和国第一批走向国际舞台的生态学工作者，我得到了侯学煜、阳含熙、吴征镒等一批老先生的大力指导和帮助，包括陪同侯学煜和李孝芳先生对美国的访问，在阳含熙院士的率领下参加中国"人与生物圈"代表团对欧洲四国的访问，以及陪同吴征镒院士参加中国自然保护区代表团到英国进行访问。据我所知，这些外事活动是在我国改革开放初期，也是在封闭了多年后最早的几批到国外访问的代表团。在这几次国外访问的过程中，我有幸能与我国生态和林学界的几位大师级前辈近距离接触并聆听他们的教诲，使我终生难忘。

MAB 的最高权力机构是国际协调理事会（ICC），由 UNESCO 大会选举出的理事国组成。理事会设执行局，负责休会期间 MAB 的常务工作，由一个主席、四个副主席和一个报告员组成。ICC 一般每两年选举一次，除了 UNESCO，也邀请联合国环境开发署、联合国粮农组织、联合国开发计划署、世界气象组织、世界卫生组织以及其他非政府组织的代表参加会议。1979 年阳含熙先生当选为 MAB 国际协调理事会执行局副主席。1986 年换届时，本来计划由我接替阳先生竞选执行局的副主席，但秘书处与有关国家代表协商后建议我竞选主席，并得到全票通过。之所以能获此殊荣，是由于中国的国际地位越来越高，对生态学的研究也比较重视，具有综合研究的实力和经验。同时，在前期的交往过程中，我们和国际 MAB 秘书处以及有关国家形成了良好的合作关系，本着科学研究的目的，让国际方面感受到中国对生态环境的真切关心和对联合国工作的真正支持。执行局主席一届两年，我在第十届换届时获得连任。

1989 年 6 月 14—16 日，联合国教科文组织在巴黎总部举办了主题为"未来的科学与技术：国际合作的新面貌"的学术研讨会，各科技领域的权威专家、重要国际组织的官员以及国家或地区科学院的院长等 84 位卓有成就的个人和代表参加了此次会议。我在陆地生态系统研究小组里担任主席，我们经过讨论最终形成统一意见，提出了陆地生态系统研究在未来一段时间内面临的三个挑战，即全球变化（global change）、生物多样性保护（conservation of biological diversity）和可持续发展（sustainable development）。这三方面挑战的提出，对国际生态学研究产生了极大的影响，美国生态学会在 1990 年的年会上也肯定了这三方面的重要性，直到现在它们仍是生态学领域研究的重点和热点问题。

MAB 计划是国际合作的窗口、人才培育的摇篮、创新思维的智库和成果交流的平台。我国通过 MAB 计划的开展，不仅促进了中国的生态建设以及生物多样性保育，也为国际MAB 计划的发展作出了贡献。虽然离开 MAB 的工作已有多年，但是这段经历却仍然深深地留在我的记忆中。我曾有机会接触和了解许多国家 MAB 的进展情况，从国家层面比较，我感觉中国在 MAB 计划的实施方面无疑是发展中国家里最好的一个。

孙：您刚才提到，1989 年 6 月联合国教科文组织在巴黎总部举办的关于科学创新的研讨会上，您担任生态组主席，提出了陆地生态系统研究在未来一段时间内面临的三个挑战，其中之一便是今天大家都耳熟能详的"可持续发展"。您能否结合工作经历，讲讲这一概念从产生到发展的过程，再谈谈由您直接推动的基于这一理念的地方性实践？

李：1986—1990 年，在我担任教科文组织的人与生物圈计划主席期间，除了主持全体大会，听取并讨论年度报告外，还要主持生物圈保护区的遴选工作。同时，我还担任 IUCN 东亚区理事，这些活动大大加深了我对自然保护区和遗产地保护的意识。特别是由于当时人与生物圈计划和世界遗产计划（World Heritage）同署办公，在1970年之前两个计划的秘书长均由我的好朋友冯·德罗斯特博士（Dr. Von Droste）兼任，这就为我加深对世界遗产的了解提供了有利的条件。当时恰逢"可持续发展"的概念形成时期，在IUCN的活动中很多与"可持续发展"的概念及实践模式探索有关。据我所知，1980年由UNEP、IUCN、WWF、UNESCO和FAO共同完成的《世界自然资源保护大纲》（WCS）最早提出了"可持续发展"的定义，即："人类利用生物圈要加以管理，以便在能使当代人获得最大和持久利益的同时，又能维持其潜力以满足后代人的需要与期望。"这一观点在其后的布鲁坦（Brutand）报告《我们的共同未来》中得到进一步的肯定和发挥，形成现在公认的"可持续发展"的定义。在"可持续发展"理念的影响下，自然保护区也从长期以来单纯保护的观点向可持续发展的方向转变。

1992年，我结束了在联合国粮农组织的工作回到国内，正值联合国环境与发展大会在巴西里约热内卢召开，以可持续发展为目标的《21世纪议程》正影响全球。我回国后在自然资源学会年会上所作的第一个报告，就是结合我在国际合作和交往过程中的体会，介绍我对"可持续发展"的理解和我国在自然资源管理方面面临的挑战与机遇。应该说，那个时候对于"可持续发展"这个概念，我是接受得比较早的，而且这种发展的理念也贯彻在我后来一系列的科学研究、国际合作和区域发展的咨询工作中。

三、生态农业与农业文化遗产保护的关联

孙：您在 MAB 这样的国际组织中，积极地推动生态建设与可持续发展的实践，这与您对生态农业的系统研究有着怎样的关联？从国际视野来看，中国在这一领域的实践与研究和其他国家相比有什么差异？

李：刚才讲到的对可持续发展的认识和实践，今天看来实在有些平凡和普通，但在当时却是很不寻常的。在这一领域的探索中，我确实得到了许多人没有得到的机遇。除了参加当时许多具有重要影响的国际组织的活动，包括 UNESCO、FAO、MAB、IUCN、WWF、UNEP，以及国际资源保护中心联盟（INRIC），学到有关可持续发展的理念外，我还与瑞典皇家科学院院士海登（C. Heden）和甘特·保利博士（Dr. Ganter Pouli）共同发起组织以可持续发展原理为基础的"工农养殖零排放系统工程（ZERI-BAG）"。尽管由于专业条件的限制，零排放等在我国并未形成应有的影响，但我们始终没有放弃当时零排放计划中所包含的节能减排和循环经济的思路，并在其后的生态农业、生态示范区建设的研究中得以发展。20世纪90年代以来，各级政府和不同学科都开始了可持续发展实践的有益探索，比较有代表性的是各种类型的生态示范区建设，如农业部开展的生态农业示范县建设，科技部发起的可持续发展综合试验区建设，环保部先后开展的生态示范区、生态省/市/县、生态文明试点建设，建设部先后启动的国家园林城市、国家生态园林城市建设，国家林业局启动的森林城市建设等，以不同尺度的区域单元为平台和切入点，探索可持续发展道路。多年的经验让我越来越体会到，当生态学介入社会问题

时，可持续发展的问题需要从一个区域的平台，以系统的观点和视角出发才有可能找到出路。

可持续发展的理念和朴素的实践在我国早有萌芽，中国自古就有保护自然的优良传统，并在长期的实践中积累了丰富的经验，传统生态农业就是其中的精华，对于现代生态农业和农业可持续发展依然具有重要的指导作用。系统总结中国传统生态农业的精华，并与现代技术相结合，推进现代生态农业的发展，是一项十分重要的工作。从 20 世纪 80 年代中期以来我一直参与其中。江西千烟洲农业生态工程就是在中科院自然资源综合考察委员会南方考察队工作的基础上，组织开展的一项成功的案例。1988—1991 年，当时我作为综考会的常务副主任，以江西千烟洲为基地，创办了千烟洲农业生态试验站。我们改变当地过去单一种植方式，发展了以生态经济原理为指导的"丘上林草丘间田，河谷滩地果、鱼、粮"的多组分农业生态工程，收到了明显的生态、经济和社会效益，为退化红壤丘陵的恢复开拓了有效的途径。现在"千烟洲模式"已成为江西省山江湖综合发展的样板和国家山地生态农业发展的典范，在国内外产生了良好的社会影响，有三十多个国家和国际组织的专家先后到千烟洲访问考察，并成为中国 21 世纪议程第一个国际资助项目的组成部分。所有这一切都使我感觉到农业应该走综合的、可持续发展的道路，把保护和发展结合起来，这样才能够真正让地方富裕。我曾因参与 FAO 组织的 10 个国家小流域治理项目（CTA）而到尼泊尔工作，那时我就感觉到把农业当做一个系统，把保护和发展结合起来这样一种理念在中国已经实现了，但那时候很多国家还没有接受这种认识。他们有很多项目，搞了之后应该使这个地区的人民富裕起来，从理念上应该走向可持续，但他们并没有做到这点，有钱支持的时候进行，钱一停，项目就结束了。可持续发展的研究，要把生态学的观念和生态实践结合起来，它不是一个只在那里指手画脚、说"NO"的科学，而应该实实在在地做出一些事情来。

除了在实践上的差异，20世纪90年代以后，中国提出了自己的生态农业构想，它既有一般的生态理念，也把中国的特色突显了出来。中国的生态农业是一个把农业生产、农村经济发展和保护环境、高效利用资源融为一体的新型综合农业体系。

从科学理论和方法看，它要求运用生态系统理论与生态经济规律和系统科学方法，遵循"整体、协调、循环、再生"的基本原理，要求跨学科、多专业的综合研究与合作，建立生态优化的农业体系；从发展目标看，它以协调人与自然关系为基础，以促进农业和农村经济、社会可持续发展为主攻目标，要求多目标综合决策，代替习惯于单一目标的常规生产决策，从而实现生态经济良性循环，达到生态、经济、社会三大效益的统一；从技术特点看，它不仅要求继续和发扬传统农业技术精华，并注意吸收现代科学技术，而且要求整个农业技术体系进行生态优化，并通过一系列典型生态工程模式将技术集成，从而发挥技术综合优势，为我国传统农业向现代化农业的健康过渡，进而建立高产、优质、高效、环境友善的未来永续型农业，提供了基本的生态框架和技术雏形；从生产结构体系看，它不仅要求各个产业部门建立在生态合理的基础上，而且特别强调农林牧副渔大系统的结构优化和"接口"强化，形成生态经济优化的具有相互促进作用的综合农业系统；从生产管理特点看，它要求把农业可持续发展的战略目标与农户微观经营、农民脱贫致富结合起来，既注重各个专业和行业部门专项职能的充分发挥，更强调不同层次、不同专业和不同产业部门之间的全面协作，从而建立一个协调的综合管理体系；从国内外发展战略转变来看，它有别于国外有机农业和生态农业的内涵，并早于国际上流行的"持续农业"，与"持续农业与农村发展"（SARD）的概念和行动纲领有许多相近之处，但它是更具有中国特色的、适合中国国情的农业可持续发展的成功模式。我们的生态农业必须把发展和保护的问题统一起来考虑，而在国际上，尤其是欧洲，在发展的问题解决了以后，人们考虑的主要是环境问题。

孙：从 20 世纪 80 年代以来，生态农业建设渐已成为国家农业发展的理念，90 年代农业部联合有关部委开展了一系列试点工作。从倡导到实践，您是这项工程的全程参与者，请您谈谈生态农业是在怎样的背景下成为了科学研究的重要议题？除了您刚刚提到的千烟洲农业生态工程的示范案例，您又组织开展了哪些理论总结性的工作？

李：中国农业发展拥有独特的自然条件和丰富的传统经验。独特的自然条件为发展特色农业模式提供了基础，丰富的传统经验中蕴涵着值得今天借鉴的生态保护与可持续发展意识。但同时，中国农业发展的资源和环境条件并不是很好，人多地少、人多水少、森林资源匮乏、草地退化严重、农业污染加剧等问题依然严重，成为农业进一步发展的重要制约因素。

20 世纪 80 年代初，一些农业现代化的弊端开始显现：化肥和农药的过量施用导致各种生态问题，农业灌溉用水的大幅增加导致水资源过量开采，过度垦荒和滥砍滥伐及超载放牧等导致水土流失及土壤沙化现象严重。这些问题引起了我国农林科技工作者的重视。早在 70 年代后期，以马世骏院士为代表的学者就指出，要以生态平衡、生态系统的概念与观点来指导农业的研究与实践。1981 年，马先生在农业生态工程学术讨论会上提出了"整体、协调、循环、再生"生态工程建设原理。1982年，叶谦吉先生在银川农业生态经济学术讨论会上发表《生态农业——我国农业的一次绿色革命》一文，正式提出了中国的"生态农业"这一术语。

随后，1982—1986年的5个中央一号文件都强调农业要"走充分发挥我国传统农业技术优点的同时，广泛借助现代科学技术成果，走投资省、耗能低、效益高和有利于保护生态环境的道路"。在这些思想的指导下，一部分高等农业院校和科研单位以及一些行政区域，开始了生态农业的探索起步。在近10年的试点后，1993年由农业部等7部委局组成了"全国生态农业县建设领导小组"，重点部署51个县开展县域生态农业建设，从其分布的区域和生态类型的代表性看，是具有推广意义的。这一时期，中国学者在广泛的生态农业实践中，总结出带有普遍性的经验，并把它上升到理性认识，初步形成了中国的生态农业理论。1991年5月，马世骏和边疆共同拟订了中国生态农业的基本概念：生态农业是因地制宜，应用生物共生和物质再循环原理及现代科学技术，结合系统工程方法而设计的综合农业生产体系。这一概念的核心部分被写进农业部颁布的生态农业建设区建设技术规范，成为全国开展生态农业建设的行为准则。

2000年3月，北京召开第二次全国生态农业县建设工作会议，对第二批50个示范县工作进行部署，同时提出在全国大力推广和发展生态农业的任务。国务院领导对会议报告作了指示："要认真总结经验，加强组织领导，依靠科技创新，把生态农业建设与农业结构调整结合起来，与发展无公害农业结合起来，把我国生态农业建设提高到一个新的水平。"2003年中央一号文件再次回归农业，至2010年中国在新世纪连续出台了 6 个指导"三农"工作的中央"一号文件",大力强调关注农村、关心农民、支持农业,其中 4 份均明确提出"要鼓励发展循环农业、生态农业","提高农业可持续发展能力"。

中国在发展生态农业方面取得的成就,引起了国际上的广泛关注和高度评价。我带着几个国家的学员来中国参观的时候,他们都感觉到,中国在理念和实践方面绝对是走在前头的,而且也感觉到中国的经验应该传播到外边去。2001 年我主编的《中国农业生态工程》(*Agro-Ecological Engineering in China*)列入联合国教科文组织生态学系列丛书出版。书中以可持续发展原理为指导,对我国的传统经验和该领域近期的研究成果进行了全面阐述,并对 15 种典型生态农业工程类型进行了重点剖析。UNESCO 生态学部主任皮埃尔博士(Dr. Piwrre)在来信中说:"我们愿意与您和您的同事们共同合作,将中国在这方面进行的具有先锋作用的重要工作,传播并试用于不同的生态 – 地理地带的持续农业中。"

为了使生态农业这一具有数千年传统,曾经在农村社会经济发展与农村生态环境建设中发挥了巨大作用,并符合我国现实国情的农业发展模式,得到更好的发展,我们联合了国内曾经或仍然从事生态农业理论研究、生产实践与组织管理的一批专家,系统整理并不断完善我国生态农业的理论与方法,认真总结过去 20 年来生态农业发展的成功经验和存在问题,分析生态农业发展所面临的新挑战,找出新时期生态农业发展的突破口,2003 年我组织编写出版了《生态农业——中国可持续农业的理论与实践》一书,以期为中国农村经济发展与全面建设小康社会做出贡献,同时也为国际可持续农业发展提供借鉴。这部 180 万字的专著,实际上也是在抢救中国生态农业的历史文化遗产。

孙：您的讲述让我们了解了中国在发展生态农业方面所取得的成就及其国际影响，也自然地呈现了生态农业与您当下领军的全球重要农业文化遗产保护工作的内在关联。

李：农业文化遗产价值挖掘与保护示范是生态农业研究与应用示范的进一步深化。我认为生态农业和农业文化遗产的理念结合得非常好，生态农业把它核心的一些指导思想、技术、模式提出来了。现在我们提出的遗产候选地，很多都是在我国长期的实践中保留下来的一些典型。世界各地劳动人民在长期的历史发展过程中，根据各地的自然生态条件，创造并发展出的传统农业生产系统和景观，被农民世代传承并不断发展，保持了当地的生物多样性，适应了当地的自然条件，产生了具有独创性的管理实践与技术的结合，深刻反映了人与自然的和谐进化，持续不断地提供了丰富多样的产品和服务，保障了食物安全，提高了生活质量，既具有重要的文化价值、景观价值，又具有显著的生态效益、经济效益和社会效益，特别是对于当今人类社会协调人与自然的关系、促进经济社会可持续发展更加弥足珍贵。作为一个典型的农业大国，中国具有大量亟待保护的传统农业系统，如稻鱼系统、农林复合、农牧复合、淤地坝、坎儿井、基塘系统等，这些农业系统对于人类的可持续发展具有重要意义。

四、GIAHS 的概念内涵与实施进展

孙：2002 年 FAO 提出了全球重要农业文化遗产（GIAHS）的概念和动态保护理念，它与可持续发展、与生态农业的基本理念是一脉相承的。作为一个国际性的项目，它试图要解决的核心问题、终极指向是什么？

李：农业文化遗产的提出实际上是为了应对 20 世纪以后农业方面出现的一系列问题。近代以来，从原始的刀耕火种、自给自足的个体农业到常规的现代化农业，人们通过科学技术的进步和土地利用的集约化，尤其是在农业技术、育种、生物技术、信息技术方面，取得了巨大的成就。需要指出的是，建立在以消耗大量资源和石油基础上的现代化农业取得了很大的成就，但在生产发展的同时，也带来了一些严重的弊端，包括农业生态与环境问题日益加剧，比如说土地减少、荒漠化、环境污染、生物多样性丧失以及气候变化等。另外，粮食保证问题、食品安全问题以及农村贫困问题，都和农业密切相关。而解决这些问题需要关注三个方面，即：食物食品和其他农产品；如何提高农民的生活水平；资源的节约利用和环境的改善。

面对这种情况，人们开始反思农业发展的政策、技术与模式，并陆续提出了各种替代农业发展的新思路。人们提出了许多新概念，比如有机农业、生物农业、自然农业、生态农业、复合农业、循环农业、可持续农业，尽管它们的内涵不尽相同，但是都反映了一种适应时代变革的迫切愿望和探索农业可持续发展的强烈要求。现在看来，真正解决这些问题，需要思想方面的转变。第一，要把目光对准整个生态系统，目标不能只盯着粮食产量，不然就会因为倾向于增产而带来一些问题，我们必须采取一个综合的评价；第二，要把新技术和传统技术充分利用和结合，既要利用现代人的智慧，又要借鉴过去人们长期以来智慧的结晶，两者要紧密地结合而不是互相排斥；第三，要让农民参与到整个保护与发展工作中来；再有，就是要在农村方面建立一些示范区，并充分重视土壤的问题，让科学家和公众很好地结合起来，等等。

联合国粮农组织于 1991 年在荷兰召开的农业与环境国际会议上，确定了可持续农业的三大目标：积极增加粮食产量，确保粮食安全，消除饥荒；促进农村综合发展，增加农民收入，消除贫困；合理利用、保护和改善自然资源，创造良好自然环境，以利于子孙后代生存和发展。2002 年在南非召开的"Rio + 10"会议上，时任联合国秘书长的安南把当代环境问题归纳成水（W）、能源（E）、健康（H）、农业（A）和生物多样性（B），简称 WEHAB。所有这些都与农业有着直接的联系。

1992 年的环境保护与发展大会，明确提出可持续发展的观点，并成为各国政府的共识。在农业方面提出了可持续农业的观点，为实现这一目标提出了要加强技术的创新、常规技术的推广以及传统技术的挖掘和提高的举措。

在这样的形势和背景下，在 2002 年世界可持续发展高峰论坛上，FAO 提出"全球重要农业文化遗产"（GIAHS）概念和动态保护的理念。随后，FAO 联合 UNDP、GEF、UNESCO、ICCROM、IU-CN、UNU 等十余家国际组织开始 GIAHS 项目的准备工作。2005 年确定了首批试点并编写了项目建议书，2007 年 6 月在全球环境基金（GEF）理事会上得到批准并于 2009 年正式实施。项目的目的是建立全球重要农业文化遗产及其有关的景观、生物多样性、知识和文化保护体系，并在世界范围内得到认可与保护，使之成为可持续管理的基础。GIAHS 将努力促进地区和全球范围内当地农民和少数民族关于自然和环境的传统知识和管理经验的更好认识，并运用这些知识和经验来应对当代农业发展所面临的挑战，特别是促进可持续农业的振兴和农村发展目标的实现。

孙：农业文化遗产不同于其他遗产类型，它与人们的生产、生活融为一体，因此在强调保护的同时更不能忽视发展。那么，我们应该怎样理解 FAO 对全球重要农业文化遗产的定义？符合怎样的标准才能入选？农业文化遗产可谓包罗万象，GIAHS 的重点又在哪里？

李： 按照 FAO 的定义，全球重要农业文化遗产是"农村与其所处环境长期协同进化和动态适应下所形成的独特的土地利用系统和农业景观，这种系统与景观具有丰富的生物多样性，而且可以满足当地社会经济与文化发展的需要，有利于促进区域可持续发展"。基于这个概念，衍生出了这样几项入选的标准：第一，提供保障当地居民食物安全、生计安全和社会福祉的物质基础；第二，具有遗传资源与生物多样性保护、水土保持、水源涵养等多种生态服务功能与景观生态价值；第三，蕴涵生物资源利用、农业生产、水土资源管理、景观保持等方面的本土知识和适应性技术；第四，拥有深厚的历史积淀和丰富的文化多样性，在社会组织、精神、宗教信仰和艺术等方面具有文化传承的价值；第五，体现人与自然和谐演进的生态智慧。

农业文化遗产涵盖的范围很广，从物种、栽培技术，到建筑、村落、工艺、民俗、历史，都可以说是遗产。但是 GIAHS 的着重点是在一个地区，一种可持续土地利用的农业发展模式。它是从一个生态系统的观点来决定这个地方能否被评为农业文化遗产，它包括各个方面所构成的一个系统，这个系统能够保证人们的生计，提供各种需要的产品和保护环境。农业文化遗产不同于物质遗产保持原样的保护，它是一种强调动态的、与时俱进的保护。

农业文化遗产具有复合性、活态性和战略性的特点。农业文化遗产是一种复合的农业生态系统，重点强调对人类未来生存和发展具有重要意义的传统农业系统，具有复合系统性。农业文化遗产是一种"活态的"遗产，系统中的人是非常重要的组成部分。因此，必须考虑到系统中农民有不断发展的需要，他们要提高生活水平，改善生活质量，不能因为农业文化遗产的保护而剥夺了他们发展的权利。另外，农业文化遗产是关乎人类未来发展的遗产。我们保护农业文化遗产，不是仅仅为了保护过去的传统，更重要的目的在于保护人类未来生存和发展的机会。从这个意义上来讲，农业文化遗产是一种战略性遗产，是人类未来的重要财富。

农业文化遗产是活态的、有人参与其中的遗产系统，而且是随社会的发展而不断变化的特殊遗产类型，因此不能像保护一般的自然和文化遗产那样采用较为封闭的方式，而必须采取一种动态的保护方式。不仅要保护遗产的各个要素，而且更要保护遗产各要素发展的过程，同时还要对遗产的各个组成要素实行适应性管理，结合不同遗产地的自然和文化特征，采取最适合该地区的保护方式，即所谓"动态保护"与"适应性管理"。当然，最重要的还是要保证农业文化遗产地的可持续发展，只有通过动态保护和适应性管理，建立农业文化遗产地的自我维持和持续发展机制，才能更好地实现农业文化遗产的保护和农业文化遗产地的可持续发展。

孙：自 2002 年全球重要农业文化遗产项目启动以来，大致经过了怎样的发展历程？当下又呈现出怎样的趋势呢？

李：该项目的发展经历了三个阶段：2002—2004 年为项目的准备阶段，确定了项目的基本框架与 GIAHS 试点选择标准；2005—2008 年为项目的申请阶段，得到了联合国开发计划署、联合国教科文组织等国际组织及荷兰政府的支持，确定了"中国浙江青田稻鱼共生系统""阿尔及利亚埃尔韦德绿洲农业系统""突尼斯加法萨绿洲农业系统""智利智鲁岛屿农业系统""秘鲁安第斯高原农业系统"和"菲律宾伊富高稻作梯田系统"等传统农业系统为项目示范点，即第一批 GIAHS 保护试点，并于 2008 年获得了全球环境基金（GEF）理事会的批准；2009—2014 年，为 GIAHS 项目的实施阶段，建立了 GIAHS 项目指导委员会和科学委员会，完善了遴选标准和程序，开展了农业文化遗产的多功能评估、保护与管理机制等方面研究，在首批试点地区开展了动态保护与可持续管理途径探索，通过各种方式进行了能力建设活动，并将试点经验进行推广。

GIAHS 是因时代的需要应运而生的，它是解决现在农业可持续发展的一个重要组成部分。截至目前，GIAHS 的概念和保护理念已经得到了国际社会和越来越多的国家的关注。FAO 已经将其写入理事会会议报告等重要文件中。2014 年在 FAO 章程及法律事务委员会第 97 届会议报告赋予了 GIAHS 在 FAO 组织框架内的正式地位，这标志着 GIAHS 将变成 FAO 的一项常规性工作。申请加入 GIAHS 项目的国家越来越多。到 2014 年底，FAO 认定的 GIAHS 项目点已经从 2005 年的 6 个扩大到 31 个，涉及国家从 6 个扩大到 13 个。

农业文化遗产的保护从 2002 年 FAO 提出到现在，虽然历史很短，但从最近的情况来看，它确实发展得很快。在解决当下面临问题的过程中，人们意识到不革新是不行的。革新的一个方面就是对过去智慧的重视和挖掘，在这之中人们特别感觉到东方的智慧是很突出的。

五、GIAHS 在中国：从保护试点到国家推动

孙：截至 2014 年，我国已经成为农业文化遗产保护试点

最多的国家。如您前面所说，在面临当下问题之时，农业文化遗产保护充分重视了传统农业生产生活知识的挖掘，并发现了东方的智慧。作为农耕文明的杰出代表，中国的智慧表现在哪些方面？转型时期的中国农村和农业又面临着怎样的危机？

李：中国是世界上几大农业起源中心之一，农业文明是华夏文明的重要组成部分，有着深厚的文化底蕴。因此，在这个方面我们能起到一个引领作用。我们的祖先提出了关于阴阳、五行、中庸、风水以及天人合一、以人为本、与时俱进、因地制宜、效法自然等哲学思想，并且贯彻在整个农业的生产过程之中。除了这些渗透在方方面面的哲学思想，一个重要的事实是，中国的自然条件特别复杂，尤其是山区，很多地方由于交通不便，适应当地自然社会经济的一些好模式被保留下来，便形成了各种各样的农业类型。这些都是中国人的智慧。

中国是很多物种的起源地，例如"万年稻"，它实际上是几千年之前就保留下来的稻种，是在一个特殊生境之下培育的特殊品种，对今后的发展有着不可估量的价值。另外，中国在农肥的使用以及间作和轮作方面也有久远的历史。早在春秋战国之际，已经出现了轮作复种。1750年前，中国农民就使用苕草、绿豆、红花草、土萝卜等作绿肥，今天这些实践还在进行。在农田多样化的配置中，间作和套种有着长远的历史，然而遗憾的是，在一些国际机构谈论现代农业复合经营以及在一些经典著作中，对于中国的农业复合经营却很少谈及。据统计，中国农业复合经营至少有190个物种在农业中间开始应用，有着丰富的经验。

在干旱地区，当地人用石头将土地覆盖，让水从低处流过来节省水源，这就是著名的"坎儿井"；在农田水利方面，公元前200多年就修建了都江堰，虽然在2008年地震中受到一定程度的破坏，但在保持四川粮仓方面仍然起着重要的作用；对于梯田，在公元前700多年就有记载；对于大家熟悉的桑基鱼塘则最早形成于明末清初南海县的九江，顺德县的龙山、龙江，高鹤县的坡山等地，也有着深远的历史；对于稻田养鱼，最早的记载出现于公元前400年左右的《吴越春秋》，其将鱼池开在会稽山，与稻田灌溉用的人工陂池结合在一起，现在对它的研究发现，其中包含着深刻的生态学和经济学的内容。此外，还有一些理念，比如神山、神树以及神湖等，典型地把生物多样性和整个小流域的治理很好地结合起来了。

我们在强调这些传统农耕智慧的同时，更应当看到农村与农业的发展所面临的严峻问题。主要表现在自然资源（特别是水土资源）短缺、农业生产效益低下、抵御自然灾害的能力不强、农田生态环境趋于恶化、农村经济发展相对缓慢等方面。特别是进入21世纪，西部大开发战略的实施和我国加入世界贸易组织，日益全球化的国际形势和生态环境保护与建设的巨大压力，使我国农业与生态农业的发展都面临着新的挑战。在当前的条件下中国的生态农业应该如何发展，不论在理论、技术、管理、政策上都提出了一系列新问题，需要我们认真地去总结和思考。当然，这也是我们积极倡导农业文化遗产保护的主要原因之一。

孙：中国是最早响应并积极参与GIAHS项目的国家之一。作为全球重要农业文化遗产保护的积极倡导者和推动者，您熟悉国际和国内的总体进展情况，因此，我想请您谈谈中国农业文化遗产保护的大致历程、具有里程碑意义的事件，以及我们的保护现状、在参与GIAHS项目的国家中所处的位置。

李：正如我们前面所说的，中国的农业文化遗产是世界农业文化遗产的重要组成部分，中国也是最早响应并积极参与

GIAHS 项目的国家之一。在 GIAHS 项目秘书处、FAO 北京代表处，以及有关地方政府的积极配合、相关学科专家和遗产地民众的积极参与下，农业部国际合作司和中国科学院地理科学与资源研究所积极参与了项目准备、申请与实施工作。GIAHS 项目在中国的实施也可以分为三个阶段：（1）2004—2005 年为项目的准备阶段。通过实地调查、组织研讨、培训等活动，完成了试点（中国浙江青田稻鱼共生系统）的基线调查、申报材料准备等工作，调动了遗产地干部和群众参与项目的积极性。（2）2006—2008 年为项目申请和初步探索阶段。根据 GI-AHS 秘书处的要求，进一步完善中国试点的材料准备工作，明确了打造一个具有国际示范作用的 GIAHS 保护点、申报成功 10 个 GIAHS 保护试点、开展中国重要农业文化遗产（China - NIAHS）保护认定 20 个左右、开展农业文化遗产的系统研究、促进农业文化遗产学科发展等，并以青田稻鱼共生系统为基础初步探索了农业文化遗产保护与区域经济社会协调发展的途径。（3）2009—2014 年为项目实施阶段。2009 年 2 月在北京召开了全球重要农业文化遗产保护中国项目启动会，标志着 GIAHS 项目在中国的正式启动。随后按照项目计划，成立了项目专家委员会，重点在保护途径探索与试点经验推广、GIAHS 的选择与推荐、管理机制建设、科学研究与科学普及、公众宣传与能力建设、国际合作等方面全面开展了工作，顺利完成了项目设定的目标，取得了极好的成效。

GIAHS 项目在中国实施以来，举办了几次重要的国际会议，它们可以视为里程碑式的事件。其中最突出的是 2011 年 6 月 9—12 日在北京召开的第三届 GIAHS 国际论坛，它的主题是"农业文明之间的对话"。来自 FAO、GEF、UNESCO、生物多样性公约秘书处、国际竹藤组织、联合国大学、欧盟等国际组织的代表，阿尔及利亚、秘鲁、坦桑尼亚、突尼斯、智利、菲律宾、中国、日本、印度、摩洛哥等试点国家和候选点国家的代表，斯里兰卡、巴西、美国、意大利、比利时、法国等国家的专家或农业部门的代表近 200 人参加了会议。这是论坛第一次在试点国家举办，由中国科学院地理科学与资源研究所承办，并得到了有关组织以及有关地方政府的大力支持。

这次论坛通过了《农业文化遗产保护北京宣言》，同期还举办了"农业文化遗产保护：机遇与挑战"的中国分论坛。会议期间，举办了农业文化遗产地农产品展览和民族歌舞表演。研讨会后部分代表还考察了河北省宣化传统葡萄园和浙江省青田稻鱼共生系统。这次国际会议的成功举行，对于促进我国农业文化遗产保护、研究与实践产生了积极影响，并确立了我国在这一领域的国际领先地位。

孙： 从 2005 年"浙江青田稻鱼共生系统"被列为 GIAHS 保护试点，到 2014 年 4 月"福建福州茉莉花种植与茶文化系统"和"陕西佳县古枣园"授牌成为遗产地，中国的农业文化遗产保护取得了令人瞩目的成绩。在您的带领下，从研究到实践具体做了哪些可圈可点的工作？

李： 截至 2014 年，我国被 FAO 批准为 GIAHS 的项目点已达到 13 个，位居世界各国之首。这是我们协助地方政府和农业部进行的最见成效的遗产申报工作。与此同时，我们积极推进中国重要农业文化遗产的发掘与保护。参考 FAO 关于 GI-AHS 的遴选标准，并结合中国的实际情况，制定了中国重要农业文化遗产的遴选标准、申报程序、评选办法等文件。2012年正式开展中国重要农业文化遗产挖掘工作，我们是世界上第一个开展国家级农业文化遗产评选和保护的国家。截至目前，我国已有 39 项传统农业系统得到认定，覆盖了 20 个省、市、自治区。农业文化遗产保护与利用在生态环境保护、农业功能拓展、农业文化传承等方面，均取得了显著成效。

为了加强农业文化遗产地示范点的能力建设和保护发展模式的探索，以青田稻鱼共生全球重要农业文化遗产示范点为例，我们配合当地政府采取了包括编制《青田稻鱼共生系统农业文化遗产保护与发展规划》，组织培训和研讨学习班，改善遗产地基础设施条件，积极宣传 GIAHS 保护经验，鼓励适当发展休闲农业和乡村旅游等途径，产生了良好的生态、经济和社会效益。同时，在总结传统技术并结合现代农业管理技术的基础上，编制了《青田稻鱼共生技术规范》，并将其推广到其他地区，为当地农业经济发展发挥重要作用。目前，青田已成为国内外农业文化遗产地保护与发展最具影响力和示范作用的地方。

除了遗产挖掘和示范推广之外，在制度建设上我们也看到了积极的变化。很多遗产地都成立了专门的机构，对农业文化遗产进行管理。如青田县成立了由县主管领导担任组长的青田稻鱼共生系统保护工作领导小组与县农业局主要领导担任主任的办公室，云南省红河州成立了世界遗产管理局，内蒙古敖汉旗成立了农业文化遗产保护与开发管理局。在国家层面上，农业部国际合作司和农产品加工局编制了《中国全球重要农业文化遗产管理办法》和《中国重要农业文化遗产管理办法》，已完成向社会公开征求意见与公示阶段的工作，先后发布了《中国重要农业文化遗产申报书编写导则》与《农业文化遗产保护与发展规划编写导则》，规范并有效指导农业文化遗产的申报、保护和发展工作。2014 年 1 月和 3 月，成立了全球重要农业文化遗产专家委员会和中国重要农业文化遗产专家委员会。

在科学研究和科学普及方面，众多科研机构和高等院校，围绕农业文化遗产的史实考证与历史演进、农业生物多样性与文化多样性特征、气候变化适应能力、生态系统服务功能与可持续性评估、动态保护途径以及体制与机制建设等问题开展了较为系统的研究，并在国内外期刊上发表了百余篇研究论文，出版了《农业文化遗产研究丛书》等专著、论文集二十多部。大型专题片《农业遗产的启示》《农民日报》"全球重要农业文化遗产"专栏以及以农业文化遗产保护为主题的论坛与培训活动，都取得了良好的社会声誉。

孙：中国的农业文化遗产保护工作取得了优异的成绩，但当我们深入遗产地之后，也看到了诸多的问题。从地方官员到普通村民，对农业文化遗产保护的目的和价值，在认识上还存在很大的差异。在您看来，目前农业文化遗产保护中存在哪些主要问题？

李：我们搞科学研究的，一定要实事求是，要客观。该总结成绩就要总结，但是咱们不能光说好的方面，存在的困难、需要解决的问题一定要点出来，这样才能令人信服。遗产保护不能停留在奖牌上，一定要看最后的实效。

农业文化遗产的研究和保护工作，应该说起步还不错，但是需要做的事情还很多。我们过去搞生态系统研究，应该说是有成绩的，但是后来大家没有一直重视生态系统，是因为我们自己的弱点，那么弱点在什么地方呢？突出表现在：重系统的生产功能，轻生态功能。由于以前我国农业生产的主要目的是解决人们的吃饭问题，粮食安全主要表现在数量保障的安全，所以在以前的生态农业发展过程中，也以追求生产数量为主，而对农业的多种生态环境服务功能没有给予充分的重视。这种问题在农业文化遗产的保护中应该特别注意。从过去到现在，我们对农业的注意力全在提高产量上，但在这个过程中要用多少水、多少肥、多少防止病虫害的东西都不谈，这样下来农业是难以持续的。我们的农业过去几千年产量比较低，但是它基本保持了土地的肥力，在这个情况下养活了这么多的人口。它需要改进，但是一定不要脱离开系统的观点和群落（community）的观点，要加入生态功能，来进行整体评价，不能只盯着产量来搞，我们先民是很注意全面的评价和整个生态平衡的问题的。过去就是因为只注重产量，致使老的品种消失，很多基因系统都没了。再有就是环境污染的问题、水土流失的问题以及土壤的退化问题等，这些问题越来越显现出来。所以我们必须算一个大账，算一个长远的账，我们既要学习古人一些管理生态系统的经验，保留合理的内核，又要与时俱进，不断地去改变落后的东西。

我们在从事农业文化遗产保护的过程中，也在不断地反思我们对生态农业的研究与实践。过去二十多年生态农业的发展，为适应不同地区的自然条件与社会经济条件，开发了许多以物种组合为特色的生态农业模式，却没有发展出多少具有推广价值的真正意义上的生态农业配套技术，一些成套的能够符合生态的管理技术、农业技术没有跟上去。这种"重模式，轻技术"的问题，在农业文化遗产保护中是要着力克服的。

除了这些问题之外，虽然我们过去的研究也很强调综合，但还有一个严重的问题是我们没有把文化的内涵搁进去，现在回忆起来，就是没有从根本上转变人们对农业的认识。农业文化遗产提出来以后，我们有点恍然大悟，在这个方面我们确实有缺陷。作为农业系统的遗产地，当地人的生产、生活、观念、信仰都整合于其中。比如他们在劳动的时候要唱歌，唱歌是跟劳动结合起来的；他们庆丰收的长街宴，是跟农业经验的交流结合起来的；他们的泼水活动，是跟当地人所能接受的水利分配结合的，还是与山上的树的保护相关的。这些与生产生活直接相关的活动，虽然看起来很土，但都包含着多少年积累下来的传统知识。对这些老百姓生活文化的忽视，是我们过去搞生态农业的一个弱点。从这些方面考虑，我感觉我们对生态农业的认识和对农业文化遗产的保护，从理论上、技术上、方法上和组织上，都还有很长的路要走，任重道远。

孙：农业文化遗产保护是一项巨大的文化工程，对于我们这个农耕民族来说更是意义非凡。2012年我曾就农业文化遗产保护问题采访民俗学家乌丙安先生，他认为，保护农耕文明几千年的遗产，不是一般性的迫在眉睫，而是必须要有急速抢救的大动作，要纠正对传统农业文化遗产的偏差，摒弃冷漠。他把我们从事的保护工作叫做"农耕文化终结者的工程"。在这项神圣的事业中，您在国际与国内之间、国家与地方之间、学者与百姓之间奔走，可谓身先士卒、一马当先。您认为在农业文化遗产保护中我们应该怎样定位学者的使命？

李：作为学者，我们要去研究、去呼吁、去解决现实问题。而要解决农业文化遗产保护的问题必须是综合的，不只是要自然科学的，也包括社会科学的，还包括当地领导和政府的支持。我们过去出现的问题就在于，没有打破学科之间的壁垒。搞自然科学如果不把社会科学、社会政策结合起来还是不好办，社会科学与自然科学在实践中非结合不可。农业文化遗产的问题如果不和城镇化的问题结合起来，不和土地流转问题、规模化、机械化这些问题结合起来，怎能把农民留在这个地方？不了解真正的情况或者找不到正确的路子，社会问题是没法解决的。我听闵庆文老师说了你们到敖汉旗、到佳县一待就是几十天，这个精神是很值得我们学习的，社会科学有自己的一套研究办法，也是值得我们学习的。

我们还需要进一步挖掘农业文化遗产的精华部分，我们现在了解得还不够，做一个普查式的工作还是很必要的。调查完之后，我们需要在国际标准的基础上，结合自己的标准进行保护和管理。在保护农业文化遗产的进程中我们建立的一套机构、规章、评价标准和遴选标准，现在得到了全世界13个国家、31个遗产地的支持。但这套规则制度还不太完善，基本上停留在一般的操作性层面。我们要把这个项目由一般的项目变成一个常规的项目，要在FAO的议事日程中摆到一个相应的位置上。

另外，要想把样板系统维持下去，还需要一些制度帮助。作为一种样板，人家非要保留下来不可，由此受到的损失，也就是丢失的机会成本，政府是要给补偿的。样板设立了以后，要进行监测、跟踪，要很扎实，用当代认识和科学去总结。这些东西真正做出来是很有意义的，但是难度也不小。有时候我参加一些地区的区域规划，规划本子越写越好，但是写是一回事，真正做到思想观念的改变和落实到地方是最重要的。所以推动这些工作，要有一整套支持系统，如果配不上，最后还是要失败的。我们动态保护中创造出的好模式和方法，不应该是摆在那个地方，而应该展示它，让更多的人来参观，把其中的内核宣传出去，最后还应该创新和推广。过去我们提过"4D"模式，先发现它（discover），之后要在这里有所创新（development），让大家作为一个模式来学习（demonstration），然后把这个经验能够扩散出去（diffusion），让它能够在更多的地方渐渐形成可持续的模式。

孙：因为所谈主题的限制，我没有机会细细地追问您一生的学术研究，但仅以农业文化遗产为主线的溯源与展望，您的足迹和心路已足以令我们心存敬意。最后，我想请您对此时从事农业文化遗产保护的学者再叮嘱几句，也想听您讲讲十几年来从事这项工作的一些感受。

李： 对我们的学术同仁，我想说的是，任何时候国家都没有像现在对遗产给予如此高的重视。中国在这个领域有一定的发言权，起到了一个引领作用，这和我们国家拥有悠久的历史、自然条件的丰富、群众长期的创造以及多年的积累是分不开的。我们应该充分利用这样一个优势领域，不断地发展，确保能够在现在好的条件下做出成绩来。

农业文化遗产工作最初并不为人所理解，我们也遇到了经费上和渠道上的多方困难。但是由于这一事业本身的重要性和从事这方面研究者的大力支持，特别是我们这个小而精干的团队的不懈努力，取得了很好的进展，在国内外产生了良好的影响。我曾主持了 2011 年在北京召开的"全球重要农业文化遗产国际论坛"，担任了 GIAHS 指导委员会主席，应邀参加了 2011 年 12 月在日本金泽召开的国际研讨会和 2012 年在意大利罗马召开的 GIAHS 指导委员会和科学委员会工作会议并作主题报告。我虽年事已高，但依然能够率领团队推进农业文化遗产保护工作并在国际舞台上发出我们的声音，也是聊以自慰的一件事。

[原载《中国农业大学学报》（社会科学版）2015 年第 1 期]

☀ 日出（马理文 摄）

生态人类学与本土生态知识研究

——杨庭硕教授访谈录

杨庭硕　孙庆忠

杨庭硕：1942 年生于贵州贵阳，苗族，生态人类学家，吉首大学人类学与民族学研究所教授。

孙庆忠：中国农业大学人文与发展学院社会学系教授，农业农村部全球重要农业文化遗产专家委员会委员。

题记： 作为一名国内知名、颇具国际影响的生态人类学家，杨庭硕教授的研究虽立足于中国少数民族的本土知识，关注的却是地球村时代的生态危机及其应对策略。在人与自然的寄生性关系中，他始终强调人对自然所应承担的责任和义务。在积极倡导生态文明建设的背景下，他的学术思想更彰显了强烈的使命意识和深切的现实关怀。2015 年 11 月 1 日，他应邀参加中国农业文化遗产保护学术研讨会，并接受了我们的专访。在 6 小时的深度畅谈中，杨先生以其深邃的生命体悟和鲜活的田野经验，为我们生动地讲述了他对民族文化和自然生态关系的思考。现将访谈辑录成篇，以期读者在他的学术发现中理解本土生态知识的特点及其特殊的应用价值。

一、"当一个石子是我终身的追求"

孙庆忠（以下简称"孙"）：杨老师，很高兴您能来到北京，接受我们学报的专访。您对西南少数民族地区本土生态知识的研究，为中国的生态人类学研究做出了重要的贡献。作为苗族的后裔，您对本民族的历史与文化、对那些潜藏在民众生产生活中的生存智慧都有独到的理解。因此，我们今天的访谈想主要集中在两个方面：第一是您的知识背景；第二是您对生态人类学的探索与发现。

1979 年您进入云南大学，师从江应樑先生攻读历史学硕士学位。当时是怎样的机缘让您在 37 岁时投身于此？师从江先生受益最多的是什么？而今回首研究生阶段的学习，为您后来的学术研究作了怎样的铺垫？

杨庭硕（以下简称"杨"）：从 1979 年才开始读研究生确实有点晚了。在我们那个时代，求学求知不可测的因素是很多的，我此前的个人经历对我走上人类学的道路有很大的关系。20 世纪 50 年代正是我人生中要进大学的转型期，中国政府提出了"超英赶美"的口号，我和我的同学们都向往着向"科学进军"，因此奠定了我个人自然科学的基础。但是，我偏生不走运，视力有缺陷，攻读自然科学，身体条件受到了极大的限制，全凭中学老师的支持，我才顺利地读完了高中。

走上人类学的道路，个人经历有一定的基础。我生长在一个多民族的省区——贵州，我的幼年和青年时代都是在跨文化的背景下成长起来的，对民族文化的差异，早就有一定的实感。而且，养成了关注异民族文化的兴趣和爱好。在其后的时间中，虽然经历了很多的政治运动，但这种爱好坚持了下来，对自然科学的爱好和认真的学习也坚持了下来。这两个方面的基础，奠定了我以后能够专修人类学的起步条件。

我从贵州师范学院毕业后的第一份工作，是在一个附设有初中班的小学当老师（当时的术语称为"带帽中学"）。我工作的小学地处于一个苗族社区。当时只有5个老师，其中4个是当地苗族。我跟他们学苗语，这是很自然的事情。他们都要回家种地，事实上只剩下我一个人和几个学生。所以，这个"带帽中学"的课程都得我来教——从化学、物理到音乐、体育。我觉得这个经历非常有用。虽然自己学过，但是等到自己要教的时候，还是得逼着自己再学习。因为很多人都不读书了，来的三五个人都是最想学的学生。那情形就像今天带博士生一样，当年的小学生就是这么带过来的。这样的经历，深化了我对当地民族的理解。

攻读研究生期间，我的第一个田野点是贵阳市高坡乡，这就是我曾经当中学老师的地方。那里有苗族、有布依族，但是大家都没有注意到，这里原来是彝族水西土司的设防区，还有一些人知道当地彝语地名的来历。因而在这里教学的经历，相当于给我上了人类学的实践课。研究生的田野调查点选在这里，而且收获丰硕，看来我是很幸运的。

改革开放后，我有幸考取云南大学的研究生，攻读历史学硕士学位。当时我不知道民族学，也不知道人类学，那个时候它们还是"资产阶级反动学科"。我考进云南大学以后，1980年在贵阳召开第一届民族学学会时，民族学这门学科才得以正式恢复。也是在这样的背景下，我的导师才郑重地告诉我们，他是做民族学研究的，他招收我们做研究生，也是要我们攻读民族学，至于以历史学的名义把我们招进来，那是没有办法的事情。因为不仅是他，在1980年以前都改行，无法从事民族学研究。江先生的这一声明，对我而言简直是个福音，我大喜过望，正希望学习这样的学科。

进云南大学使我最受益的是，我真正地接触了民族学。因为只有真正进了这个学科以后，才有机会从事系统的学习。江先生给我们讲他的民族学治学经历，讲他的田野调查实践，讲到他为什么会走到人类学和民族学研究的道路。我当时心里有很大触动，因为他走的路和我走的有着惊人的相似之处。这也把我和江先生的私人关系拉得很近。江先生是客家人，他祖籍广西，祖上因为擅长经营发了大财，后被云南巡抚岑毓英请到了云南当财务总管。所以，江先生可以同时用三种方言交流，客家语、粤语、潮州话，少数民族地区那些语言他也有过接触。他幼年丧父，当了好几年的和尚，是被一个法师送到上海读书的。江先生的人生坎坷对我的触动很大，很自然地，我将他作为自己治学的榜样。

因为经历的相似，他讲的民族学很容易引起我的共鸣。现在回想起来，江先生对我最大的帮助，一个是做人，一个是怎么做学问。做人的话，他一开始就跟我们讲："你们是不符合常理的，已经到了三四十岁才来学这个学科，其实为时已晚。你们别想做出什么大的成绩，你们干脆做一个铺路石，只要这个学科能够传下去，就是个好事，我就心满意足了。"当一个石子就成了我终身的追求。我觉得经历是自己控制不住的。选定这个学科以后觉得有价值，还有一个老先生，因此，就这么心甘情愿地走下去，所以做学问就变成了习以为常的事情。

对于做学问，我最大的感受是人与自然的关系这一点。江先生不是作为教材教的，而是作为一个非常关键的问题跟我们讲。他讲民族学调查最关键的资料往往是在很多细节中发现的，这是当地人和环境相处中感悟到的，不是逻辑推理出来的。我们一定要认识到这个问题的重要性。

环境和人的相处，我们是要去认识并将就它，它不会将就我们。这也是我研究生态人类学的一个感受——把人放在一个可以认识自然、可以调控自然的主导地位去看待。这个问题对我影响非常深。因为，人和生态系统之间，一个是有知的、有能动性的，一个是无知的、没有能动性的存在。这两者的主次关系如果不摆正的话，就很难弄清楚人和自然的关系是怎么回事。

当然，江先生从理论上给我们提供的素养中最值得参考的是"三结合"的治学方法。在这里，民族学是必须的，历史学和民族学同等重要。因为，民族文化本身就是历史沉淀下来的产物。对历史的重视不是江先生自己的发明，他的老师杨成志先生所倡导的南方民族学研究，包括厦门大学、云南大学、广西大学都是这一治学思路。他说："研究文化不知道历史不行，历史没有记载的东西，考古学必须跟进，把三者结合起来，才能从整体上认识民族和文化。"

江先生的学术指引，对我来说是终身受用的。无论是指导学生，还是做研究工作，我都随时铭记、随时留心这个问题。尤其是对田野调查的结论必须保持高度的审慎。田野调查的资料要消化吸收，有些问题是经历了十几年，才转弯抹角找到答案的。比如对"刀耕火种"起源的认识，就是如此。这样的生计事实上是多民族复合作用的结果。既不是哪个民族的单独创造，当然也不是愚昧落后的标志。如果历史文献记载不充分，那就得靠考古学去帮忙了。现在"刀耕火种"起源的问题被提出来后，考古学将怎么去回答呢？时下，即令查遍了考古学的名著也很难查到合适的化解对策。原因在于，此前大家没有把这个问题当成考古对象。陈明芳曾提了"民族考古学"这一概念，当时学界一片哗然。民族学就是民族学，哪有什么"民族考古学"？后来是她的导师梁钊韬先生把她的悬棺葬研究转到民族问题研究才获得立项。社会的力量有时候还有点不讲道理，但还是得求生存。人是活的，转个弯还是可以的。至于如何利用考古学，甚至推动考古学的方法更新，那就需要做认真的工作了。在我的经历中，如下一个例子可以为民族学如何与考古学结合，提供了个案。

在喀斯特地区执行"刀耕火种"，其中有一个十分有利的前提。只要实施过"刀耕火种"，焚烧残留的残渣肯定会随着流水顺坡而下，逐年沉积在坡脚堆积起来。既有分明的层次，炭泥还可分辨是出自哪种植物。只需要发掘这样的堆积，曾经实施过"刀耕火种"就不难获得确证。还有，石灰岩被焚烧后，遇水就会形成氢氧化钙 $[Ca(OH)_2]$，水一冲也会冲到山脚，于是在山崖的低洼处，就会形成一种稳定的次生堆积。发掘这样的次生堆积，凭借碳酸钙的沉积壳，夹有焚烧过的炭粒，该地区在历史上曾经实施过多少次"刀耕火种"，每次的间隔时间有多长，都可以推算出来。这样的方法能不能成立，当然还有待进一步的探讨，但是只要有这样的思考，目前考古学无法提供的证据，肯定是可以被发现的。这可能是我对江先生"三结合"研究方法的一小点思考上的推动。但愿这样的思考都能够得到考古学的证实，这可能是我们大家的共同愿望。

因此，我认为不管是"刀耕火种"，还是"火耕水耨"，这些农业史问题，考古学都能帮忙解决，而且他们得出的答案更具说服力。民族学研究正需要考古学帮这样的忙。这也是江先生倡导"三结合"研究方法的初衷所在。以上的分析我跟很多考古学工作者交流过，他们都觉得有道理，而且确实可行。下一步在优秀农业文化遗产的考古中，我估计可以派上用场。

孙："三结合"方法在付诸实践应用中，给您留下深刻记忆的实例有哪些？

杨：江先生把"三结合"讲得很简单，我的同学也有所发挥。在我的生活和实际观察当中，确实有一些感受已经突破了时下考古学等学科的某些定型的结论。刚刚讲的这些问题都值得深入思考。因为早期农业史的研究要有佐证，除了文献记载和记忆之外，刚才讲到的这些方法，肯定可以发挥重要的作用。之所以讲这个问题，是想把这个思路贡献出来，在这方面多动脑筋，此前无解的难题完全可以获得妥善的化解。

我想谈一个例子。贵州省博物馆为了证明悬棺葬埋葬的年代，进行了科学的 C_{14} 的测定。测定的结果是，那些随葬的衣物是唐代的遗物。对此我提出了质疑：C_{14} 测定的年代绝对正确，但是从事这一测定需要注意取样的可靠性。悬棺葬取样的对象位于喀斯特山区，所有的悬棺葬遗物都有可能被滴下来的岩浆水所污染。岩浆水富含碳酸钙，与二氧化碳接触以后生成了的碳酸氢钙，除了融入空气中的二氧化碳外，它自身的石灰岩本身就含碳元素，而且它所含的碳元素是几亿年以前的碳原子组成。这样的碳原子与现在空气中的碳原子其中所含的 C_{14} 很不相同。两者混合后一旦浸入悬棺葬的遗物中，将意味着这样的样本测得的年代将比它的实际年代要早一到两倍的时间。这表明，他们测得的年代偏离实情很远。事实上，在那样的保存条件下，衣服根本不可能完整地保存 300 年以上。能够

拿到衣物样品做 C_{14} 测定，根本不可能是唐代的遗物。

除了岩浆水外，在碳酸钙洞穴中，地下水会随时涌上来，地下水也会渗透到衣物里面去。所以，这个数据不能简单地按照 C_{14} 的测定就下结论。需要把这个地方的地下水流过的岩层的绝对年代搞清楚，这个 6000 万年前的岩层干扰因素有多大才能够弄清楚。所以，这项测量不可行。我认为，需要提供一个校正值，才能确认这些被测对象的年代。

查阅文献还可以提供另外一个佐证。如果真的是唐代的纺织品，那么当时的南方少数民族，那个地区的衣物肯定不可能是麻织品。因为，南方的少数民族有木棉、芭蕉树还有葛藤。这些植物纤维的利用，比麻要早得多。因而，在唐代时少数民族地区一般不种麻，也不用麻织布，直到清代朝廷才以行政力量在西南少数民族地区推广种麻，贵州更是如此。如果悬棺葬的衣物真的是唐代的遗物，按理应当查一查它到底是用什么纤维织成的，而没有必要轻率地动用 C_{14} 测年法。这个例子对攻读社会学的同学们可能有点陌生，却很有代表性，很值得深思。

贵州民族学院由于没有开设民族学学科，我也得改行教历史、教考古学、教文献学。做自己的学问和实际的处境不能完美兼容。但不管怎么样，形势需要你做你就得做，而且还得做好。因为我没有什么嗜好，还是做学问合口味。回到江先生所讲的民族学宗旨，利用教学的空闲时间一样一样地做，就是辛苦一点而已。在我的影响下，无论是学历史的，还是学马克思主义的，全部跟随我到农村去做田野调查了。其间发生了一件令我十分感动的事情，吴泽霖教授在我最困难的时候，从他自己的《人类学词典》的科研经费中，资助了我 1000 多元，我带学生下去了一个月。有幸的是，同学们都对民族学很感兴趣，有的人后来成为了我的合作者。看来，当时我坚持把大家带下去做民族学田野调查没有错。对此，我觉得还有几分成就感。

二、适应与制衡：人与所处环境的寄生关系

孙：您师从江应樑先生学习民族学和历史学的经历和感受，尤其是"刀耕火种"的案例，让我们对"三结合"也有了直观的认识。您刚才讲的一句话让我十分感动，那就是："当一颗铺路的石子成为了我终身的追求"。多年已逝，您培养了那么多优秀的年轻学者，用自己的田野经验和生命体验不断地给年轻人注入活力，从做老师的角度来说，您已身处最高境界了。下面我想围绕您的几部作品，请您谈谈不同时期的学术思考。因为每一部作品背后都有一段心路历程，有着一个时期对某些问题的集中思考。1992 年，您的《民族、文化与生境》出版。这本书是在什么样的背景下完成的，这样的命题又是基于怎样的考虑？您 1982 年从云南大学毕业后在贵州民族学院工作直至 1998 年。在这 16 年里，在学术上都有些什么样的机遇？这本书的出版有着怎样的机缘？

杨：《民族、文化与生境》这本书的渊源，那要追溯到我读硕士时和江先生的一次深刻讨论。当时，讲民族学都习惯于要讲一个问题——民族的族源怎么展开研究？文献记载的传闻能不能算作相关民族的族源？某个民族和别的民族之间族源的区别点在哪儿？如何加以确定？这些问题我和江先生大概讨论了一个多星期。当时，民族学方面普及性的读物几乎没有，只有从苏联翻译过来的读本。因此，在讨论中，江先生就提出希望我们以后能不能写一本这样的民族学普及读物。到了贵州民

族学院（以下简称"民院"）以后，我在历史系教书。民院是第一次创办历史系，所以来的学生80％都是少数民族学生。当时让我给他们上作文课，我的命题是"你的家乡怎么过春节"。这次改作文感触良多，等于做了一次民族调查。每个学生给我写的内容各不相同，谈他们的家庭生活，谈他们怎么样过各种节，这给了我一个扩展视野的极好机会。我给他们每个人改作文的时间可能要超过5个小时。那时候我是把学生叫到面前，当面改作文，所以改了半个学期才改完。改完了以后，我从中得到了很多启迪，更重要的是这些学生和我的关系拉得很近，他们很乐意向我讲述他们的感受。当时的学生很喜欢这门课，他们过去怕写作文，现在变得喜欢写作文了，而且就喜欢写自己的见闻、自己的经历。这样一来，就有一批学生和我关系非常好，包括罗康隆，他当时是我带的十几个学生之一。他们经常和我谈家里边的事情。作文课就变成了民族文化的交流课，不知不觉中他们对民族学获得了很多心灵的感受，大家也因此喜欢上了这门学科。1984年，我和我的学生们又获得了一个好机会。贵阳市民族事务委员会希望我帮他们编写《贵阳民族志》，而且提供了一大笔经费，使我有可能把一大批大一的学生带去做田野调查。贵阳市辖有2000多个自然村寨，我们分成了好几组，全部做了调查登记。然后又抽点做了实地调查。尽管这些资料有很多尚未得到有效的利用，但这次工作对该书的编写做了重要的铺垫。

等到这批学生毕业以后，另外一个好运来了。就是张诗亚、周鸣歧他们正在组织关于西南学的研究，这次科研组织发挥的影响比较大，"西南研究丛书"总共出了24本。这个机会让我实现了夙愿，就是要为民族学写一本大家容易读懂的普及读本。这个时候，罗康隆已经在黔东南州地方志办公室工作，他的任务是编撰黔东南州的地理志。他很感激我在这期间给他的辅导，否则让历史系的学生编地理志真是"赶鸭子上架"。张诗亚让我编写西南地区与中原关系的读物，成稿后正式定名为《西南与中原》。而编写的过程，则是我和罗康隆合作完成。有关西南地理的资料，是罗康隆从他所在的单位借过来的。历史资料是我提供线索，由他去查实。但我们两人都没有意料到，直至完稿后我们才发现这本书正是我们早年就想完成的工作。同时，这本书的成稿还给我们提供了一个相对完整的思路。于是，我们就以这样的思路为基础，正式着手编写《民族、文化与生境》。最后的结果是，这两本书在同一年出版，前后只差几个月。

因为民族学的初级读物当时已经出了几本，一个是杨堃先生出的《民族学概论》，李绍明、梁钊韬先生也各出了一本。但是，在我们和江先生接触以后了解的情况，以及后来在一些事件当中所认识到的问题，我觉得还需要讲清楚一个问题，就是关于文化对于环境的适应。那时候斯图尔德（Julian H. Steward）的书还没有全部翻译过来，只是其中的某些篇章做了翻译。我们就是从这样的基础出发，提出了"生境"这个概念。现在回想起来，《民族、文化与生境》这本书资料很不全，错别字也很多，但很庆幸的是，我们还是可以把它做成个样子。这本书里提到一个很艰巨的问题——文化到底对环境能够起到什么样的作用？人对文化和环境又能发挥什么样的作用？解答这一难题的关键并不在于积累的资料有多少，或者在这个问题上做过什么样的思考，而是这样的想法和此前民族学已有的研究成果在思想方法上有多大的差异。在斯图尔德之前，民族学的研究更关注人与人的关系，人与环境的关系则被放置在一个很次要的地位，仅是一个客观背景而已。这个背景和人之间的互动关系长期没有被认真思考过。我们当时还不能全部掌握斯图尔德的学术思想，而是根据零星介绍所做的猜测，中间存在的问题就不用讲了。但是，这个猜测却引导着我们必须认真思考人所面临的环境，它在时间上、空间上，具体文化的形成以及个人对环境的感受上，这些复杂的问题都需要给予认真的思考，并做出明确的回答。《民族、文化与生境》一书，正是我们在这方面做出努力的见证。其中，肯定是得失参半。有幸的是，该书出版后，引起了不小的反响。很多学者凭借这本书认识了我们，并就上述关键问题与我们展开过多次交流与探讨。

孙：《民族、文化与生境》是您后来对生态人类学研究的先声之作，与今天您所关注的本土生态知识也是一体的、一脉相承的。那么，在这项研究之后，有了怎样的学术灵感让您几十年来始终钟情于人与环境关系的探询？

杨：这本书完成以后，最大的好处就是引导我们去思考人与环境的关系。接下来的很多工作是在这个问题的基础上延展的，所以我和罗康隆都非常看重这本书，而且还希望有机会把它重版。我们希望可以在更严格的学术基础上把它加以说明。正因为有了这个开头，以后的很多工作都可以说是走着一个可以连续推进的学术探讨之路。怎样看待自己与所处环境的关系是很有价值的，这也是我们今天探讨优秀农业文化遗产、探讨人与自然和谐关系建构的根本性问题。相比之下，我们现在理解的程度比原来加深了很多。

一个简单的事实需要强调一下，和《民族、文化与生境》不同的是，我们注意到一个问题，人和环境的关系实际上是一种寄生关系，像寄生虫寄生在肚子里一样，也像胎儿寄生在母体内一样。为什么要这样比喻呢？理由很简单。人类既有社会性，又有生物性。作为生物性的存在，他要呼吸、要吃、要穿、要温暖，这些都需要环境加以满足，人类自己是无法自我满足的，他必须靠他周围的生态环境来提供生存条件。他吃的是生物，呼吸的是生物给他制造的氧气。他要煮饭吃，用的燃料也是植物给他的，穿衣服也是这么来的，要搞建筑更不用说，人得依靠植物提供建材。但是，必须注意一个问题。人的生产方式、接受的制约、遵循的规律，是和生态系统完全不同的。如果完全按照生态系统的运行规则办事，那么他就不是人，他就只能是一个极其普通的动物。动物除了可以悠游自在不受什么规则障碍，吃饱了就玩、就睡觉，但是必须准备随时被别的动物捕杀、被吃掉，这是很正常的事情。我们都想多活上几年，都想活得健康愉快。但是，人无法逃脱这个生物性的制约。所以，我们既需要这个生态系统，但又不能够完全融入其中。我们要按照另外一种体制生存，要有追求，要有更好的生活。既然不服从自然规律制约，那就得制造另外一套规矩，这个规矩就是我们所讲的文化。正是对文化价值的强调，让人有别于动物，有别于一般的生物，可以在一定程度内建构自己需要的次生环境，以及生活方式、生产方式。这是人类制造出来的，不是自然的、必然产生的。这种文化系统被制造出来以后，又不能和生态系统完全兼容，所以又得按照另一种方式去与所处的生态环境兼容。这个比喻就很恰当了。就像一个胎儿在母体内一样，他的基因和母亲不可能完全相同，他对母亲是有危害的，让母亲呕吐、不适，因为他的蛋白质结构和母亲不一样，有异蛋白反应是没有办法规避的客观事实。这对于母亲而言是一种病态，母亲觉得自己生了病，得熬过这一关，自己的儿女才能出世。人类与自然的关系也是这样。

人有主动性，当然是好事，我们可以生活得很自在，可以按照我们的需要修北京城和实施"一带一路"建设，这是我们求之不得的事情。与此同时，却有另一个问题出来了。人类有权利，就得有责任，就得尽义务。生态系统的问题是人弄出来的，不是生态系统自己弄出来的。责任需要明确。人有认知、有能动性，可以制造生态系统之外没有的东西，所以人在生态系统中的责任必须全部承担。这是我们考虑人与生态系统和谐关系建构的基本出发点，这样的考虑和今天的生态文明建设不谋而合。因为生态文明需要建设，建设还是要靠人。可是接下来的问题是，人能够建设吗？凭什么建设？道理很简单，这一切的生态灾变都是人类对资源的不适当利用弄出来的。"解铃还须系铃人"，生态维护的责任归根结底，最后还得人去承担，但不是个人承担，而是人类社会去承担。

道理很简单，人类寄生于生态，当你对母体有损伤，超出了母体能承受的极限，这个责任不能靠母体，而是得靠你自己去解决。所以，生态文明建设可以总结为一个简单的公式，从哪儿做了破坏，就得从哪儿做出补偿。我的这种表述实际上是针对农业文化遗产而来的。传承优秀的农业文化遗产，不会导致生态灾害，而是在生态系统可以忍受的范围之内，求得人类的生存和发展。反之，超限则是当代工业文明负效应的必然产物。只要改变不合理的资源利用方式，生态环境就可以回归原位，人类社会就能得到可持续发展。我们珍惜优秀农业文化遗产，目的就在于此。不按着此前错误的理念利用资源，那么生态环境就会回归原位，人就可以获得可持续发展。

接下来还有一个问题需要解决：那就是已经破坏的生态系统能否凭借它自身的力量实现恢复？对待这个问题，我们的想法很简单。地球表面的生态系统，特别是陆地生态系统是从无到有的。既然如此，人类即使有再大的本事，他最多也只是把它全部清除变成石头，即便是这样，陆地生态系统它也还是可以恢复。在这一点上，人们应该有充足的信心。我们可以破坏它，即令生态系统被破坏到极致，它还可以自我恢复。建立这样的信心，其目的是要告诉大家，生态受损不会最终危及人类的生存。不过，同时也必须注意生态自然恢复的时间将会极为漫长。对这一点，也必须有充分的思想准备。举例说，一般人通常不会注意到，长江大堤和钱塘江大堤年年都要维修，需要不断地投入劳动才能把它们维护好。只要三年不投入劳动力，今年垮一块，明年垮一段，海水涨潮的时候就会灌到太湖里面。因为太湖平面和海平面相比只有两米多的差距，极端情况下涨潮到四、五米都是有可能的。海水一倒灌，再想变成淡水湖那就得是几千年的事情了。钱塘江大堤是汉代以后开发长江三角洲平原才陆续建起来的。所以，恢复是不成问题的。无论人类怎么破坏，人类寄生的这个"母体"是非常伟大的，一定可以修复。但是修复的时间可能是我们等不起的，或许要等到我们的重孙孙的重孙孙，才可以享受到那样优良的生态环境。所以生态恢复另外一个命题非常清晰，就是必须限时完成、超时限完成。100 年构成的破坏，希望三五年之内完成，生态人类学要承担的就是这样的责任。这就不能放任自然，而是必须加速地将它维持。这样的研究任务是否可以完成？答案是肯定的。前提是某些优秀农业文化遗产必须启用。因为它们的执行已经经过了历史的检验，其后果不会造成任何形式的生态灾难。同样，其经验和技术的积累已经使得这些农业文化遗产获得了对付纯自然环境改变的禀赋。这样的禀赋不会因时间推移而改变，除非地球毁灭、陆地变成另一种生态系统。只要不发生这样的变化，陆地上任何一种生态系统都有人利用、加工、改造过，即便破坏到只有石头没有土壤，仍然是可以自然恢复的。如果想快速恢复，之前在这儿生存的人们，他们所积累的经验、知识和技术肯定可以发挥无可替代的价值。

我一直强调本土知识的超长价值性，而不谈社会价值的超长性。很多本土知识在历史上不断地被淘汰出局，不是因为它们没有效益，也不是因为它们没有维护生态系统的能力，而是因为它们和特定的政权不相兼容，和大范围的社会需要不相吻合而被淘汰掉。它们即令是被淘汰了，我们还是要把它们发掘出来，使它们重获生机，并为当代的生态文明建设服务。理由全在于我们的国家、我们所处的时代，既有无比强大的可兼容能力，能够使一切历史文化遗产都得到有效利用，并造福全人类。在历史上，它们被淘汰，过错不在于它们，而在于当时的政权没有这样的包容能力。

历史上，在鄂尔多斯草原实施过的"代田法"、在黄河上游台地实施的"砂田"种植法，都是优秀的农业文化遗产。今天不仅可以恢复，而且可以按照现代化的标准实施机械操作，经济价值和生态价值可以两全其美，它们被淘汰完全是特定时代的历史原因使然，而现在阻碍它们复兴的社会条件已经消失了，它们重新焕发生机正当其时。这样看来，生态系统是可以快速恢复的。而这一切，构成了我们大家都需要共同肩负的担子，任务就是怎么样通过对优秀农业文化遗产的再发掘、再认识，去实现其当代价值。

做好此项工作，有一个前提不能忘记，那就是任何古代农业文化遗产肯定要受到它所属文化类型的制约。对于固定农耕类型的农业文化遗产而言，"三十亩地一头牛，老婆孩子热炕头"，这是它的核心价值所在。它关注的是，可以世代沿用的小块土地，是"均贫富、等贵贱"的社会理想。它的整个生态维护是盯着这块地去实现的。天旱不致减产，土壤肥力不会下降，温度波动不至于影响收成。因而，在农耕的同时就得维护好这块土地的生态环境，就得推动这块土地上的生态自我循环。而且是按着仿生的方式去实现能量和物质的微循环，从而使得这块土地可以超长期利用，世代不竭。但这样的核心价值与当代的发展需要，肯定有背离之处。现在是"地球村"的时代，我们要建设生态文明。因此，我们从事的生态维护视野断然不是"三十亩地""一头牛"而已，而是要管好全国生态整体优化这个大家业。因此，简单地将农耕文化遗产的本土知识搬过来机械地恢复利用，肯定会铸成大错。那么，怎么和大面积的生态维护接轨呢？我们又得吸取人类的另外一种精神财富。那就是，得适应互联网信息化的新时代的价值观。因此，有的人批评我们是一种静态的、保守的生态维护方式，为什么不看看现代的状况？其实，现代化的东西不需要我们看、不需要我们发掘。我不说你都会，而我讲的是你不会，因而，我这儿要强调讲发掘优秀农业文化遗产。至于如何让这些优秀农业文化遗产适应现代信息化的需要，适应我们国家下一轮发展的需要，这方面我是外行，对我们提出批评意见的人，你们是内行。下一轮的任务，请你们去承担，我们只要做好前一轮的工作，就心满意足了。

2015 年农业部提出了推动"马铃薯主粮化"的正确决策，并适时地提出要加强对马铃薯深加工技术的研究。先将马铃薯加工成淀粉，再加工成粉条，使之适用于中国居民的消费习惯。此项政策的出台，给我们做了一个最好的启示。当地的环境适合种什么作物，就应当因地制宜地种什么作物。无论是葛藤、芋头、桃榔木还是马铃薯，它们都理应可以成为我国的主粮，都能够为我国的粮食安全做出贡献。主粮化应当把它们捆绑起来，一并付诸实践，那么相应的优秀农业文化遗产都会大交好运，重获新生。当代运输条件好了，信息服务有了，加工手段创新了，需求的市场大得很，复兴优秀农业文化遗产几乎是"万事俱备、只欠东风"。

还有一个重大的问题值得提一下，一种粮食作物背后必然会牵连上各种各样的动物、植物，还要牵连上各种各样的微生物。实际上一种作物往往就是一个庞大的生态群体。假设中国只有稻米、小麦、玉米三种主粮，那就是一种生态危险，再加上第四种——马铃薯，生态危险就可以降低25%。如果中国有1000种粮食作物，那么所有的生态问题就在主粮种植的过程中完成了生态维护。过去为什么生态环境好？原因就是，农耕文明有一个特点，一个人只管自己的"三十亩地、一头牛"，生态系统就在劳动的时候自然完成了。生态环境好就是因为他们种的作物具有多样性，喂养的动物具有多样性，利用的办法本身就具有多样性，从而使得社会生产与生态维护可以和谐推进。因此，优秀农业文化遗产的当代发掘利用，应当以"马铃薯主粮化"政策出台为契机，自然而然地推动中国粮食作物物种构成的尽可能多样化。其结果必然表现为，粮食安全有保障，生态维护也有保障，人民的幸福指数有保障，民族文化的传承与保护也可以搭车完成，扶贫攻坚也可以以逸待劳。

孙：在《民族、文化与生境》这本书中，您关注的核心话题是人的生活生产方式和社会环境、自然环境的适应。以此为基点，引申出了您对本土生态知识的系列研究。您刚刚所举的这些鲜活例子，把一个其实挺复杂的问题讲得清楚明了，让我们听着兴趣盎然。那么，在您努力揭示传统农耕系统的生态秘密的过程中，是否会有人提出质疑，认为您忽视了现代知识体系？古老的乡土智慧对于我们当下的农业文化遗产保护、对于我国此时积极倡导的生态文明建设又有怎样的启示性价值？

杨：大多数人批判我们不关注现代知识，其实我们从一开始就高度关注现代知识。不过，对于现代知识，其他学者比我们做得好，轮不到我们去班门弄斧。对于传统知识，当下的人们不甚关注，因此我们不得不说几句，不得不把它定位为我们的工作重点而已。对于生态文明建设而言，社会适应和生态适应是两个概念。我们亟需的是生态适应，把它用好、用巧。我举个例子，我国侗族地区种植杉树，乡民的本土知识是要让树根横着生长。照理说，乔木应该发育出主根，垂直向地下生长，树木才能够长得健康。但侗族乡民的本土知识却主张定植杉树苗时，要把主根剪掉。这个做法简直说得上是巧夺天工。他们先放火烧地，把土地烧熟烧透，这样就把所有的地表植物都烧成灰了，同时也将地表的微生物烧死。然后，把烧过的土堆成小土丘，35公分高、50公分半径。再把杉树的主根剪断，把侧根铺在土丘上，再用浮土把根压紧，这就叫"堆土植杉"。这个方法达到的效果就是，让所有杉树的根不往下窜，全部横着长。为什么要这样做呢？原因在于，这个地区是清水江的冲积带，清水江中上游是石灰岩山区。石灰岩风化后形成的土壤基质颗粒非常细小，构成的土壤透水、透气性能都不好。杉树这种植物，原先是生长在高海拔、阴凉地区的物种，但是产材量太低。侗族乡民要把它引种到清水江河谷种植，好处是生长迅速，种得好的8年就可以成材，18年就可以长成30公分粗的标准材，可以卖高价。然而，杉树原先是适应于高海拔地区的物种。杉树对高海拔地区的微生物具有天生的免疫能力。侗族乡民的特意技术操作，其目的就是要给杉树防病、治病，同时又获得很高的年均集材量，以便获得很高的经济收益。因而，看似怪诞的植杉办法，其实有它的科学性和合理性，而这一点是现代社会也可以继续利用的本土知识和技术。

农业文化遗产需要发掘的东西是很多的。我们看稻鱼鸭生态系统，人们把鱼放进去，把鸭子放进去，把水稻插好，还要在稻田里给鱼设计游动的通道，还要设计栖息的窝，防止被涉禽目鸟类偷食鲤鱼。这也是一项精巧设计的整体性生态维护方案。因此，发掘农业文化遗产的过程中，社会层面和生态层面必须确保它们能够辩证统一地协调并存。如果说，一种农业遗产被淘汰，不一定是它的生态价值不大，而是在社会层面不能很好地兼容。

比如现在不允许打猎，要保护濒危动物。那么我们就得认真地思考一下，传统的狩猎采集文化，到了今天是不是真的一点用处也没有呢？答案是否定的。其不仅有用，或许比现代的科学技术还要有用。理由是什么呢？中国的鄂伦春人，他们能够根据一根毛就确定这只动物有几岁，是公的还是母的；他们能够根据一坨粪便就知道这个动物朝哪个方向走，走了多远，甚至也知道吃过哪些草。这个本事是他们求生的方式所必需的。因而是今天的动物学家很难达到的精准水平。我们可以要求他们不再打猎，但他们的这些本土知识和技术却需要传承。我们为什么不给他们现代的录音机、摄像机、GPS定位仪，让他们去监控濒危动植物，为我们的科学家收集资料，并且按劳付酬？那么，这样一来，传统的本土知识和技术不就获得了现代意义上的实际应用价值了吗？这样做下去，狩猎采集文化的传承与保护便可以创新，这些各民族居民也可以获得文化的自觉和自尊。中国的生物多样性保护也可以因为这一政策的出台而迈入世界先进行列，一举而多得。成败之间系于一念之转，就看我们有没有勇气做出这样的创新决策。

顺便再讲一个和考古学有关的问题。很多历史博物馆里面都有这样的绘画，画面上的原始人把比自己大几倍的野牛围起来，用石斧砍它的脊背、头和后腿。这样的打猎场面其实是现代人幻想出来的。古代的猎人决不会这样去打猎。要是这样打猎的话，当时的人只要被野牛踩一脚，就没命了。因为当时是没有现代化的药物治疗的，只要受伤肯定就没命了。因此，这样的打猎无论古今都是不可持续的。其实打猎的方法非常简单。原始人捕猎野鹿的一个最巧妙的办法就是，到了夏天，找到菊科植物，把它晾干集中焚烧，就会挥发出一种淡淡的怪味。闻到这个味道，所有的野鹿都会跑过来。原因是，这种焚烧发出的怪味可以将那些讨厌的蚊子驱赶掉，野鹿就不会被咬得遍体鳞伤了。因此，野鹿就会成群围绕在冒烟的火堆周围，静静地休息。人们在这种情况下捕获野鹿，就可以做到轻而易举，也不会为此而受伤。这样做的好处就是，所有的鹿都在这边，人想抓哪只就抓哪只。现在大家都说要禁猎，保护濒危物种，但这个办法何尝不能用来保护濒危动物呢？只要我们及时获得这些濒危动物的位置和动向的资料，监控它们的行为，这样一来，被明令禁止的狩猎也可以活学活用，用来保护濒危物又何尝不可呢？

三、跨民族经济活动的理论与实践

孙：与《民族、文化与生境》同一时期，也就是您在贵州民族学院工作期间，还做了一项有关少数民族地区经济活动的研究。这部《相际经营原理》是在什么样的背景下进行思考的？这本书的副标题是"跨民族经济活动的理论与实践"，您的研究又有怎样的发现呢？

杨：这本书的完成是很偶然的机遇。当时有一个国家课题，题目是"影响贵州少数民族地区社会发展的非经济因素研究"。20 世纪 90 年代以后，经济建设被提到很高的位置，那时候我的工作从历史系转到了社会学系。在这样的背景下，经济人类学不管是个人兴趣还是工作需要，肯定要做重点考虑。

这项研究的初衷是考虑社会的发展，落脚点是在当地的经济发展过程中，怎么化解遭遇的挑战与问题。但是，我们的思路与此有所差别。当时说的是民族间的经济活动，但是这样表述还不能引起大家的注意。因为，如果我们讲"民族间"，大家就会想到这只是民族间生活习惯不同而已，很难表达出"经济活动只是民族文化的一部分"这一特殊的含义。所以，我们取用了《相际经营原理》这个有点奇怪的书名。我们的目的是要表达，两个不同民族之间的经济活动，是存在着不同的价值转换关系的。也就是说，双方怎么发生联系，怎样考量一个经济活动的得失。这两者之间几乎没有可换算的公式。在实际的跨民族的经济活动中，他们最后的协议往往是通过磨合达成的，不是理性判断的结果。因此，如果按照理性推理的思路，我们很难指导经济的正确活动，也很难实现民族地区"跨越式"的发展。

这项研究的背景很简单，按照当时的条件，只能以贵州省为限，但它却涉及全国的范围。本来有一个很大的设想，希望了解作为发达工业区和农业区，甚至是非农业区，怎么和东部达成对话的问题。但是由于时间、人力和经费的限制，我们只能把调查范围确定在贵州省之内。我们的讨论是更加细化的，把文化之间的差异提得更加具体和明确。书中所提到的理论问题，波兰尼早先已经做了很多工作。后来从刘易斯到舒尔茨，再到缪尔达尔，他们提的发展经济学在这个问题上，起到了很大的参考作用和借鉴作用。我们其实是在他们的基础上，利用对贵州情况的熟悉，也利用当时急于搞经济发展的背景，做了一些解释性的工作。其中提出了几个在后来影响比较大的问题：

经济活动是不是一个孤立的事件？靠谁来支持经济的发展？

贵州当时经济的发展，主要依靠经济作物的种植，比如种植甘蔗，开办糖厂榨糖。但是贵州的糖厂和广西、广东的糖厂之间，即使花费了同样的代价、用了同样的技术，它的经济效益还达不到那边经济效益的三分之一。这些企业如果没有政府补贴肯定是不行的。一个重要的原因是环境因素，这是不能人为控制的。贵州能够种甘蔗的地方，是顺着河谷的条状分布地带，而在广西和广东就可以种成一片。甘蔗运输到工厂的距离本身就是一个大问题。在贵州要花费好几倍的代价才能把甘蔗汇集到糖厂。空间距离是所有经济手段都解决不了的难题。

另一个问题更麻烦，从河谷底部到顶部都可以种甘蔗，但我们的目的是要追求甘蔗的含糖量。河谷底部甘蔗的含糖量可以达到9%到11%。但是，根据经济核算的结果，只要甘蔗的含糖量不超过9%，工厂肯定是要亏本的。因为厂房里面的机器都是按照9%含糖量的标准去设计的。事实上，我们在河谷里种甘蔗，顶部的海拔已经达到1000米左右，甘蔗也可以种植，但是它的含糖量不到5%。它可以当水果卖出去，但是用在榨糖上就糟糕了。等于是要多榨一倍的甘蔗，才能得到等量的糖。这个例子实际上是要告诉我们，经济活动对于环境的依赖性是很大的。我们现在的想法是建设一个把环境包裹起来的工厂，在里面生产、盈利。这其实是一厢情愿的事情，这样建的工厂肯定是要亏本关门的。

环境的制约因素需要回答，文化的制约因素也需要回答。在不同文化背景下，企业运行是有很大差异的。这里面涉及观念形态的问题，涉及生活习惯的问题，以及社会组织和生产方式的问题。这些问题都会影响到企业的盈利，都会影响我们的发展计划。我们的发展设想，会遭受非经济因素的阻碍。这些问题就构成了这本书的核心内容。当时希望借助此项研究提醒相关部门注意，如果这些因素不考虑好，即使投入很多劳力和精力，也很难收到明显的经济成效。

这本书只不过是把经济人类学此前有的理论和方法，运用到具体的实践当中罢了。但同时也回答了西方很多发展经济学家提出的看法。比如刘易斯的观点和我们恰好相反。他认为，发展中国家要发展就要利用剩余的劳动力，去做原始资本积累，然后才过渡到现代化。缪尔达尔认为，制度不改革，经济就不会发展。舒尔茨提出一个很尖锐的问题，西方国家的现代农业，是针对北温带的气候环境、自然环境建构起来的大计划农业，不适用于热带雨林，不适用于"东方"。他明确提出这个问题。但他都是举拉丁美洲的例子，他的观点恰恰是我们所需要的。这三位经济学家的观点是需要我们去加以深化和说明的。比如刘易斯的"剩余劳动力"的问题，这不是我们要研究的。传统上农民的生产和生活是融为一体的，很难说什么是剩余。一个简单的例子，哈尼梯田每天都要巡视，不然一个蚂蚁窝、螃蟹窝、小龙虾，都会导致它的全部崩溃。而巡视所投入的劳动力，算是休闲呢，还是算劳动？这个问题是需要澄清的。缪尔达尔讲的印度的经济发展不起来，这一点我们深有感触。制度性的结构差异是很大的，资本的原始积累和企业的运行是很难兼容的。

刚才讲的，开办在苗族、布依族地区的糖厂，这个问题也无法理顺。结果工厂难以盈利，工人也无法与其他人协调。工厂给我们的观点是，这些人的思想太落后，他们不愿意用种水稻的地来种产量更高、收入更大的甘蔗。但是他们忽视了一个基本事实——如果不种水稻，要到外面买粮食，在当时的条件下运费是要超过粮价的，农民的生活是无法确保稳定的。

现在回头看这本书，至少在三个方面和以往的研究拉开了差距：第一，立足于已有的经济人类学的思考展开讨论。此前国家政策一提到经济发展，就全部交给经济学家去干，没有换位思考。第二，我们把经济定义为文化的有机组成部分，如果文化问题不解决，经济问题也无法解决。这种定位在当时是具有很大的震撼作用。因为，大家认为搞经济无非就是投资、办厂、盈利，把文化看得那么重，我们又操纵不了文化，但是政府不知道怎么做，就向我们征求意见。这样我们就必须回答第三个问题，怎么操作？我们告诉他们，有很多传统的生产项目其实是有价值的。问题是，要发现这个价值，在原有的基础上升级换代。当时提出了有效的对策，指出了当地原有的产业怎样和现代接轨的方法。

当时有一个例子，贵州省赫章县有一个可乐乡，这个地方曾经是夜郎王国一个很重要的畜牧基地。这里传承了彝族的文化传统，耕牧结合，喂山羊、牛、乌蒙马。这几种牲畜本来是可以发展的，也适应当时的社会需求。但是，大家等不及，非要办个养殖场，可是又办不起。在经济贫困的背景下只能改种水稻。为种植水稻把河流改道腾出稻田，把河滩地腾出来作田地。不过这样做对自然本底特征缺乏关照，发一次洪水，稻田全部被冲光，还铺上两尺厚的鹅卵石，稻田全部没法继续使用。后来兴建工厂，同样面临原料进不来、产品出不去的问题。生产的虽然大多是江南地区所需求的产品，结果来回运输都需要钱，效益全部被冲抵掉了。最后发现，稻田不行、办厂也不行，其实还是原来的耕牧复合产业起了决定性的作用。通过这样的方式，给他们经济发展带来很大的机遇。他们养马成本很低，卖出去同时也能赚钱。少数民族的特色产品对地方经济发展，可以起到极大的促进作用。这样的案例也证实了我们研究的价值。我们完全可以在不改变根本格局的情况下，在经济人类学框架内，发现一些现实可行的办法。

孙：关于《相际经营原理》，您这么一讲我们就明白了，用西方经济学的理论和贵州的实际去解释，凸显文化因素在经济发展中的特殊作用，同时还要给文化找到一个持续发展的良方，要找到地方原来的东西更新换代，而不能重打鼓、另开张。

杨：我当年写《相际经营原理》时，目标指向很清晰，就是要为经济人类学在中国的应用铺平道路。运用当地的知识指导生产生活，远比兴修现代工厂更有用。这一点确实得到了当时中国政府和各级部门的认同，我们觉得还是很宽慰、欢喜的。

四、生态灾变与本土知识的应对策略

孙：刚刚您谈到的这些著作，虽然主题不同，但每一个问题都跟您后来研究的生态人类学是密切相关的，也因此成就了您对本土知识的研究。您在这个时期破解了贵州麻山和乌江上游生态灾变的原因，得出的结论认为主要是人为原因造成的。不仅仅发现了问题，还寻找到了解决问题的办法。那就是您在苗族、水族这些少数民族的生产生活中发现，他们的本土知识完全可以控制这种人为的灾变。请您讲讲这一段探索与发现之旅吧。

杨：刚才讲到了《相际经营原理》，那时候在我们的调查中就已经注意到，很多在今天看起来所谓的"自然灾害"，实际上是人为造成的，是不适当的资源利用方式导致的结果。乌江上游的例子比较典型。它既有相应的文献记载，去实地查看并复原也是容易办到的。这是社会历史和自然环境共同作用的结果。乌江上游的彝族原来实行的是耕牧结合的经济，是农业和畜牧业同时并行的。这两个产业交换利用，农闲的时候做牧场，农忙的时候作农田使用。这里实行垂直放牧的方式，夏天到山顶、冬天到河谷，整个地区的资源都做到了完整规划并加以合理利用。这是最传统的利用办法。从现在能查到的典籍来看，明清两代的典籍说得很直白。这种经营方式和当地的生态系统是完全能够兼容的，能够把水、土、生物这些自然资源，通过牲畜的移动巧妙地整合在一起。比如说，到了夏天，就把牛羊赶到山顶上去。此时越冬植物已经收了，收割剩下的秸秆正好可以喂牲畜，对农田没有妨碍。而把牛羊赶上山之前，先把水稻种了，等到牛羊要下山之前，先把水稻的稻穗割了，稻草就留在田里面，就成了牲畜的饲料。牲畜的粪便就成为农田以后的肥料。到今天他们还部分沿袭着这一生计模式。

这里的少数民族，冬季种的是豆科和十字花科的植物，越冬作物是蚕豆、豌豆一类，还有圆根。圆根是所有氐羌民族的主粮作物。彝族有个谚语："不怕饥荒，只怕没有圆根。"任何严重的饥荒，只要有圆根就都可以度荒。它是多用作物，牲畜可以做饲料，人可以吃。所以在彝族的习惯法当中规定，偷生的圆根不算犯罪，有可能是肚子饿了；偷晒干的圆根，这就算偷盗了。冬天种的这种作物收割以后，留下来的草正好是夏季牲畜的草料。牲畜在圈里拉下的粪便，他们就用来种蚕豆、豌豆和圆根。这些作物不是种在土里面，而是种在羊粪层上。这其中的科学原理很值得注意。这不是提供肥料的问题，它的关键是保暖。因为在高海拔地区，地下的温度很低，植物的根不能窜根。但有了羊粪或者干牛粪以后，不会受到低温的危害，而且肯定会丰产。因为粪便在发酵的时候还会微微发热，不会结冰，这些植物就不会被冻坏。收割之后，这些植物又会成为来年牲畜的饲料。这样的耕作体制，没有确认为优秀农业文化遗产，我觉得是一个遗憾，我很想推动这项工作。

最后，问题出在哪里呢？当时的规划都是彝族土司起主导作用。"改土归流"以后，大土司全部被废掉了。国家可以掌控土地，可以进行买卖。明清的惯例就是低价卖给汉族移民。土地被卖以后，最大的后果是把一整套利用方式翻了个底朝天。因为，汉人种地以后，地要围起来了，牛羊是不准进来的。隔离起来以后，还有一个大的麻烦。汉人要种玉米或者烟草这类赚钱的东西。他们不会老老实实种圆根，也不会吃圆根、蚕豆，更不会吃燕麦，他们觉得不好吃。这纯粹是个文化问题。他不想吃，不是因为那些植物不能吃，也不是产量不高。这样就必须改变土地资源的利用方式。土地更新得另外投入劳力。植物种进去之后怎么保温，不受冻害，不受雹灾，这些都是问题。但在此前的经营体制中根本不怕冰雹，草场随你锤，冰雹打烂了之后，牲畜照样吃，没问题的。现在种的农作物，冰雹一打就完了。所以防灾、减灾是和文化有关系。文化不能够防范灾害的时候，什么都成灾。如果文化有除弊功能，灾也不是灾了。土地不断进行挖翻，农作物种植的时候原来的土层被挖翻，冬天必然要冬闲，换季的时候遇到大雨，肯定要水土流失，问题就一连串地出来了。自从"改土归流"以后，这种格局一直扭转不过来，水土流失问题就愈演愈烈。到了中华人民共和国成立以后，问题就更严重了。当时的"以粮为纲"，导致大规模的生态灾变。因为，要把原来的牧区改造成农耕区。这种改变短期内肯定有收益，粮食大丰收，但是经不起折腾。土一旦挖松以后，暴雨一下就会往江河下泄。汉族居民并不了解山区对付水土流失的办法，只会去堵，不像彝族可以叫水转弯。彝族对付水土流失的办法怪得很。就是把坝修到河中间，修一半，还让河水走，让河水绕着圈走。这种办法在汉族地区也曾有过，主要在黄河下游的干流中使用，被称为"丁字坝"。应当说，这也是一项优秀的农业文化遗产。河流携带泥沙在"丁字坝"的背面就地沉降。这些沉降下来的土，是最肥沃的土，草也可以长，庄稼也可以生。可是，这些汉族移民如果另搞一套，拼命修堤防，不让河水泛滥，河水倾泻而下，携带的泥沙全部进入河流干道，河床一垫高，周围都出问题了。这两个民族的对策在这儿发生了实质性的差异。彝族要尽量把土拦在高海拔区，汉族只要管住他的农田，让水泻下去，冲到别人家也不管。这两种思路也是文化的差异。汉族的解决办法在长江下游不会出现这种问题，但是在山区就要出问题。最大的危害是什么呢？中华人民共和国成立以后，我们很希望做到所有民族生活上平等。平等到什么地步呢？汉族种的稻米好吃，就认为彝族也爱吃稻米。在"以粮为纲"的口号下，把那些溶蚀湖全部排干种水稻。这个过程导致的后果是非常严重的。因为，溶蚀湖地下是溶洞和暗河。你一旦剜通以后，土和水都一下冲到地下去了。结果原来不缺水的高原，经过这样的折腾，变得越来越干旱，甚至饮水都困难。同时，在云南、贵州和广西到处都留下了"海子""干海""小海"等地名。但是在这样的地方，现在却找不到水了。

我们还想说明一个问题，有些看起来不是灾害但是确实成为了灾害。比如在内蒙古呼伦贝尔本来该放牧的草原，种玉米的话不会结穗，这是人们自己找的灾害。我们认为，对灾害而言，自然有作用，人也有作用。但是自然只能够决定它的生态形态和生态演化走向，而不能决定生态灾害必然发生。但是，人在了解生态系统以后就可以主动地去防灾和减灾。文化的价值就在于它能够防灾嘛！所以归根结底，凡属重要的农业文化遗产，它都必然具有防灾、减灾的有效对策。如果它没有这个本事，它就不能算是优秀农业文化遗产了，它也延续不到今天。因此，我觉得应该将能不能应对当地自然循环的变数，纳入优秀农业文化遗产的鉴定指标，去加以度量认证。

孙：您对麻山和乌江上游生态灾变的解释，让我们对灾难的人为原因有了清晰的认识，对破译它的本土知识也有了更准确的理解。彝族的"丁字坝"看似平常，却蕴含了当地民众的生存智慧。我们农大的研究团队，最近两年也在关注着农业文化遗产地的本土知识。河北涉县拥有旱作农业梯田1.2万亩。与梯田共生的动物与植物让我们看到了许多有趣的现象。这里的驴和别处的驴不一样，在落差很高的梯田上耕地，它却没有半点闪失，该拐弯就拐弯，多一步都不迈。当地人对它也有特别的感情，驴好像是家里的一口子。每年的冬至是驴的生日，它还会得到一碗面。当地的植物是花椒，它是那里农民重要的经济来源。我们没想到的是，梯田边缘种的花椒竟然还有加固石堰的作用。这些都是当地民众适应生态环境的策略。

杨：孙老师，你启发了我。在贵州的麻山还有比这个驴更大的黄牛，它更能听话。麻山的喀斯特山区，那儿的土一溜儿一溜儿地盘着山走，人站在上面心惊胆战。但是那儿的牛可以走。犁地时它不能转弯，它就会退回来再犁。所以麻山地区的牛卖出去没人敢买，因为那儿出来的牛听得懂苗语，不听汉语。在昌都地区的牦牛卖到彝族地区后，最大的问题是它不懂彝语，只懂藏语。这种情况我想说明一个问题，在各民族优秀农业文化遗产中，人们简直把这类动物当作人来对待。动物都变得有了人性，于是人与动物已经形成了一种非常协调的关系。所以，我们才会看到那惊险的一幕——麻山的牛在几层楼高的田里犁地，却不会掉到溶蚀坑里，还会退着走，简直如同在演杂技。这些情况在不同的优秀农业文化遗产当中应该是常态。同样的例子，看上去很简单的一种动植物，但它的用途却是早就设计好的。在农业文化遗产名录中，我看到了兴化"垛田"。我追问他们稻田周边长不长草，他们都说看不见草，查证后确实长草。我说这个草不是自然长的，如果没有这样的草，"垛田"经水一泡肯定要垮的。同样的道理，你说的涉县梯田，修那么高，如果没有花椒这样的植物匹配的话，是肯定要垮的。现在讲哈尼稻田，人们只注意怎么垒怎么捶，就是没注意田坎配种什么植物。这是一个疏漏。事实上必须这么做，而且在捶的时候，混合泥土必有草根在里面。这些细节在优秀农业文化遗产认证当中，起到很大的作用。所以这样的动植物是不可小视的。只有通过对物性的掌握，把它巧妙地加以利用，才能使我们看似不可能的事情，也就变成了可能。

五、民族文化视域下的生态维护与生态治理

孙：1999 年您被引进到吉首大学，是肩负重任前往湖南进行民族学学科建设的。这一时期，您围绕着生态维护与生态治理这一主题进行了一系列的研究。《人类的根基——生态人类学视野中的水土资源》是这项工作的代表作，它是如何开启的？研究的着力点在哪里？

杨：引进我到吉首大学，给我一个特殊的任务，就是怎么把吉首大学提升起来。最初的工作是《百苗图》的整理，我在贵州已经奠定了基础。当时我去吉首大学有几个考虑，因为湖南没有民族学这一学科，在吉首大学创建这一学科肯定有很大的困难。但是不能按照贵州民族学院、中央民族大学、云南大学的模式创办，必须根据吉首大学的实际条件，来寻找学科特色。吉首大学的生命科学学院，当时叫生化学院，有一个很

强的研究生态和生命科学的团队。他们正好要找一个合作伙伴，一拍即合，我去吉首大学正好对上了需要。在这个合作的基础上，我们申报了国家社科课题"利用文化制衡机制控制水土流失的可行性研究"，也就是后来《人类的根基》这本书的主要内容。

水土流失问题当时闹得天翻地覆，大家不敢相信一个课题也敢试图来解决这样的重大问题。我们的报告被破例通过，给了最高的资助，大概是 6.5 万元。这个资助对我们来说是很高的奖赏。利用这项资助我们调查了 10 个省，做了很多的工作。调查完后，钱还没有用完，就写成了《人类的根基》这本书，是云南大学出版社出版的。

这本书汇集了我们怎么样从人与自然之间的关系来考察水土流失恶果的酿成，以及治理水土流失可以利用的资源。刚才讲过的彝族的故事都写在了书里。整个区域的问题，比如鄂尔多斯草原沙化的问题，也在书里做了统一的说明。当时这本书准备从生态人类学的角度搞一个应用性的研究，目的是解决中国严重的水土流失问题。我们的着力点，一个是土地沙化，一个是乌江上游、金沙江上游的水土流失问题，还有干热河谷灾变问题、石漠化灾变问题等。这些灾变大致都在中国的西部地区，而这本书对这几个方面都做出了述评，追踪它的原因，探寻一定的对策。可以说，这本书是跨学科对话的结果，是吉首大学支持了我，那些搞生态学的、搞地理学的同志支持了我。因为当时我的学生还在读博士，我是直接和搞自然科学的同志一道来完成的。这个工作做完了以后，得到了好的评价。日后如果有可能，我还想对黄河、长江流域的水土流失做进一步的探索。

孙： 在《人类的根基》之后，您又相继出版了《生态人类学导论》《本土生态知识引论》等系列著作，既有理论探讨又有丰富的地方实践。这些作品是如何衔接的？是怎样的逻辑把它们贯通在一起？

杨：这项有关水土资源的研究工作，我从中得到的最大好处是，为以后专攻生态人类学奠定了基础。那会儿正好罗康隆也回到了吉首大学，我们师徒俩正好搭台唱戏，这么一来相关的研究规划就是按照我们的思路推进了。

这之后，我们又赢得了福特基金会的资助。他们听了我们几次在贵州、湖南和中山大学的演讲以后，主动支持了我们。"中国西部各民族地方性生态知识发掘、传承、推广及利用研究"，就是他们基金会资助的项目。他们资助的 19 万美元，大概折合下来是 130 多万人民币。这笔钱我们用得一干二净。我们制定了一个调查提纲，然后写信联系了内蒙古到西藏、新疆各地的知名学者，和他们协商后，我们就到那里开会，让他们的老师和学生一起来听课。在听完我们的解释后，他们提供相应的资料，然后我们一道下去调查。这么一搞，我们把内蒙古、宁夏、甘肃、四川、云南、贵州、广西这几个省全部走遍，花了三年多的时间。我们有了这个基础，才完成了《本土生态知识引论》。这本书的特点主要是，我们今天搞生态人类学的基本面目，就是在正确认识生态与人之间的关系的基础上，来探讨什么叫本土知识，本土知识在今天能不能发挥作用以及如何发挥作用。

本土知识的概念与今天我们搞农业文化遗产其实是相同的，只不过我们把它集中在了更泛化的角度，而不是集中在某一特定的技术上。我们基本肯定的是，在前工业时代的各种文明、知识、技术、技能，都有其特有的生态维护能力。它在经济上、社会上的价值，我们是给予全面肯定的。当然也有否定。生态系统不同会直接关系到文化能够走多远，这个问题是我们改变不了的。文化不平等，民族之间不平等，这是一个根源。比如大国掌握一亿亩土地，我们的某些少数民族文化只能适应一万多亩土地，他们之间的对话当然不能平等。所以，为了生态维护，各民族之间的文化必须要求平等。如果在中国能做到这一步，那么生态文明就可以在中华大地率先垂范，这是"中国梦"的一个部分。因为你明知道力气比他大，还有气魄和肚量还给他一个平等待遇，让他的传统、让他有用的知识能够继续，还能为全国的生产建设做出贡献，这是我们今天生态文明建设必须考虑的关键问题。

我们有了本土知识以后，最大的希望就是大家都能认识到它的本质，认识到它在当代的可利用价值，进而就是能否做到真正平等对待这些本土知识。此前做不到的根源就在于民族"本位偏见"在作怪。生态文明建设并不仅止于少用一点能源，或者说少做一点有损生态的事情。因为在生态文明的核心价值中，不同文化间的价值是相对的，评价是非得失的标准很难达成统一。如果不能保证每一个民族对他所处的自然生态系统都能切实地负起责任来，整体的生态安全就根本无法做到。举例说，本来是通过松土而种地，在某些生态背景下却可能导致土壤的板结；原先是为了防范土地的盐碱化而实施灌溉，但在某些生态背景下，灌溉反而会加剧土壤的盐碱化。像这样的实例几乎不胜枚举。如果不坚持因地制宜、因文化而异，好心很可能在无意中做了坏事。所以，本土知识在应用中有很多敏感性问题，那就是得高度尊重所在地民族文化的本土知识。我希望以此为线索去系统地甄别和解读优秀农业文化遗产的生态维护和建设价值。那么，优秀农业文化遗产在当代高效利用就可以落到实处，传承与保护也就不会再是一个难题，而是可以纳入现代政治常态运行轨道的社会事实。每个人应当采取什么样的生态行为也就变得心知肚明，人人都可以为生态文明建设负起责任来，生态文明就离我们不远了。

在对生态人类学的系统研究，尤其是对本土生态知识的调查之后，我们又开始了国家重大课题——"中国少数民族文化生态研究"，主要关注文化生态和生态文明建设的问题。目前在编一本包括 3000 个词条、60 余万字的词典。这些词条带有大数据的性质，就是把各个民族优秀的传统，能够见诸史料或我们调查所及的都写成词条，以便于大家查阅。其后，还希望建成一个大数据库，让所有人都可以分享，让全国每一个地方的文化生态的特点都能在社会生活中得到准确的把握和运用。

刚刚讲的这几本书是一个整体，只是所涉及的层面不一样。《人类的根基》主要讲水土流失的治理方法问题。核心内容是要讲清楚，现在我们所面对的水土流失问题，主要是人为因素使然。《本土生态知识引论》是把那些看似无关紧要的生产、生活的细节，尽可能地纳入生态人类学的理论分析之中，让大家真正理解本土生态知识是怎么回事，为什么对生态建设会发生这么大的作用。而《生态人类学导论》，我们想讲清楚人和生态以及生态建设到底应该是怎样的关系。比如，我刚才强调的人是一种寄生性的存在，人对自然应该承担什么样的责任和义务。人要认识自然，但是自然生态系统不会说话，它不会告诉你它哪儿痛、哪儿舒服，人要去理解它，哪里缺水、哪里缺肥等。它为什么活不下去，要人去品味，要人去关照，让它可以顺利地延续其生命，而人类的文化和生命因此能够得到延续。这是我们需要达到的目的。我是希望能有更多的人来做这项重要而紧迫的工作。我们对生态文明的理解深化以后，无论是农业文化遗产申报，还是生态恢复与生态建设，或者像余谋昌先生所设想的，搞一个普世的"生态伦理"，才会成为可能，继而变成全世界的共识。我希望大家共同努力来做这样一个事情，我自己近些年的工作就是这么走过来的。

六、生态保育与生态灾难中的政治权力

孙：您一直强调的是，一些民族对生态环境的保育做出了突出的贡献，但是在整个评价体系里这些民族却收益偏低。这种不平等现象呈现的非均等性，实际上潜藏着一个深层次的政治问题。这种政治的因素在我们考虑作物的时候往往会被忽视。2011 年您曾在题为《植物与文化：人类历史的又一种解读》的演讲中强调，粟和稷这样的植物后来成为了国家的一种象征。我们该怎样理解植物所蕴含的政治权力？

杨：对物而言，有些问题是政权问题，这是绕不开的一个死结。比如说在西南地区，具有同等性质的生态系统的结构，规模很小，而且是相互镶嵌的，所以针对一种生态系统去建构的文化，只能形成微型的地方政权。这个因素就导致文化不能平等。黄河泛滥区最适合种小麦，那么就会因同样的税收、同样的水利管理而形成建制，就会造出一个面积是整个黄河中下游的庞大的实力集团。但是在贵州，一个坝子最大容量一万人。这个政权再大不会超过一万人，所以它没有张力，换一个生态系统就得重新学一套应对办法和管理办法。所以这个政权是长不大的，它很成熟，什么都会做，管理得很好，但是不可能变成一个帝国。在贵州省有一个布依族的集团，被称为"五姓番"，后来改成"七姓番"，元代改为"八番"。其实就是今天一个县的范围，位置就在今天贵州省的惠水县，但当年却设置有 13 个土司。他们的渊源可以上溯到南北朝时代。但集团既不会长大，也不会缩小，更不会倒台。外面的王朝改朝换代

都得跟他们打交道，他们永远是一个中间力量。没有哪个中央王朝会放弃他们。唐朝要利用他们牵制南诏政权，宋朝要利用他们牵制大理政权，蒙古汗国要利用他们牵制彝族地方势力。它永远有用，永远保持那个样子。这就出现一个问题，像这样的民族文化有一个最致命的局限，不能改变它的极限。

与此相反，粟和稷最大的好处在于，它的分布范围包括整个鄂尔多斯草原，还包括陕西省的北部、山西省的西北部，还要包括河西走廊和宁夏回族自治区的全部。这么大的一个范围，哪怕一亩地产量只有一百斤，汇集起来的力量就非常恐怖，完全可以左右周边很多民族。这个问题是所有民族文化在历史长河当中，必须面临的选择。你可以在一个小地方住得很精致、很好，生活很安逸、很有保障，但是没有张力。别人强大以后，你就得听话，只能永远被利用。还有一些民族的生存方式因为政权的更迭被摧毁，其自身的文化也就无法传承了。

另外一个例子，就是在长江下游，现在是我们最发达的地区。如果查历史典籍就会发现一个重要的线索，叫做"南蛮、北狄、东夷、西羌"。这个"夷"其实是讲东方的民族。韩国人和日本人都自称代表了"东夷"，并以此来和中国周旋。那么历史上的"东夷"到哪儿去了呢？其实就是原来聚居在山东、江苏这一代最古老的狩猎民族。为什么叫"夷"？从甲骨文看，讲的是一种特殊的打猎工具，从事这样生计的人就叫做"东夷"。"夷"字现在的书写，即"弓"字加上一个"大"字。它原来画的是一支箭，箭上面有弯弯曲曲相当于线一样的东西。这个民族现在看不见了，原因很简单。他们当年的生计就是靠在长江下游的太湖流域狩猎凫禽类动物。这里在古代是泻湖区，就是涨潮的时候，海水会倒灌。这一倒灌就会导致这儿的水质变成半咸半淡的。这里的凫禽类动物取之不尽、用之不竭，光靠打猎就可以过日子。那么，为什么这个民族不能生存呢？主要是汉民族建立强大的政权后，从根本上动摇了这里的生计根基。动摇的办法也很简单，东开一块稻田，西开一块稻田。因为海水倒灌的时候咸水进来就种不成，所以所有稻田都要用高高的墙把它围起来。等到围多了连成片以后，长江两岸都是稻田，江边的堤防越修越高、越修越厚，这样江水就只能往下冲刷河床，长江的水位逐渐下降，海水就被挡在外面，泻湖就逐渐成了淡水湖了。现在的危险在什么地方呢？如果不持续投入劳动力去维护这个堤防的话，堤防一旦溃决，全部稻田区也就被海水淹没了，整个生态系统就会完全改变，这就是必须要维护的原因。每个民族都必须对他们的自然生态系统做出高度适应，建构完善的文化。但是这个文化不成比例，像汉文化种粟和种麦，整个黄河下游冲积扇全部可以种麦，只要把麦收上来，国家掌握的经济实力就很大，能够指挥的人就很多，也就自然具有征服的张力。但是，山上的民族永远不能把自己的文化移植下来。当然我们也一样，如果把汉族这一套，移到少数民族地区，肯定要酿成生态灾变。征服少数民族轻而易举，但是要管理好他们的生态系统是很难的事情。这是人类历史上的规律，是不以人的意志为转移的社会事实，生态的终极制约在其间发挥着作用。

凡是占据了规模最大的生态系统，且达到高度的适应，最后建立大型政权的民族，都是这么开始的。工业文明以前的发展格局都与此有很大的关系。它的环境容量决定了王朝能够有多大实力，能够走多远。但是，如果管不好这个生态系统，同样的投入，产量不够，规定的税额交不出来，王朝就要崩溃。刚才讲到粟和稷的命运就和这个规律有关。整个鄂尔多斯草原是一个辽阔的、适宜粟生长的地区。所以中国最早的华夏民族，最早的政权包括夏、商、周，就是以这里为核心开始步入帝国政权的轨道，而且变成庞大的实体能够对外扩张。到东汉以后，随着匈奴的南迁，最适宜粟种植的生态系统落入南匈奴的手里，以小麦为主要种植区的黄河冲积扇平原，就成了一个经济中心。到了宋代以后，逐渐换成水稻种植。所以，写汉民族的文化史，这三个环节非常关键。这三个环节都比较幸运，它碰上的生态系统都有足够的容量和张力。长江下游三角洲被成功利用以后，长江中游平原还可以用同样的办法加以利用，珠江三角洲也可以用相似的办法加以利用，这就奠定了中华民族迅速壮大的基础。与此同时，那些只能适应小范围生态系统的民族就没有这么幸运了，这是没有办法的事情。对此，如下一些问题需要引起足够的关注：他者有了张力，要统辖、管理这个地区的时候，肯定不知道民族地区生态脆弱环节在哪儿，肯定不知道这里有哪些灾害。但是为了维护国家的稳定，又必须执行统一的税收政策，这就只能勉为其难地去执行。其结果就会出现很多生态灾害，这些灾害其实是在这个基础上无意中发生的。所以，今天研究生态人类学有一个命题，即"德政"很可能会变成"败政"。水土流失、干旱、水涝等灾害的背后，往往是人的资源利用的失当。当年，我们把粟和稷推广到西南，就是为了政权能够管理，只有粟可以作为粮食运到长安，不愁保鲜问题。结果当地各民族的原来的种植和生产方式就被打乱，灾害也就发生了。

这里举一个在麻山地区最典型的例子。雍正年间，清政府为了保证税收，让麻山的苗族、黔东南的苗族都能够有钱交税，于是就让他们种植能卖到中原的麻、棉花、荞子等农作物。清政府推广的初衷，完全是出于国家治理的需要。麻卖到内地织成的麻袋，是政府展开国际贸易中必需的包装材料。当地人种麻以后，可以换到现钱，朝廷的税收就有了保障。根本没有料到，这项"德政"竟然造成了重大的生态危害。问题出在喀斯特的溶蚀湖。那些水面原来就有一些水生植物的种子，它们在一些小水洼就可以长出来。这些植物的根穿透到地下的溶洞，悬空长在溶洞上也不会死。因为溶洞里空气的相对湿度高达百分之百，它们的根从空气中完全可以吸收到生长需要的足够水分，这样水生植物也不会死。同时它们的根会把岩缝填满，自然就形成湖了。下雨时山上的泥水冲下来，整个洼地就成了一个湖，湖底下还有一层很平的淤泥。可是选择种麻以后，把地漏斗打通，把水放掉，就是最好的地。这样的地一年可以割三次麻，每次割麻可以产出皮麻 150 斤到 250 斤。当时 1 斤麻可以换 20 多斤粮食，于是当地的居民要多富有多富。经济上是有效的，但危害也就来了。溶蚀湖底的地漏斗被穿通以后，当地的水就存不住了。下雨的时候，水和土一起泄入地下的溶洞中。珠江下游的堤防就得年年加高。因为种麻不是只种一块地，所有的溶蚀湖都可以种上，同时也需要把所有的溶蚀湖排干。这样一来，一旦遇上暴雨，从柳州到梧州河段就会年年泛滥成灾。

这里还有另外一个问题需要做进一步说明。溶蚀湖排干后，喀斯特地区的当地老乡就会打不出井水来，因为地下水位在地下 100 米到 300 米的位置。如果溶蚀湖还存在，每年候鸟迁徙时可以捕猎这些鸟类，鱼儿也可以捕捞，就是捡鸟蛋也可以度日。现在麻是种出来了，却没有了水。只有打山洞里的水，再想办法修水窖储水。如果我们能用当地本土知识，让原来消失的溶蚀湖重新恢复，不仅可以解决当地水荒的问题，下游的堤坝也可以不修那么高。要知道，十几万平方公里范围内的暴雨下来，珠江河道是接纳不了的。而珠江上游水量一旦减少，海水就会倒灌到虎门，虎门以下的九个县不得不停产，所有的取水管全部失效。每年东莞的工厂都要停产，就是这个原因。因此，我们搞生态人类学研究，或者搞农业文化遗产发掘工作，要认真思考这类问题。单纯用经济效益来做评判是不够的，与经济效益相比，长远的生态效益更重要。

解决珠江水患问题，还涉及梯田的问题，且更麻烦。整个珠江流域的繁荣和稻田有直接关系。整个珠江水系水位的调节，修几个水库是不够的。珠江中上游所有山水都需要层层设防，这样才能保证没有洪水、旱灾，珠江才能稳定下来。溶蚀湖要保存，因为溶蚀湖肯定会缓释水资源补给下游，起到"错峰"的作用。只要错过一天的洪峰，珠江就不会泛滥了。另外，稻田也能发挥作用。当年的百越民族，包括今天的侗族、水族、毛南族、仡佬族、仫佬族、壮族等，都是最早种水稻的民族。他们的稻田都是沿坡面建构，都与等高线平行。这些稻田都修有很高的田坎，下雨的时候可以储存到半米深的水。如何保证稻子淹不死？这里的秘密是，他们种植的是不一样的水稻品种。我们在贵州省黔东南州黎平县黄岗村做过调查统计，登记的糯稻品种就有 20 多个。我们在贵州省黔南州荔波县茂兰的另外一个水族村子也做过统计，发现他们掌握了 40 多个糯稻品种。这些品种的共性特征在于，稻秆有大拇指粗，每兜稻子大概可以结 30 多个穗，整株水稻最高的可以达到 2 米。这种水稻不怕淹，把水储在稻田，再慢慢缓释进河流中。每年一亩这样的梯田，最多能够储存 300 多吨水。而整个珠江中上游有几千万亩这样的梯田，加起来总共可以储存数百亿立方米的水，大致与长江三峡水库的储水量相当。如果这样的高山梯田还继续存在，珠江水患是不可能爆发的。可是，这样的高山糯稻梯田消失了。当地各族居民在追求产量的大背景下，几乎全部改种杂交水稻。种杂交水稻以后，稻田中储存 5 公分的水都算深了。以至于一旦下雨，所有的稻田都得同时向下游放水，不然杂交水稻就要减产。在这种情况下，降水量只好全部汇聚到珠江水系的干流里面，结果就必然造成下游的水患。过去不存在的问题，而现在成了大问题。这是自然灾害还是人为灾害，明眼人一看就明白！

跟刚才讲的溶蚀湖一样，当年云贵高原有数以千计的高原湖，现在几乎全部排干了。一旦下暴雨，就只能往珠江干流、长江干流排水。我们虽然修了不少水库，但是这些水库的效用都比不上自然湖的效用大。原因就在于，它是在生产的同时兼顾了水资源的平衡和维护，而水库是拿钱去搞维修，工程技术难度增大，维护成本必然增加。两相比较，孰优孰劣其实很清楚。我们当然可以说一大堆好处：修了水库没有被淹，种杂交水稻有了饭吃。但导致的后果和潜在的问题却是有目共睹的。由此可以看出，在综合性的生态文明处理当中，我们应该充分考虑农业遗产的发掘是怎么担当起关键角色来的。

顺便说一下，政府想拉动生态补贴总是拉不动，其实把生态维护费贴进去以后，就可以构成购买力。这个问题要是能够盘活，中国面临的问题不只是生态文明问题，好多经济下行压力都可以改善。比如焚烧秸秆。我的主张是，把这些稻秆打包运到蒙古草原，给那些土地沙化的牧民作为越冬饲料使用，草原单位面积载畜能力起码可以翻两番。就算不回收成本，这笔运费投入进去，牲畜的粪便可以加速风化壳的形成，沙化土地还可以改造成肥美的草地，这是一举两得的事情。现在没有转过弯来，农民烧了骂农民，喂牛又不敢，造纸厂也不敢用。因为，在当地发展养牛会妨碍农民进城打工，造纸厂用秸秆造纸怕污染环境，麦秆无法处理，不让他们烧，又该怎么办？退化的草原，正需要秸秆作物作为牲畜的越冬饲料。有了饲料以后，动物的粪便肯定可以在草原形成风化壳。有了风化壳以后，再干旱的地方都能形成肥美的草原。中华人民共和国建立以前，在蒙古草原，骑在马上，靴子会被草上的露水打湿。现在的草只有 20 公分高。产草量锐减到原来的 25%，就是因为没有风化壳。风化壳要靠牛羊的粪便，要靠吹来的风，要靠微生物和昆虫吃粪便，再排出来降解形成黏糊糊的腐殖质，和沙子混在一起，形成疏松的壳，把整个草原覆盖起来。为了满足风化壳的形成，需要的不是一万吨农作物秸秆，而是要几十亿吨的农作物秸秆，才能达到生态修复的目的。这笔补贴中国政府开得起，只需要持续三年将秸秆运到受损的草原上，就可以让草原逐步恢复生机，以后的草原就能可持续放牧了。我们那么多沙地，原来都是最肥美的草原，现在全部荒漠化了。现在想恢复，方法就这么简单。如果我们的政府敢这么做，中国的经济形势可以完全改观，草原生态系统也可以得到全面恢复，而且可以为全世界树立一个光辉的榜样。

七、回归人与自然关系的哲学思考

孙：您做了一辈子的重大问题研究，表面上看是地方性的本土知识，但实际上是人类的根基性问题，是人类的普世性问题。您的学术探索从历史学入手，但早已跨越了"三结合"的理论框架，有了自己的突破，而且活学活用，对于我们今天的学术思考都有非常大的启发。在我们就要结束这次畅谈之前，还想请您把多年研究之后体悟最深的认识告诉我们。面对今天的生态现实，我们的前路是暗淡无光，还是无限光明？

杨：科学并不是天书，只要认真做，都可以有收获的。我在前面说到，有些答案我们苦苦地思索 20 年才获得解答。比如沙漠化的治理问题，我们1983年就接触了，最后的结论是到了21世纪初以后才定下来。这里有一个关键性的问题，我需要重申一下，就是人与自然的关系。我现在有一个坚定的想法——对待人决不能只看个人，因为一个人的价值是没有意义的。人类个体的集合要有规范行动，才能形成社会合力。个人不能改变自然，但是合力可以改变自然。长江水库海水倒灌一个人怎么做都不行，但是如果有1000万人在种稻田，稻田连起来，就是一个防汛的系统。所以人的合力是能战胜自然的。这不需要怀疑，绝对可以办到。正因为人类可以对付自然，所以就可以干好事，也可以干坏事。怎么样防止做坏事，怎么样多做好事，这个问题就需要在生态人类学的框架里去解决。人要管住自己不做坏事，这是一个事情。第二个事情，文化作为一个系统，它本身是可以传承延续的。我们的下一代可以从我们这里学到一套方法，还要去用，这个过程也是可持续的。自然界的很多过程就是在这样的无意中发生的。是上百年、上千年的实践经验告诉我们，这个生态系统应该这么做，这就是我们的农业文化遗产。

这实际上涉及一个哲学问题，即人在自然界的地位到底在哪里？自然和人有没有必然联系？站在这样两个系统和谐并存的立场，去展开学问，去探讨问题，我想我们就可以走到一起来。我们不奢望全知全能，我们需要长期的对话、长期的摸索，才能找到生态系统的规律。我们怎么样读好这本大书，最关键的是人的定位。我们要认识自然、利用自然，当然也要维护自然，这更是责任。生态系统不会说话，但是它会按照它的规律办事，我们要了解就必须付出代价。不能靠自然生态系统为我们准备条件，这一切我们必须做到心里有数，否则就很危险了。我最不满意的一个说法就是，这个地方贫困落后是因为生态系统脆弱。其实很多自然环境的受损都是人造成的。比如草原生态系统最碰不得的就是地表风化壳，风化壳一撬翻，就无法抗拒强烈的风蚀，也不能阻止水资源的无效蒸发，结果只能是草原迅速沙化。

再一个例子，从清代对汉民开放走西口大概持续了25年左右，皇家的猎场开放也是同一时期。现在的张家口一带全部是沙荒，但这里原来是人们可以打猎的森林区。我们把这些归为自然因素脆弱，我想脆弱的是人。同样道理，"解铃还须系铃人"，如果不是人破坏的东西，人绝对修复不了。我们不能把地球颠过来倒过去，不能把咱们亚洲的土地移到赤道线上，但是有些事情人是能办到的。人维护海水不倒灌办得到，人去种藤蔓植物抗拒石漠化灾变办得到，这是人可为的事，而不是孟子所说的"挟泰山而超北海"那种不可为的事。所以，对自然的生态系统，如果随心所欲、蔑视自然的话，迟早要倒霉。但是，我们做了错事，我们能改过来的话，人类的可持续发展就可以海阔天空，就可以无限光明，这都是我们可以做得到的。

孙：听您讲这么多年的学术研究，每一本著作背后的故事和每一本著作的发现心得，都很令我振奋。我们最近几年关注中国的农业文化遗产，愈发觉得缺失对生态人类学、对本土生态知识的深度认知和理解是不行的。这恰恰是人文社会科学和自然科学进行对话和交流的平台。今天听了您的讲解，我感触颇多，而且有一种强烈地想重读您作品的冲动，也希望把您的理论性思考在农业文化遗产的保护中付诸实践。

杨：孙老师千万不要这么客气，我们是同事，希望日后能有更多的机会交流合作，也欢迎大家一道来做这项工作。这是我一个很好的愿望。

[原载《中国农业大学学报》(社会科学版) 2016 年第 1 期]

農業文化遺產

鄉土中國

中編

☀ 陕西佳县古枣园（计云 摄）

农业文化遗产保护：理论、方法与实践

闵庆文

中国科学院地理科学与资源研究所研究员，中国农学会农业文化遗产分会主任委员，联合国粮农组织全球重要农业文化遗产科学咨询小组共同主席，农业农村部全球重要农业文化遗产专家委员会主任委员。

非常高兴能和大家分享一下关于农业文化遗产保护的几点思考。我的报告将分五个部分，主要集中于三个方面：一是农业文化遗产的概念与内涵，因为要谈农业文化遗产保护，理清楚农业文化遗产的概念和内涵是很重要的，我们还应当了解过去十多年来作为项目到计划的农业文化遗产保护走过的历程；二是农业文化遗产的保护问题，需要在理解农业文化遗产的特点、保护要求的前提下进行讨论，而且还应当弄清楚与其他文化遗产保护的区别与联系；三是一些较为典型的例子。虽然谈不上很系统，但希望能够给大家一些启示。

一、农业文化遗产的概念

（一）农业文化遗产的概念

在正式介绍农业文化遗产的概念之前，我想先举两个例子。

首先是我国第一个全球重要农业文化遗产——浙江青田稻鱼共生系统。青田田鱼是非常有名的地方品种，现在还被列为"地理标志产品"，青田也被认定为"生态原产地"。青田人对青田田鱼充盈着很深的感情。2015 年 5 月，在联合国粮农组织把青田稻鱼共生系统确定为中国第一个也是世界第一批"全球重要农业文化遗产保护试点"的时候，我陪同联合国粮农组织专家到了青田，那时候我们的媒体、官员和一些科技工作者对农业文化遗产这一新的遗产类型都还并不太了解。记得就有记者写了一篇文章《小小田鱼惊动联合国》，认为"青田田鱼"是全球重要农业文化遗产。但其实"青田田鱼"只是农业文化系统中的一部分，或者说是要素之一。

也有专家认为，中国两千年以来的稻田养鱼技术是一种典型的生态农业技术，是这种生态农业技术被联合国粮农组织列为全球重要农业文化遗产。这其实也不对，因为稻田养鱼作为一种生态农业技术，也只是农业文化遗产系统的重要组成部分。

当我们走到青田农村的时候，会发现很多很有意思的事情：每栋房子前后都会看到鱼塘，因为当地有"盖房之前，先建鱼塘"的传统，这很好地反映了青田田鱼与农民之间的一种紧密而又微妙的关系，这种关系体现出了人地和谐、人鱼共生的理念。这样的人鱼关系，也是农业文化遗产系统的重要内容。

我们还可以看到"青田鱼灯舞"这一农耕文化形式，它不仅被列入国家级非物质文化遗产，而且还走出国门、走向世界。在2014年米兰世博会"中国馆日"的文化活动中，就是一帮意大利小伙子在中国教练的指导下表演了鱼灯舞。

青田的传统稻作品种也在农业文化遗产系统中占有重要地位。我们做过调查，光是在当地一个100多人口的小村子里，就有6种当地传统水稻品种。2015年开始，浙江大学陈欣教授带领团队在那里做了长期实验，进行传统品种种植的研究，发现当地的传统品种在农业文化遗产体系里起着非常重要的作用。

不仅如此，景观也是农业文化遗产系统的重要组成部分。如果大家到青田龙现村就会发现，周围的山林、梯田、村庄、溪流一起构成了一个复合生态景观。

在农业文化遗产地的特殊农产品基础上衍生出来的特殊饮食文化，也非常有意思。在青田，以稻米、鱼为食材的"田鱼干炒粉干"，就是一道很有名的菜肴。

现在，相信大家能够理解，为什么在认定这个农业文化遗产的时候，我们没有用"青田田鱼""稻田养鱼"或者"山地梯田"的名称，而是用了"青田稻鱼共生系统"。只有把上面提到的以及没有提到的那些元素加在一起，才被认为是农业文化遗产。可以说，农业文化遗产是包含了生态、经济、文化、社会等各个方面的综合体。

我们再看看另一个例子——云南红河哈尼稻作梯田系统。在过去10年时间里，哈尼梯田我去了不下20次，但每次都会有新的认识。我曾经开玩笑地说，人们对哈尼梯田的认识被那帮搞旅游的人误导了。旅游宣传基本上都是类似"看哈尼梯田，冬季是最好季节"，"早上多依树看日出，晚上老虎嘴看日落"，而且简单地认为"哈尼梯田在元阳"。

事实上，哈尼梯田的内涵远不止于此。一个简单的事实就是，哈尼梯田不仅是 2013 年被联合国教科文组织认定的世界文化景观，还是 2010 年被联合国粮农组织认定的全球重要农业文化遗产、2007 年被原国家林业局认定的国家湿地公园，而且还是国家级文物保护单位、中国重要农业文化遗产，其中的部分村落被列为中国传统村落，许多歌舞及民俗活动被列为国家级非物质文化遗产，一些邻近地方还被列为国家级或省级自然保护区。这说明哈尼梯田是一个内涵极为丰富的系统。如果仅仅认为冬天有水、拍照片好看的话，那认识也太浅薄了。哈尼梯田非常值得去，不仅是观光，更多的应当是去体验、去感受，当你在哈尼梯田走一走，住下来，坐在田埂上发发呆，你必然会有不同的发现，远不止那种唱歌跳舞或者拍两张日出日落的照片。

让我们走进去看一看。哈尼梯田地区还保留有非常丰富的稻作品种，而且具有很好的抗性，这是云南农业大学朱有勇院士的研究成果，而且他调查表明，不同品种的复合种植可以有效抑制病虫草害。

在哈尼梯田，水非常重要，因为种水稻就需要水。这就带来两个问题：一个是如何进行水资源的管理和分配。大家去看的时候会发现，一千多年以来，哈尼梯田地区有一位很重要的人物——"沟长"。他非常了不起，也非常公正，是他很好地解决了"水资源如何合理地分配到每家田块"的问题。他会根据下面田块的大小来确定水流的大小，而这个水流大小的确定用了一种非常简单、传统、原始但非常有效的方法——石刻分水或木刻分水。

二是如何确保水的持续供给。如果大家到哈尼梯田去，基本上看不到水库，那么水是从哪里来的？记得我2009年第一次去哈尼梯田的时候，那里的人说"梯田之水天上来"。后来我到了广西、福建、江西、湖南，基本上都是这么说的。大家如果好好看看，就会发现，在梯田和村庄的上方往往都有大片的森林。当地人对森林保护非常重视，奉为"寨神林"，每年都举行一些祭祀活动，以强化人们对森林保护的意识。

如果深入下去，你还可以发现歌舞在哈尼人中的重要作用。人们往往一边劳作、一边唱歌，欢庆丰收时唱歌跳舞，节庆活动时唱歌跳舞。其实，这些歌舞也是农业文化遗产的重要组成部分，它有民族独创的韵律，有反映劳动技艺、人际关系、人与自然的内容。哈尼族没有文字，口耳相传的唱歌方法使人们把农耕经验和技术一代代传承下来。其实这些歌舞，在当地由当地人演唱，你会有与舞台、卡拉OK厅里完全不同的感受，这时候你才能体会到哈尼人的热情与淳朴，甚至是来自泥土的芳香。

前些年，西南地区遭受了严重的旱灾，但哈尼梯田却没有受到什么影响。记得当时"焦点访谈"专门做了一期节目"哈尼梯田的启示"。其核心就是说，哈尼梯田的复合生态系统对于应对极端气候条件的作用，我们可以发现"森林—村落—梯田—水系"构成的"四度同构"模式所起的重要作用。不过，我觉得还应当加上"文化"，应当是"五位一体"。

从上面的两个例子，我们可以看出，农业文化遗产的内涵是相当丰厚的。所以我们谈农业文化遗产保护，不应仅仅局限在保护一种文化或者保护某种技术或者保护某种物种。2015年8月，原农业部发布了《重要农业文化遗产管理办法》，对

"重要农业文化遗产"作出了明确定义:"重要农业文化遗产是我国人民在与所处环境长期协同发展中世代传承并具有丰富的农业生物多样性、完善的传统知识与技术体系、独特的生态与文化景观的农业生产系统,包括由联合国粮农组织认定的全球重要农业文化遗产和由农业部认定的中国重要农业文化遗产。"

(二) 农业文化遗产概念的进一步认识

从前面的介绍我们不难发现,农业文化遗产首先是一个农业生产系统,这就和一般意义上的遗产有很大差别。

先来讲农业文化遗产的几个重要特征,也是农业文化遗产认定的核心标准。

首先,"生产性"是农业文化遗产区别于其他遗产的重要特点。上千年的发展,虽然在一些方面有了变化,但农业文化遗产的首要功能并没有消失。如哈尼梯田、青田稻鱼共生系统,农业生产功能依然存在。

其次,我们所谈的农业文化遗产,指的是"世代传承的"遗产,不仅是历史上的起源或重大改进,而且是一直延续到今天的。农业文化遗产是人与自然"长期协同发展的"农业生产系统。这样的系统不是一般的系统,不是由如今我们所看到的集约化、规模化为主要特征的农业生产形式,而是一种以小农经济为核心的、适应当地自然条件的系统。

第三,它是"具有丰富的农业生物多样性的"农业生产系统。也就是说,任何一个遗产地都可以看到远远不止一种当地品种资源。比如正在申请全球重要农业文化遗产的浙江庆元,庆元的香菇是世界香菇发源地,其实远远不止香菇这么单一，当地的菌物资源非常丰富，可以说它是世界菌物资源库。

第四，农业文化遗产还是"具有完善的传统知识体系和完善的技术体系"的农业生产系统。大概800年以前吴三公发明了人工种植香菇技术，并经过由当年的"砍花法"到"段木法"到现在"代料法"这样一种演化过程，但形式上的改变并没有影响到森林管护、菌物种子培育等复合生态技术。

最后，农业文化遗产还是"具有独特的生态与文化景观"的农业生产系统。

这些东西加在一起，才被认为是重要农业文化遗产。

关于农业文化遗产保护，容易出现歧义和误解的有这样一些地方。

第一，容易把"农业"片面地理解为"种植业"。像葡萄园、茶园都是和林业相关的，在哈尼梯田的"五位一体"结构中，森林是第一位的。再像我们所讲的稻鱼共生系统，稻田养鱼和林业似乎没有什么关系，但就在龙现村的上方有一个齐云山，山上的森林为下方的稻田提供了水分，丰富的生物多样性也是稻田生态健康的重要基础。因此，如果我们光想着把稻鱼保护好、把梯田保护好，而忽略了森林，那是保护不好的。

第二，"文化"不仅仅是一种精神性的活动，更不仅仅是一种文学艺术表现。现在很多人写申报材料的时候，写到文化那块都是写这个地方有多少歌舞表演，这个地方有多少诗人写了多少诗词来赞美它。但这不是农业文化遗产的"文化"，我们所谈的这种"文化"实际是一种"知识与技术体系"。

第三，是把"遗产"简单地理解为"遗存、遗物或遗址"。我们讲哈尼梯田有1300年的历史，但是我们很难明确哪一块田是1300年前的，也找不到1300年的稻谷。这里的"遗产"主要指的是技术体系、文化现象、遗传资源，当然它们都是发展中的。

在这里顺便说一下"农业文化遗产"这一名称的问题。我们今天所讲的农业文化遗产，其实在联合国粮农组织的英文表达方式里，是指"全球重要的农业遗产系统"。由于语言习惯，2005年我们翻译的时候就没把"系统"放进去，但增加了"文化"。因为联合国粮农组织在2002年提出这个概念一直到2008年期间，一直用的是"Globally Important Ingenious Agricultural Heritage Systems"。这个英文表达里面非常明确，一个是"全球重要的"；第二个方面是具有独创性的农业遗产系统，即"Ingenious Agricultural Heritage Systems"。"Ingenious"翻译的时候很难翻，它的含义是"独创性的""巧夺天工的"。所以如果完全意译过来，就是"具有全球重要意义的、具有独创性的农业遗产系统"。后来我们就考虑让它简单点，直接变成"全球重要农业文化遗产"。有人说增加"文化"不对，英文里是没有"文化"一词的。但不少专家认为，"农业本身就是文化"。

还有就是农业历史、农业遗产、农业文化遗产这几个概念之间的关系。其实农业遗产更早期的时候也用过，比如说中国农科院有农业遗产研究室。曹幸穗教授曾写过一篇文章，对这几个概念进行了对比。我也曾经写过类似文章。网上都可以查阅，建议大家读一读。

农业文化遗产自身也有一些特点。比如说，它是活态的，是有人参与的，与别的不一样。像长城、意大利的比萨斜塔，我们可以找出哪一块是哪一年修的，但是农业文化遗产不可以像这样分割开来断定其出现的历史。它还是适应性的，随着时间与空间的改变，农业文化遗产地会表现出不同的变化。它是复合的，它具有自然、文化、景观、非物质文化遗产等多重特征。同时，农业文化遗产具有战略意义。大家知道，联合国有一个重要概念叫"可持续发展目标"，这个目标有相当大一部分与我们农业文化遗产里边一些要素密切相关，所以农业文化遗产的发掘与保护不仅仅促进乡村振兴，还有促进世界可持续发展的重要意义，对包括全球化、生物多样性保护、粮食安全、贫困等这样一些重要问题具有重要战略意义。农业文化遗产还具有多功能性。我们认识一个地方的农业义化遗产时，一定不要局限于单一或片面的理解，农业文化遗产的多功能性恰恰是在新时期能有更好的发展的前提。当然，农业文化遗产由于政策和技术原因也出现了一些濒危状态，出现了一些不可逆的变化，包括生物多样性的减少、农业人口减少等一些具体现象。

二、农业文化遗产保护工作回顾

说到这里，我们再想想农业文化遗产保护工作是怎么走过来的，农业文化遗产保护工作为什么能够达到今天这样的情况。世界范围内我不太了解，但中国至少在一百年以前就有一批科学家进行农业历史的研究，这为今天我们发掘和保护农业文化遗产奠定了良好的基础。但其实不仅历史学家，还有生态学家、经济学家、社会学家、民俗学家等也对历史时期的农业、乡村展开了研究。不仅中国人研究，外国人也研究，比如，一个美国的土壤学家就曾到中国、朝鲜、日本进行考察，写了一本很有名的书——《四千年农夫》。

（一）联合国机构的农业文化遗产保护

先纠正一个错误说法。有专家说，"农业文化遗产"是

"文化遗产"的一部分，或者说"全球重要农业文化遗产"是"世界文化遗产"的一部分，因为很重要，就独立出来成为一个专门的类型。

这是不正确的。除非特别说明，目前我们一般所谈的"世界遗产"就是指联合国教科文组织自1972年开始的一项工作。联合国教科文组织是联合国的一个机构，1972年通过了《保护世界文化与自然遗产公约》，1976年开始建立了世界遗产名录，1978年确定了第一批12处世界遗产，当时只有"文化遗产"和"自然遗产"，1979年有了"混合遗产"，1992年增加了"文化景观"，但多数专家认为"文化景观"属于"文化遗产"的范畴，所以目前还是分为三类，即文化遗产、自然遗产、混合遗产。教科文组织后来又启动了世界记忆遗产、非物质文化遗产以及世界生物圈保护区、世界地质公园，都与"世界遗产"不是一个体系，还有线性遗产以及研究层面的工业遗产、军事遗产等，都不是单独的类型。

1992年有了"文化景观"后，确实有一些农业类的项目，比如咖啡园、稻作梯田等，像我们国家的红河哈尼梯田就是第一个农业类型的文化景观，但在教科文组织体系里，依然是文化遗产，有时也被称为文化景观。

全球重要农业文化遗产则是另外一个机构的另外一项工作。也正因为如此，就出现了菲律宾伊富高梯田、我国云南省的红河哈尼梯田既是世界文化遗产又是全球重要农业文化遗产的情况。菲律宾伊富高梯田1995年被联合国教科文组织列为世界文化遗产，2005年被联合国粮农组织列为全球重要农业文化遗产；我国云南红河哈尼梯田2010年被列为全球重要农业文化遗产，2013年被列为世界文化遗产。

我们还是回过来看看全球重要农业文化遗产的情况。当年我们在探讨农业与农村生态保护、文化传承和可持续发展问题的时候，国际上的农业部门也在探索这个问题。2002年联合国粮农组织发起了"全球重要农业文化遗产"保护倡议。2002年是一个非常值得记住的年份，往前推10年的1992年，在巴西的里约热内卢召开了一次非常重要的会议叫"联合国环境与发展会议"。在那次会议上，通过了一批具有重要意义的文件，包括《21世纪行动议程》《气候变化框架公约》《保护生物多样性公约》等。十年以后，在南非的约翰内斯堡又召开了一次重要会议，被称为"可持续发展峰会"。在这次会议上，联合国粮农组织召开了一个边会，提出了"全球重要农业文化遗产"保护问题。对于当时的世界来说，贫困问题需要解决，生物多样性也是一个重要议题。然而在一些重要的地方，像在生态脆弱地区、生物资源比较丰富的地区、经济相对落后的地区，以及那些少数民族地区或者原住民地区，农业文化遗产还在保留着。它们对于今天非常重要，对未来也很重要。如果我们能把它们保护下来，也就能慢慢弄清楚它对当地发展、对其他地区发展的借鉴意义。有这样的工作设计之后，才有了我们今天所说的全球重要农业文化遗产。

2002年到2005年期间，我称为"概念开发阶段"。联合国教科文组织经过了三四十年研究，1972年才通过《保护世界文化与自然遗产公约》。联合国粮农组织在2002年提出概念后，2005年才确定了首批保护试点，当时也是因为申请全球环境基金的项目需要而根据参与国家的情况确定的。直到2015年召开的联合国粮农组织大会上，才正式把全球重要农业文化遗产工作例入常规预算，可以说，此时才真正进入到业务化运行阶段。所以我一直说，和联合国教科文组织的世界遗产相比，粮农组织的农业文化遗产还处于初步发展阶段，很多方面尚未成熟，和世界自然与文化遗产相比还有很大的差距，还需要我们付出极大的努力去发展。在这样一个阶段里，我们在座的每一位都将成为农业文化遗产保护与利用的重要贡献者。

2006 年，在准备全球环境基金项目时，我参加了粮农组织关于全球重要农业文化遗产的第一次会议。会上认识了最早提出全球重要农业文化遗产、被尊称为"世界农业文化遗产之父"的帕尔维兹·库哈弗坎（Parviz Koohafkan）先生，他是一位出生于伊朗、在粮农组织任职的农业生态学者。他现在虽已退休，但依然活跃在这一领域内，他注册了世界农业文化遗产基金会，并担任主席。

2005 年确定的首批保护试点，有一定的偶然性。虽然都是很不错的项目，但也有其他原因，如几个试点在类型和区域上的布局、国家是否支持，等等。确定之后，就到了 2006 年至 2008 年，我称为"项目准备阶段"，粮农组织负责项目总的准备，有关国家各自进行试点准备，包括 5 年时间希望达到什么目标，为此要开展哪些活动，等等。2008 年全球环境基金理事会通过后，就进入了 2009 年至 2013 年的"项目执行期"，后来延长到 2014 年 6 月份。当时的计划是，通过 5 年时间的努力，在全世界建立一批全球重要农业文化遗产地，还要探讨全球重要农业文化遗产的保护方法，建立全球重要农业文化遗产的认定标准和流程，建立固定的专家委员会等。

中国是当时 6 个试点国家之一。最初我们定了 3 个主要目标：第一，做好一个具有世界影响力的全球重要农业文化遗产地，也就是打造一个样板；第二，中国的全球重要农业文化遗产要从 1 个增加到 10 个；第三，要推动开展国家层面的农业文化遗产保护，认定 20 个中国重要农业文化遗产。当然在我们今天看来，这一目标已经全面实现了，仅从全球重要农业文化遗产数量来看，目前全世界有 57 项，中国有 15 项。

到 2014 年 6 月份，全球环境基金资助的项目就结束了。经过努力，2015 年 6 月份联合国粮农组织大会上，正式把全球重要农业文化遗产工作列入常规预算，算是进入到了业务化工作阶段。之后所认定的项目，就直接称为"全球重要农业文化遗产"。

2015 年底，当时的粮农组织总干事任命了 7 个人组成的专家委员会，或者叫科学咨询小组，任期从 2016 年 1 月份开始，我是首任主席，之后一直和一位意大利专家担任共同主席。每年我们一般会开三到四次会，讨论有关文件，评审有关申请材料，决定新的遗产项目。

全球重要农业文化遗产，也叫 GIAHS，有 5 个基本标准。第一，粮食与生计安全，也就是农业文化遗产要能够为当地的居民提供食物和生计方面的功能；第二，农业生物多样性，也就是遗产地具有遗传资源与生物多样性保护和生态系统服务功能；第三，传统知识与技术体系，也就是遗产地有较为完善的农业生产和水土资源管理的本土知识和适应性技术；第四，相关的农耕文化和社会组织，也就是遗产地有深厚的历史积淀、丰富的文化多样性，以及有利于社会经济发展的社会组织形式；第五，景观，即遗产地通过人与自然长期的相互作用形成了丰富多样的景观。这 5 个方面的标准也是农业文化遗产系统的 5 个基本特征，是我们确定全球重要农业文化遗产的最主要考量。

（二）中国的农业文化遗产保护

可以说，中国是 GIAHS 倡议的最早响应者、积极参与者、坚定支持者、重要推动者、成功实践者和主要贡献者。

关于"最早响应者"。可以说 GIAHS 倡议一提出准备申报全球环境基金项目时，我们就参加了，这也是我们的"浙江青田稻鱼共生系统"成为第一批 GIAHS 保护试点的原因。

关于"积极参与者"。原农业部的官员、中国科学院的研究人员、有关遗产地的管理人员和农民，从项目准备到执行再到推广，都积极参与。在项目起始阶段，李文华院士也当选为 GIAHS 项目的指导委员会主席，我也有幸在此期间担任科学委员会委员。

关于"坚定支持者"。当联合国粮农组织在推动 GIAHS 从一个项目到一个计划的时候，遇到了非常大的障碍。一些国家，包括美国、澳大利亚、阿根廷、加拿大等都反对。我们则利用各种机会宣传、推动 GIAHS，包括在粮农组织的有关会议上，还有在 2014 年在北京召开的亚太经合组织（APEC）第三届农业与粮食部长会议上，都明确支持联合国粮农组织的 GIAHS 倡议项目。

关于 GIAHS 的"重要推动者"。我们对于 GIAHS 给予了实质性的支持，有效推动了这一工作。比如，在南南合作基金的框架之下，拿出专门的资金支持，陆续举办了全球重要农业文化遗产高级培训班，已有 100 多位学员前来学习。这是一个"种子工程"，因为从 2014 年以后，90% 的申报项目申请者都参加了培训班。

关于"成功的实践者"。我们已经在相关科学研究、政策制定、监测评估、保护实践等方面，取得了很好的进展，也积累了成功的经验。

关于"主要的贡献者"。上面所说的理论研究和具体实践经验，我们都通过各种方式向外传播。

回顾一下过去十多年的工作，我们主要做了这样一些工作并产生了很好的影响：一是较为成功地开展了青田稻鱼共生系统的保护试点，在世界农业遗产保护领域产生了非常好的影响，不仅保护了稻鱼共生的传统农耕技术，还带动了当地乡村旅游业的发展、特色农产品（如青田田鱼、稻鱼米等）的发展，提高了农民的收入；二是在各遗产地陆续组织了一系列农业文化遗产保护论坛和面向农民的培训活动，包括像现在这样的交流活动；三是开展了多学科的综合研究，现在已经有农学、生态、经济、民俗、文化、旅游等不同专业的科研人员走进农业文化遗产地，发表了许多有影响的学术论文；四是举办了各种类型的科普宣传活动，特别是从 2018 年 11 月一直到 2019 年 3 月在中国农业博物馆举办的"中国重要农业文化遗产主题展"，产生了非常好的社会影响；五是推广了试点经验，比如说从"稻田养鱼""稻鱼共生"的概念到"稻渔综合养殖"，在元阳等地建立了"稻渔综合养殖示范区"，而且中国的稻田养鱼技术还走出国门进入到非洲、东南亚的许多地方，贵州从江带动了周边几个县的稻鱼鸭复合种植养殖的发展，建立了区域性的"稻鱼鸭产业联盟"。

我们还有一个很大的进展，是在国家级农业文化遗产的发掘与保护方面。在全球重要农业文化遗产项目的影响下，原农业部从 2012 年开始了"中国重要农业文化遗产"的发掘与保护工作，这在国际上也是领先的。截止 2019 年底，已经发布了 4 批 91 项中国重要农业文化遗产，第五批 27 项不久将正式公布。

（三）中国的全球重要农业文化遗产地

下面带领大家简单领略一下我国的全球重要农业文化遗

产。除了前面介绍的 2005 年授牌的"浙江青田稻鱼共生系统"和 2010 年授牌的"云南红河哈尼稻作梯田系统"外，2020 年还有一个项目是"江西万年稻作文化系统"，这里是我国稻作的主要起源地之一，有 10000 年至 12000 年的历史。2011 年有一个项目得到了认定，就是位于"贵州从江侗乡稻鱼鸭系统"，这是一个苗族、侗族、水族、壮族为主的地区，有 1000 年的稻田养鱼养鸭历史。2012 年我们有两个遗产地得到了认定，一个是"内蒙古旱作农业系统"，这是我国旱作起源地之一，有 8000 年的旱作农耕历史；还有一个是"云南普洱古茶园与茶文化系统"，核心保护区位于普洱市的宁洱、澜沧和镇沅 3 个县，茶林共生是其显著景观。2013 年又有两个遗产地得到认定，一个是之前提到的"河北宣化城市传统葡萄园"，这是世界上唯一一个城市内的农业文化遗产地，范围很小，意义却很大；另一个是"浙江绍兴会稽山古香榧群"。2014 年我们有 3 个遗产地得到认定，一是"江苏兴化垛田传统农业系统"，喜欢集邮的朋友应当见过，曾上过第一批"美丽中国"邮票；二是"福建福州茉莉花种植与茶文化系统"，有意思的是，它将原产于中国的茶与发源于国外的茉莉花有机结合；三是"陕西佳县古枣园"，孙庆忠教授带领团队在那里进行了很好的工作，出了三大本书，建议大家好好学习。2017 年有两个遗产地得到了认定，一个是"浙江湖州桑基鱼塘系统"，这是中国传统生态循环农业的一个典型代表；还有一个是唯一一个藏族地区农业文化遗产地"甘肃迭部扎尕那农林牧复合系统"。2018 年有两个遗产地得到认定，一个是"山东夏津黄河故道古桑树群"；还有一个由 4 个遗产地联合申报的"中国南方山地稻作梯田系统"，包括广西龙胜的龙脊梯田、湖南新化的紫鹊界梯田、江西崇义的客家梯田、福建尤溪的联合梯田。从项目上说是 15 个，但中国重要农业文化遗产项目则是 18 个，涉及的县有 30 个。

还要说明的是，2015 年到 2016 年，原农业部做了一个很好的探索，就是建立了中国全球重要农业文化遗产预备名单，使得我们国家成为世界上第一个建立了从国家农业文化遗产预备名单到世界农业文化遗产的一个完整体系。正是通过这样的一些努力，农业文化遗产取得了很好的成就。

三、农业文化遗产保护的几个问题

（一）正确理解农业文化遗产保护的概念

大家一定要建立这样的认识，农业文化遗产不是一般意义上的文化遗产，不能简单地套用一般文化遗产的保护方法；也不是农业历史研究的一个延伸，不能将农业文化遗产简单地从字面意思上来进行理解。要认识到它是一种新的遗产类型，需要探索符合农业文化遗产特点和保护要求的措施。

有一些人将"保护"简单地理解为"保存"。这对于一般的文物可能行得通，但对于活态的、动态的农业文化遗产就不行。农业文化遗产是一个复合的系统，是一个不断发生变化的系统，是一个人与自然和谐共进的系统。我们不可能实行"冷冻式保存"，例如甚至有人希望回到某个历史时期的状况。所以我们的保护和单纯保存不一样，而是要发展的。当然这里的"发展"也和一般意义上的"开发"不一样。

生物多样性和文化多样性是目前农业文化遗产保护最为关注的两个核心问题，我们需要在两个"多样性"保护的前提下探索生态脆弱、经济落后、文化底蕴丰厚地区的可持续发展的路径。也就是说，农业文化遗产保护问题，其实质上是区域可持续发展问题。

我每次见到地方领导的时候，一再跟他们说，不要把农业文化遗产简单地理解为文化部门的事情或者农业部门的事情，而是书记和县长的事情。大量的例子表明，只有县委书记重视了、县长重视了，这个地方的农业文化遗产才能够保护好、利用好、发展好。

还需要注意的是，我们要通过对农业文化遗产的保护和发展，促进地方社会经济发展和生态与文化保护，并为现代农业的发展提供支持。所以说，保护农业文化遗产，并不是排斥发展现代农业，而是发掘农业文化遗产中的积极因素为现代农业服务，为现代农业的发展注入生物、文化、技术"基因"。农业文化遗产作为一种特殊的农业生产系统，也需要在新形势下实现更好的发展，这也是为什么说农业文化遗产是一个"动态"的农业生产系统。当然，具体如何操作，还需要我们进一步探索、研究和实践。

农业文化遗产地应当成为开展科学研究的平台、展示传统农业成就的窗口、生态文化型农产品的生产基地。农业文化遗产地生产的不是一般的农产品，而是"有文化内涵的生态农产品"。如果把农业文化遗产地的农产品当做普通农产品卖出去，那就吃亏了，应当发展成为高端化、个性化的产品。具体怎么做，还要靠大家一起探索。

必须承认，因为农业文化遗产保护工作时间还不太长，不同领域的专家的看法也没有取得完全共识，这也是农业文化遗产发掘与保护工作面对的一个很大的困难。在接下来的几天里，大家会听到各方面专家的报告，他们都是相关领域的专家，会给大家带来很多的信息。但也正是因为他们的专业背景不一样，参加农业文化遗产保护工作的时间不一，可能所讲的农业文化遗产的概念、保护理念等会有所不同，甚至有矛盾的地方，大家应当"批判"地学习。你们来自农业文化遗产地、来自遗产保护第一线，可能对于农业文化遗产及其保护的理解比我们更为深刻。

（二）为什么要保护农业文化遗产？

为什么要保护农业文化遗产，这是一个必须弄清楚的问题，因为有不少人都认为，现在是要发展现代农业，那为什么还要保护农业文化遗产呢？还有的人认为，农业文化是文化遗产的一部分，因此应当是文化文物部门来保护，不应当是农业部门的事情。

关于为什么保护，习近平总书记在2013年12月全国农村工作会议上的讲话说得很清楚："农耕文化是我国农业的宝贵财富，是中华文化的重要组成部分，不仅不能丢，而且要不断发扬光大。"也就是说，农业文化遗产既是"农业的宝贵财富"，也是"中华文化的重要组成部分"。其实早在2005年6月，我国第一个全球重要农业文化遗产——浙江青田稻鱼共生系统获得联合国粮农组织认定的时候，时任浙江省委书记的习近平总书记就专门作了批示。

原农业部的一位领导，曾在《农民日报》发表署名文章指出，中国重要农业文化遗产的发掘与保护，是传承中华文化的重要内容、填补我国遗产保护领域空白的有力举措、推动我国农业可持续发展的基本要求和促进农民就业增收的有效途径。中央和国家相关部门都多次在有关文件中提出，要保持传统乡村风貌，传承农耕文化，加强重要农业文化遗产发掘和保护，扶持建设一批具有历史、地域、民族特点的特色景观旅游村镇。

我们说农业绿色发展、可持续发展，靠的是什么？我认为，既要靠现代科学技术，也要靠传统农业的智慧，只有两者相结合，发展现代生态农业，才是真正具有中国特色的可持续农业发展之路。我曾经在一篇文章中较为系统地阐述过农业文化遗产保护的现实意义，比如说保障生态安全、消除贫困、保护生物多样性、适应气候变化、保护文化多样性、发展现代生态农业、传承农耕文化等。大家如果有兴趣，可以找来看一下。

（三）如何保护农业文化遗产？

农业文化遗产是一个复合的、动态的、活态的农业生产系统，也就是说，是一个包含多种要素的、不断发生变化的、有生产功能的系统。而且农业文化遗产地大多处于经济相对落后、生态比较脆弱的地区，但又是生物多样性和民族文化很丰富的地区。因此，当我们谈如何保护农业文化遗产的时候，一定要把这些东西放在一起进行考虑。很多人常说"光让我们保护，不让我们发展"，我说的是"让你保护就是让你发展，让你发展就是让你保护"。在这里，"保护"和"发展"是同一个问题，但正如前面说的，"保护"不是"保存"，"发展"不是"开发"。我们需要确立农业文化遗产保护的一些思路或者说原则，我认为主要是：保护优先、适度利用，整体保护、协调发展，动态保护、适应管理，活态保护、功能拓展，现地保护、示范推广，多方参与、惠益共享。

我在《农民日报》上曾经发了一篇文章，是关于农业文化遗产地的非物质文化遗产保护的，强调了要注意保护遗产的"栖息地"。大家知道，生物保护有就地保护和迁地保护两种方式，比如说我们的大熊猫放到动物园里来，或者把它的遗传基因取下来，放到那儿冷冻起来，这是一种保护的方法。当然还有拍照片、录像，多少年后还可以看到，那也是一种保护的方法。但这些都不是最佳的方法。

最佳的方法是什么呢？是保护好大熊猫的栖息地，把大熊猫放进去，而且不受人类的影响，这就是国际上自然保护的认识。大家知道，世界自然遗产地、我国的国家公园里也有这样一个叫大熊猫栖息地或大熊猫国家公园的。农业文化遗产地里的非物质文化遗产部分也得采取这样一种方式，我们不仅仅是让老百姓去唱一唱、跳一跳，也不仅仅是去记录、采风，尽管记录和舞台表演也是一种办法。最好的方法是让农民在农业生产活动中把非物质文化遗产保护起来、传承下去。这就叫非物质文化遗产的"栖息地"保护途径，就类似于我们对大熊猫的保护那样。把上面的几个原则简而言之，就是整体保护、活化利用、动态发展。只有这样，农业文化遗产地才有可能有很好的发展，也才有可能实现真正的保护。

过去十多年从事农业文化遗产研究和实践工作，使我有了这样的认识，农业文化遗产保护需要建立"三个关键机制"。第一个就是建立生态与文化保护补偿为核心的"政策激励机制"。我一直在呼吁，农业文化遗产地有重要的生态保护功能、文化传承功能，但是农业文化遗产地并没有得到"自然保护"或"文化保护"那样的政策支持和经济补贴，也希望大家有机会多呼吁。如果我们每个遗产地直接从事农业生产和从事农业文化遗产保护工作的人与事能得到政策和社会上的足够的支持，我相信我们的农业文化遗产会保护得更好，能发展得更好。

第二是建立以有机生产、功能拓展、融合发展为核心的"产业促进机制"。对于农业文化遗产保护，无论哪个专业的专家，无论是哪个部门，都不能忘了一个最核心的问题，那就是农业生产。只有农业生产存在，其他的那些表现形式才可能存在，诸如文化、景观、旅游等的发展，都要依赖农业生产的持续。农业文化遗产地生态环境普遍很好，加上良好的品种、良好的技术，当然能生产优质的农产品，而且还有历史文化，我把它称为"有文化内涵的生态农产品"。我曾经写过一篇文章发表在《农产品市场周刊》，题目是"农遗出良品"，如果大家有兴趣可以看看。

当然，农业生产所产生的效益远远不止直接的农产品，还有很多的副产品，也就是我们通常所说的生态产品和文化产品。农业文化遗产保护不仅要关心直接的农产品的生产，还要注意产业链的延伸和农业功能的拓展，必须发展农产品加工、食品加工、生物资源产业、休闲农业、康养产业、研学产业等。最近浙江湖州在桑基鱼塘核心保护区办了个研学院，不仅吸引了当地的中小学生，甚至还有北京的中学生到那儿去研学，效果非常不错。不仅如此，湖州还开了一家全球重要农业文化遗产主题酒店，里面有 15 个包间，每个包间都以我国的一个全球重要农业文化遗产地命名，里面有这个遗产地的文字和图片介绍，有以这个遗产地的食材为基础开发的食物。希望大家有机会去看看，也希望在你们那里也探索一些可推广的模式。

第三就是要建立由政府、科技、企业、农民、社会构成的"五位一体"的"多方参与机制"。每个国家的情况不同，农业文化遗产保护的管理机制也有不同。我认为，我们国家的体制和经济发展水平决定了我们要探索符合我国国情的方法。政府的主导作用至关重要，多学科的科研支撑很关键，还需要企业的带动、农民的主动参与、全社会的广泛关注。

（四）农业文化遗产保护几个认识上的误区

我们的农业文化遗产保护工作，在大家的共同努力下，已经取得了很好的成绩，不仅通过经济发展、生态保护、文化传承为脱贫攻坚和乡村振兴做出了贡献，也为国际社会贡献了农业文化遗产保护的"中国经验"。但毕竟这项事业开展时间不长，还存在不少问题。我认为，很多人还存在着这样三个方面的误区。

第一，人们往往把农业文化遗产的保护和现代农业的发展对立起来。前面说过，不少人都曾经跟我说，我们要发展的是现代农业，现在谈保护农业文化遗产有些不合时宜。我认为，"传统"是一个过去的概念，大量的事实证明，历经数千年的传统农业并非"一无是处"；"现代"是一个动态的概念，以化石能源消耗为主要特征的现代农业并非"十全十美"。"传统"并不意味着"落后"，农业文化遗产是传统农业的精华所在，将其与现代农业技术相结合，则是现代生态农业发展的方向。对于农业文化遗产而言，内涵的保护远大于形式的保护。

第二，人们往往将农业文化遗产保护与提高农民生活水平对立起来。我们经常会看到这样的一种现象，一些生活在城市里的人，到了乡村以后就是想看所谓的"原生态"。在他们看来，什么叫乡村的"原生态"呢？就是农民打着赤脚，披着蓑衣，住在低矮的草屋里，不能用手机，不能看电视，不能开汽车。我是不同意这样的认识的，作为图片、音像甚至舞台表演可以，但不希望我们的农村依然保持着这样的所谓"原生态"风貌。农业文化遗产保护的根本目的是促使传统农业系统在新的条件下的自我维持和自我发展，并在这种发展过程中为遗产地居民提供多样化的产品和服务，以此为基础促进人们生活水平和生活质量的不断提高。贵州省从江县有 2011 年授牌的全球重要农业文化遗产，也是国家级贫困县，至今仍然没有脱贫。2007 年我第一次去的时候，当地老百姓确实有不穿鞋的，那不是习惯而是因为贫穷。有一天在一户农民家里吃饭，有一个老太太跟我说，请你跟领导说说给我们一点补贴。我说补贴什么，她说补贴买鞋的钱。为什么呢？因为原来的时候没有修水泥路，不穿鞋可以，现在修了水泥路，不穿鞋就不行了。我们很多农业文化遗产地确是处于经济贫困地区，也可能正是因为发展缓慢才保留了一些我们称为"遗产"的东西。但保护农业文化遗产不是要保护贫穷，更不是要保护落后。农业文化遗产地的保护，要根据自身的资源禀赋和市场的需求进行发展，发展合适的产业，可以使用现代技术。我们就看到了很多遗产地通过电商等方式带动了农产品的销售和旅游品牌的打造，只有这样农业文化遗产才可能更好地求得保护和发展。

第三，人们往往将农业文化遗产保护与农业文化遗产地发展对立起来。前面说过，"保护"不是"保存"，"发展"不是"开发"。保护是为了更好地发展，发展是积极的保护。农业文化遗产强调的是"动态保护"与"适应性管理"，既反对缺乏规划与控制的"破坏性开发"，也反对僵化不变的"冷冻式保存"。在社会经济快速发展的今天，遗产地因为相对落后有迫切发展的诉求是非常正常的，关键是寻找保护与发展的"平衡点"，以及探索后发条件下的可持续发展道路。我们应当时刻牢记，对于农业文化遗产保护来说，关键是让农民愿意经营农业并通过多种经营活动而有更快的发展，让传统农业得以传承，并通过传承来促进现代生态农业的发展。

农业文化遗产保护中还需要确认核心区域与关键要素。比如前面提到的青田稻鱼共生系统，这里的水稻品种有很多、鱼的品种有很多、稻田养鱼技术有许多，还有传统村落、民俗活动，到底哪一个是关键要素？我记得2006年我们在开会的时候，当时一位领导就说，要保护传统水稻品种，那么是指的现在的品种，还是20年前的品种，或是更早时候的品种？如此等等，我们要好好进行研究。

（五）农业文化遗产地的旅游发展问题

农业文化遗产地产业发展中有一个很难说清楚但又不能回避的问题是旅游发展问题，最容易带来效益但也最容易出现问题。农业文化遗产地旅游的发展，对于拓展农业功能、实现产品的潜在价值、缓解农民的就业压力、丰富居民的休闲空间、释放遗产保护红利都有好处，但是如果做得不好的话，这些就都不能实现。这里面一个重要的问题，我个人认为就是要坚持几个原则，就是保护优先、适度利用，规划先行、有序发展，农耕为本、农旅融合，政府主导、强化监管，农民主体、多方参与。一些旅游公司进来了，但是农民没有收益上的提升，这个问题解决不好不行。农业文化遗产保护要解决好与农民结合的问题，要通过旅游的发展来促进农业发展，通过创新机制来破解农民参与难的问题。

我认为农业文化遗产的旅游发展绝对不是一般的观光旅游，而应该发展高端、多种类型的旅游产品。现在一般的大众旅游，游客跟着大巴转一圈下来拍个照，上车睡觉，那样的旅游产业除了门票能挣多少钱？农业文化遗产地的旅游要能让人住下来，待十天半个月，这样才会真正有效益。

怎么去做确实很重要。记得陪同粮农组织的官员去一个农业文化遗产地的时候，他就对当地的一些做法提出了批评。比如，大规模修建与当地环境和文化不相匹配的楼房，建设一些诸如荷兰风车那样的与当地文化没有任何关系的景观，从外地购入大量农产品和文化产品而不是发掘当地的特色农业与文化产品，等等。我还记得江西的一位县领导跟我说过一句话，没文化的地方才去编造文化，农业文化遗产地应当是发掘文化、保护文化、传承文化。农业文化遗产地是有文化的地方，我们还要那样去做吗？这是谁干的事呢？要么是地方领导不懂，要么是专家不懂，或者是被政府领导所强迫。所以每个地方应该最大限度地发掘自身的文化，第一不能改变传统生态景观，第二不能改变传统农耕方式，还不能改变传统村落以及民俗习惯。在这几个不能改变的前提之下，我们再去谈旅游发展。

关于农业文化遗产旅游发展，我认为需要处理好六个关系。

第一是农业与旅游的关系。以谁为主？应当是以农业为主，只有强化农业生产，你才有可能衍生出来文化，才能有景观，才能有旅游。所以我不太愿意用"旅游＋农业"的提法，我更喜欢说"农业＋旅游"。"农业＋旅游"，农民也可以参与接待服务，农业可以创造景观、文化。前者是农业功能拓展的体现，旅游是为促进农业可持续发展服务的；后者是丰富旅游产品的要求，农业是为发展旅游服务的。农业文化遗产地的旅游应当是前者，在一些地方做的农业嘉年华等则是后者，但它们与农业文化遗产地的旅游不是一回事。因此，大家一定要记住，农业文化遗产地的诸多功能中，最核心的依然是生产功能，尽管可能不一定是经济的最大贡献者，就像我们说"农业是国民经济的基础"一样。

第二是企业和社区的关系。企业非常重要，但谁是主体？农民应当是主体，只有把农民融入企业里面去，才能有很好的发展。企业通常有先进的管理方式，但也有自身的弱点。多数企业不重视长期投入而只关注短期效益，重视规范化的景区管理而忽视农业的产业发展、农村的社区营造、农民的特殊需求。因此，不能像管理一家旅行社或一个景区那样来管理一个农业文化遗产地。

第三是居民与游客的关系问题。谁尊重谁？农业文化遗产发展旅游面临的一个突出问题就是本地文化保护与外来文化冲击。当地居民有时为了迎合外来游客的需要，刻意做出不符合遗产保护基本要求的改变，比如把人生重大事件的婚事庆典作为一般民俗纳入旅游节目，随意篡改地方民俗进行"编故事"。还有的游客以"强者"心理，不愿意看到农村居民生活质量的提高而追求所谓的"原生态"。我希望每个游客到农业文化遗产地旅游时，都要去了解当地的文化，尊重当地的习俗，不要去干扰当地人的正常生活。

第四是不同从业者之间的关系。随着旅游业的发展，当地农民会出现分化。一些农民从事旅游接待，一些农民继续从事农业生产，他们之间会有收入差距，在被社会的认可等方面也会产生差距。要想办法让经营农业的农民和经营旅游业的农民之间建立某种联系，建立一种"共同体"，利益共享。应当优先雇用本村的人，应当优先使用本村的食材。

第五是景区内外的关系。农业文化遗产地本身就是个"大景区"，不适宜用狭隘的景点景区化来发展。季节集中、地点集中，将可能造成对局部地区的破坏。要处理好景区里的农民和非景区里的农民的关系。在农业文化遗产地，比如哈尼梯田地区，游客来到"景点"，实际上看的不是这个地点农户所拥有的景观，而是远处的别的农民创造的景观。如果大家都不经营农业而是经营旅游，就谈不上遗产的保护，也就没有旅游景观了。

第六是淡季与旺季的关系。"处处都是旅游资源，时时都是黄金季节，人人参与旅游发展"的全域旅游发展理念，为农业文化遗产旅游提供了新的发展思路，将有助于农业文化遗产的保护。不要简单地说哪个季节最好，农业文化遗产地的每个季节都好。不要简单地说哪个地方最好，农业文化遗产地的每个地方各有特色。福建尤溪联合梯田打造的一个概念是"我家在景区"，就是这样一个理念。坚持"保护优先、适度利用、多方参与、惠益共享"原则，农业文化遗产必将成为优秀的全域旅游发展示范区。

四、农业文化遗产保护的一些成功经验

在过去的十多年时间里，在有关政府部门和科研机构的支持下，我们的农业文化遗产地进行了很好的保护实践。

在青田，利用方山中学办了一些教育培训基地，开展了一些"鱼灯舞"的传习活动。让孩子们从小就了解稻鱼共生的智慧，并参与其中，很好地增加了他们的文化自信。这在青田显得特别有意义，因为那里的华侨很多，很多孩子稍大一些后都跟随父母到国外生活。当年我们在执行项目期间，还做了一些挂历发到农民家里，也产生了很好的影响。

将农业文化遗产的标识打到农产品包装上去，让它成为一个品牌，也是一种很好的探索。比如说哈尼梯田地区，就制定了标识使用办法，通过专家评审，分两批授予一批信誉好的企

业、合作社使用农业文化遗产标识。

借助专家的力量，做好农业文化遗产的科学保护很重要。福州市农业局与农林大学、师范大学联合建立了研究中心，内蒙古的敖汉、浙江的青田、江苏的兴化等地相继建立了一些院士专家工作站。

我一直呼吁，在遗产地建立农业文化遗产主题酒店（餐厅），在一些地方得到了很好的响应，目前在贵州从江、浙江湖州和青田、内蒙古敖汉等地都有，效果非常好。

要发现农村的带头人，"农民教育农民"是一个很好的办法。云南红河有一个我非常欣赏的青年，他叫郭武六，他干得非常好。他利用梯田的水养鸭子，鸭子下蛋，利用电商对外宣传，产生了很好的影响，而且重要的是他建立了合作社带动了一批贫困户。类似的例子在青田、从江、敖汉等地都有，参加这次培训的有不少来自农村，你们回去后也会做得很好。

政府也应当利用各种机会宣传农业文化遗产地的生态优势、文化优势和农产品优势，通过展销会、农产品交流会等进行宣传，要把农产品牌子打出去。江苏兴化曾经在中央电视台农业频道演播大厅举办了"农业文化遗产地农产品分享会"，效果很好。一句话，我们也要勇敢地把农业文化遗产的牌子打出去。

开展中外合作也很重要。江苏兴化和墨西哥的墨西哥城、福州和法国勃艮第大区就建立了友好合作关系，还有贵州与日本、韩国的一些地方，现在我们也在推动敖汉和日本等地的合作。大家有兴趣的话，都可以和国外的一些地方建立一些合作。

培训很重要，这次的活动主要针对遗产地青年人，我认为还需要进行培训的是地方的管理人员，甚至是有关领导。我很高兴有机会去了很多地方，在他们的"中心组学习会"上介绍农业文化遗产保护的有关问题和经验，效果还是不错的。

国外有很好的例子。例如日本的佐渡岛，这是日本朱鹮最后消失的地方，后来在中国政府的支持之下，使朱鹮种群得以恢复。2011年，"佐渡岛稻田—朱鹮系统"被认定为全球重要农业文化遗产。当地非常重视这一荣誉。一是政府高度重视，当地的县知事亲自参加了申报陈述工作，而且对当地老百姓实施补贴，根据农田的生物多样性来确定补贴标准。这就让农民直接参与了保护、参与了利益分享。同时他们还重视产品的开发，比如"朱鹮米"品牌的开发，建立了"与朱鹮共生的家乡"这样一个品牌，其销售价格比一般的米要高一倍。同时，充分挖掘传统农耕文化的价值，把山水景观与民俗歌舞结合起来进行打造。再者是注重保护和实践。

二是吸引城市的年轻人参与保护工作。比如让城市的居民去那里认养，凡是认领田地的，田地的收获都给他。同时，还在农忙季节组织一些志愿者活动，让城市的年轻人到这儿参与劳动。我曾经跟当地人开玩笑说，把田给城里人进行认养，然后再让他们到你的田里面去劳动，他既给你钱，又帮你劳动，最后你得到的就是双倍的钱了。

三是重视宣传。日本认定了一个全球重要农业文化遗产以后，旅游部门就把这个遗产地推荐为旅游目的地，这一点非常值得我们学习。记得我在东京大学开会时，到一个餐厅里面吃饭，偶然发现他们那里的墙上贴着朱鹮世界农业遗产的宣传画，还弄了两个和这个密切相关的菜。所以我就想，为什么我们不开发一些遗产地的农产品呢？游客去旅游，肯定要吃饭。吃饭吃什么呢？肯定应当是当地的农产品。如果给这些农产品标上标识，就是一个很大的特色。日本还有一个方面比我们做得好的是，11 个全球重要农业文化遗产地中有 9 个都有自己的标志。因为联合国粮农组织不准使用它的标识作为商业用途，那要进行商业活动怎么办？可以采取这样的办法，就是进行独立的遗产地标识设计，把"全球重要农业文化遗产"或"GIAHS"字样嵌进去。日本的岐阜是全球重要农业文化遗产地，通过面向中学生的征集活动，既征集到了满意的作品，又达到了宣传的目的。这样还有一个好处是，每个遗产地都有一个公共品牌。

当然农业文化遗产地保护与发展过程中也有失败的案例。菲律宾依富高梯田 1995 年被列为世界文化遗产，成为当时亚洲地区唯一的农业类型的文化景观，但 2001 年的时候被列为世界濒危遗产，就是因为保护和发展中出了问题。一是现代化的建设改善了居住条件，但是破坏了生态环境和景观。二是引入了新的水稻品种，产量提高了，但带来一系列的问题，比如不利于收割与保护，不符合当地的饮食习惯，容易被鸟吃掉。这也说明，传统的东西多是长期适应当地环境的结果，在传统的基础上进行适当提升是可以的，但彻底的、根本性的改变可能会造成不良影响。三是外来生物的入侵，当地人引入蚯蚓来改善土壤的肥力，然而蚯蚓由于没有天敌，数量快速增加，最后造成了梯田的垮塌。这给我们一个启示，农业文化遗产往往是那些生态脆弱的地方，经过千百年来形成了一个相对稳定的生态系统结构。一旦有某一个因素上的明显改变，就可能发生整体性的变化。四是盲目和过度的旅游开发，也造成了一定程度上的破坏，农民弃农从商。说句实在话，种地的收入肯定不如旅游，开餐馆的收入肯定比种地高。但是如果大家都去开餐馆的话，餐馆所需要的食材怎么办？

我一直认为，内蒙古敖汉旗是一个比较好的案例。敖汉旗历史文化丰厚，有非常悠久的农耕历史。在那个地方的农田里面经常能够发现一些非常古老的石块，但如果从旅游的角度来看，我们很难想象几千年以前文化是什么样的，是不好想的，也是无趣的，除非你是这方面的专家。

2002年，敖汉旗被联合国环境署授予"全球环境500佳"，2012年被联合国粮农组织列为"全球重要农业文化遗产"。在这之后，当地做了一些很好的工作，采取了一些有效的措施。列为世界农业文化遗产之后不久，就建立了敖汉旗农业文化遗产保护与开发管理局，虽然级别不高，但确实是一个专门的机构。四年之后更名为农业文化遗产保护中心，是副科级的单位。设置了专门的机构还有专门的人去做遗产保护这件事情，这点非常值得我们学习。中心的负责同志叫徐峰，这么多年来一直就从事这件事，很辛苦，但很有成效。我经常在一些地方呼吁，农业文化遗产保护是一项技术性的管理工作，从事农业文化遗产保护的人员不要老是变换，不然的话，他们就会一直处于学习状态。

敖汉非常重视宣传和品牌的打造。敖汉旗在2011年刚开始进行全球重要农业文化遗产申报工作的时候，我记得到那里去考察住在敖汉旗招待所，也就是当时的"敖汉旗国宾馆"，发现旁边竖着一个大牌子，上写着"全球重要农业文化遗产主要候选地敖汉旗欢迎你"。当时的领导告诉我，他们就是要让每一个到敖汉旗来的人都知道，他们正在做的一件事儿，就是申报世界农业文化遗产。说实话，我到很多农业文化遗产地去过，往往走了半天看不见一个农业文化遗产标识，没有充分发挥好原农业部、粮农组织授予的牌子，很可惜，也很让人遗憾。

敖汉小米的包装上，除了标志性的广告语"敖汉小米，香了一个村庄，甜了整个世界"外，还印有农业文化遗产的标识。不要小看这个标识，这很重要。他们还在有关部门的支持下，利用敖汉旗属于国家级贫困县的条件，在中央电视台做了一个有关敖汉小米的公益广告片。他们还组织拍摄了一部微电影，叫"谷乡之恋"，产生了非常好的影响，还获得了国家新闻出版署的表彰。还有一些非常有意思的事，就是他们把当地的小米品牌做到了极致。旗长亲自作推介，不仅告诉大家，我的这个小米怎么好，而且告诉大家怎么吃，怎么熬这个小米。他们已经连续举办了几届"世界小米起源与发展大会"，邀请国内外专家进行学术交流，为地方发展出谋划策。我主编了一套"中国重要农业文化遗产的系列读本"，其中一本是《内蒙古敖汉旱作农业系统》，3000 册全部用完了，又重印了 1000 册，真正作为干部和群众的读本，又是很好的对外宣传的材料。最近他们还委托我们团队编写了针对小朋友的绘本图书，效果也很好。

对于农业文化遗产保护，我们还需要培养一批人才，充分利用"外脑"。人才中最重要的是农村的带头人，他们能够在乡村办起各种类型的合作社，能够真正起到带头的作用。他们成立了院士专家工作站，邀请了中国科学院地理科学与资源研究所、中国社会科学院考古研究所、中国农业大学、中国农业科学院等单位的专家开展研究，不仅是农业文化遗产，还包括作物品种、农作技术之类的研究工作。在敖汉旗还有一批特殊的"新农人"，也就是返乡创业大学生，他们很有思想，有创意。有一位叫刘海庆的小伙子，不仅组织合作社，还利用自己的优势组织电商、宣传。他组织了几个很好的活动，比如故事分享会、小米音乐会等。为了表示对他的支持，我撰文"品味敖汉小米"，后来发表在《农民日报》上。所以说，对于农业文化遗产保护，人才不一定是说他是博士、他是教授就是人才，还有一些人才，就是像敖汉旗的这些青年一样的，能够在农村里面扎下根来，真正对农业文化遗产有了解、有感情。他们是真正"有情怀的人才"。

敖汉旗还有一个让我非常感动的事情，就是在我完全不知情的情况之下，给我发了一个证书，说因为我为小米产业做出了贡献，获得"杰出个人奖"。这是我参加工作三十多年时间里获得的发奖单位级别最低的，但是我非常珍视这样一个荣誉，因为这个荣誉让我感到为敖汉旗做的一点儿事得到了当地人民的肯定。敖汉旗的这种做法，是很能够激发我们这些专家去那里发挥自己的能力，为当地的发展做更多贡献、办更多实事的。

之所以保护工作做得好，关键还是在领导。记得我每次去的时候，不仅旗委、政府的领导，还有人大、政协的领导，都会参加座谈会、研讨会。他们的书记和旗长都为敖汉小米的宣传站过台。我在想，如果我们每个遗产地的书记、县长都主动为我们农业文化遗产地站台的话，那么我们农业文化遗产地的发展情况就不一样了。说到底，要实现农业文化遗产的良好保护与开发，领导的重视是关键。

如今，敖汉小米的品牌逐渐打出来了，价格有了明显的提升。《农民日报》曾经登过一篇文章，叫作"敖汉小米价格翻了一番"，就是说通过农业文化遗产的品牌打造，为小米产业带来实实在在的影响。不仅小米，还带动了小米的深加工以及文化和旅游的发展。

五、结语

前面介绍了农业文化遗产的概念、特点以及保护和发展历程，也介绍了我关于农业文化遗产保护方面的一些思考以及一些地方的成功经验，希望对大家有用。需要强调的一点是，在保护、开发农业文化遗产的资源时，我们一定要注意保障农民的利益。我一直在强调一个问题，农民是农业文化遗产的创造者、拥有者，也应当是农业文化遗产保护的参与者、受益者。农民的主体地位不能动摇，只有这样，才有可能把农业文化遗产保护这件事做好。

我希望，通过我们的努力，通过对农业文化遗产的发掘、保护、利用、传承、创新、发展和推广，逐步使得我们的农民、农业部门工作人员和农业科技研究人员，从自卑到自觉、自信、自愿、自尊、自豪、自强。说实话，现在愿意去读农学的大学生是不多的，毕业之后愿意从事农业的人也是不多的，社会上现在也有很多人是瞧不起农业、农村、农民的。我希望，通过农业文化遗产的价值发掘、合理利用，让遗产地的农民有更好的发展，农业文化遗产保护好了，乡村振兴也就真正实现了。

最后，我想引用法国昆虫学家法布尔的几句话作为结尾：历史赞美把人们引向死亡的战场，却不屑于讲述使人们赖以生存的农田；历史清楚知道皇帝私生子的名字，却不能告诉我们小麦是从哪儿来的。这，就是人类的愚昧之处！大家不要沉湎于那些宫廷剧和战争片，走向农田，走进农村，去看看我们灿烂的农耕文化。还有一句话也很有意义：越是民族的，就越是世界的，就越有保护的价值；越是传统的，就越是现代的，就越有保护的必要。希望大家回过头来，反思过去，我相信，大家一定会发现农业文化遗产的真谛和价值。

☀ 太行梯田（温双和 摄）

农业文化遗产：内涵变迁与体系建构

王思明

南京农业大学人文社会科学院教授，中华农业文明研究院院长，中国农业历史学会副理事长、江苏省农史研究会会长，农业农村部全球重要农业文化遗产专家委员会委员。

谈到农业文化遗产或农业遗产保护，社会上普遍存在两种错误认知。

一种错误认识是，农业遗产都是一些老旧过时的东西，我们现在要面向未来，发展现代农业，应该丢弃这些老旧的的东西。这种观点将历史与现在、传统与现代对立起来，非此即彼，认为传统代表着落后、过时，现代代表着先进和方向，这实际上是将人类对事物认知的过程简单地割裂和孤立起来。任何事物的发展都有前因后果，都有错综复杂的联系。欧洲殖民者到达美洲后，屠杀驱赶了数千万印第安人，但是他们并没有消灭印第安农业，今天美国农业产值中差不多有 50% 是源自印第安人的发明。美国现在是世界最大的大豆生产国，但大豆起源于中国，18 世纪才传入美国。可见，传统与现代并非是那种非此即彼的对立关系，而是一种传承与发展的关系。

另一种观点是农业遗产即便有用，也仅仅是作为一种历史文化现象，让人们发思古之幽情，作为一种旅游资源，供人们怀旧、观赏，没有多少现代价值。事实上，远非如此。人们常说中国有五千年文明史，实际上中国农耕文化远远不止五千年，因为江西万年、浙江上山、湖南道县发现了距今一万年到一万两千年的水稻遗存，证明一万年前后，中国农民就在长江、珠江和黄河流域开始了农耕活动，这些地区直到今天仍然是中国农业生产力最高的地区，这些肥沃的农田和农业品种资源，我们都继承了下来，并在今天的农业生产中发挥着不可替代的作用。

两千多年前李冰父子带领农民在四川修建了都江堰，使得成都平原成为"天府之国"。直到今天，它仍然在发挥着灌溉农田的功能。可见，传统的东西未必是落后的东西，传统和现代只是一个时间序列，并非对与错、先进与落后的概念。老子、孔子等诸子百家生活在两千多年前，但我们今天仍然可以不断地从他们的著述中学习和体悟到许多新的东西。文化自信和文化自觉必须以文化积累、文化传承为基础。我们对传统的农业、对传统农业文化遗产也应该抱有这样的态度，将传统农业中优秀的东西传承下去并发扬光大，使之成为今天农业发展和技术创新的依据和重要资源。

一、农业文化遗产的价值和意义

那么，农业文化遗产在今天的农业和农村发展中有什么价值和意义呢？我想它应该包括以下几个方面。

（一）安全食品之源

无论种植水稻，还是种植蔬菜，水污染了，土壤污染了，生产出来的蔬菜、粮食肯定是受污染的。优良的食物一定来自于优良的水土环境，安全的食品一定基于过程的安全。近百十年，因为一味仿效西方工业农业的生产模式，出现了很多的问题，为什么父母担心小孩的健康，都要去澳大利亚、新西兰、香港购买奶粉，不买国内的？主要是对食品的安全缺乏信心。传统农业供养中国人几千年之所以没有出现问题，是因为我们的传统生产方式是天、地、人有机循环的生产方式。这方面，我们有哪些有助于食品安全的文化遗产呢？

（1）肥沃广阔、历久弥新的田园牧场。

（2）千百年来建设和留存下来的基础设施，如被誉为"地下万里长城"的新疆的坎儿井。因为新疆干旱缺雨，日照时间比较长，温差比较大，水分很容易蒸发。为了减少水分蒸发流失，新疆农民建设了一个庞大的地下井渠系统。

（3）丰富的农业生产技术，充分利用空间和土地资源，如作物轮作复种、间作套种，保证了土地很高的生产率。

（二）农业创新的基础

创新需要资源。用什么创新呢？一定要有一些原来的品种资源作为基础。清朝的综合性农书《授时通考》记载，水稻品种有 3429 个，小米的品种有 500 多个，今天中国地理标志产品 9800 多种，其中经原农业部认证的农业方面地理标志产品就有 2700 多个。这些都是我们今天农业发展和农业创新的重要资源。也正是因为这些资源非常重要，国家专门建立了种质资源库。在中国农业科学院，收藏的农作物的种子有 40 多万份，包括一些稀有的、地方的品种，有效利用 5 万余份，曾经获得国家科技进步一等奖。

（三）生态涵养之地

农业不仅仅是农民、农村的事情，它关乎每一个人。从用地来看，农业用地差不多占到总用地的 70%，城镇工业用地只占 3%；从用水来看，农业用水差不多占到 70%，工业用水、生活用水仅占 10% 或者 20%。可见，农业、农村环境的好坏直接影响到生态环境的质量。

最近几十年，因为现代工业农业发展，我们的土壤和环境污染情况越来越严重，有数据统计，现代农业面源污染已经超过了工业污染，总氮和总磷排放量分别占 57% 和 64%，土壤重金属污染接近 20%。美国在 19 世纪后半期有一个农业开发的西进运动，广泛地在中西部种植玉米、棉花，在这个过程中，因为一味向土地索取，出现了很严重的土壤退化现象，到了 20 世纪初期形成灾害严重的"尘暴"（dustbowl）现象。当时美国国家土壤局局长弗兰克林·金（Franklin King）感到很奇怪，中国的传统农业、中国的土地连续耕种了几千年，为什么中国的土地没有出现土壤退化的现象？他带着考察团来中国山东和江苏考察中国的农业，回去以后写了一本书《四千年农夫》（*Farmers of Forty Centuries*），总结了中国农业八种传统经营方法，号召美国农民向中国农民学习。

中国传统农业是一个天人合一、用养结合的农业系统。两千多年前《吕氏春秋》里面讲过，农业"生之者地，养之者天，为之者人"，天、地、人和农业生物形成一个互动的过程，"用地"与"养地"结合，才会"地力常新"。中国传统农业生产方式是一种环境亲和的生产方式。也正因为如此，世界可持续发展的先驱罗代尔（Rodale）认为中国传统农业可以为世界农业的可持续发展提供理论源泉。

（四）和谐共生之所

现代化发展过程中，我们曾经一味地强调"高、大、上"，认为"烟囱林立"就是工业化进程、城市化进展的象征。我们已经制造了"千城一面"的格局，是否在乡村振兴中也继续走"千村一面"的道路？浙江有一个古村落三江村，因为发展乡镇企业、走工业化道路，污染非常严重，周边水生生物都无法生存，这个村也被称为"癌症村"，一个村有40多个村民得癌症去世，因为这里的水、土壤、空气多方面都受到严重污染，最后使得村民整体搬迁。我们传统村落是讲究青山绿水、错落有致、和谐共生的。有许多好的理念和文化值得传承和发展。

（五）文化传承之乡

我们经常讲，要留住青山绿水，不忘记乡愁。乡愁是什么？就是我们的一个文化记忆，你忘不了小时候的味道，忘不了妈妈的味道，这个记忆深入骨髓，进入你的潜意识里面，这个记忆也是我们的一种文化共识和凝聚力。杨丽萍"云南印象"表演团到世界各地巡回演出，引起了巨大的反响和共鸣，演出团完全是由当地的农民组成，没有专业演员，也正是因为乡民生于斯、长于斯，对这块土地、对这种民族风情、对它的民族文化有深刻的感悟，所以他们举手投足之间很好地诠释了这种民族文化，所以这种民族的才会成为世界的，才更有魅力。

二、什么是农业文化遗产

保护农业遗产，首先要清楚什么是农业文化遗产，哪些可以称之为农业文化遗产。

中国农业遗产事业开创者、金陵大学万国鼎先生（1956）认为，农业遗产不仅包括古农书和其他书籍上的农业资料，农业考古发现，也包括世代流传在农民实践中的经验。也就是说，农业遗产既包括农业文献、农业文物，也包括农民的实践经验；既包括农业物质文化遗产，还包括农业非物质文化遗产。

北京农业大学王毓瑚教授认为，农业文化遗产，包括农业生产理论技术上的成就，也包括了一些具有现实价值的思想和工作方法。王先生也是一个农业经济学家，学贯中西，对农业文化遗产的当代价值非常关注，希望农史研究能够把历史和现实贯通起来，服务于当代农业和农村发展。

华南农业大学梁家勉教授把农业文化遗产分为三大类，第一类是文献，包括有关农业的民谣；第二类是实物，包括各种动物、作物的种子资源，也包括相关的文物；第三类是传统操作，就是我们讲的非物质文化遗产。

西北农业大学石声汉先生认为，农业文化遗产既包括理论知识、实践经验，即静态的遗产，也包括活态的遗产，具体可细分为自然、驯养动物、栽培植物、农业工具、土地利用五个子类。

中国农业出版社编辑吕平先生长期从事农业出版方面的工

作，对民间谚语尤为关注，曾组织过农谚、民谚的收集工作，编撰了三册《中国农谚》。相对于关注文化遗存为对象的考古学，他认为现在活态的农业经验也应受到重视，倡导建立农业考现学。

近代以来，随着工业化和城市化的长足发展，很多农业文化遗产面临消失的危险，国际社会开始关注这一问题。2002年联合国粮农组织（FAO）启动了一个全球重要农业文化遗产（Globally Important Agricultural Heritage Systems）保护计划，希望通过遴选一些重要农业文化遗产作为试点，把相关的保护经验向全球推广。要遴选项目，就要有一个标准，于是制定了一个关于GIAHS的定义（GIAHS are outstanding landscapes of aesthetic beauty that combine agricultural biodiversity, resilient ecosystems and a valuable cultural heritage. Located in specific sites around the world, they sustainably provide multiple goods and services, food and livelihood security for millions of small-scale farmers.）。可以看出，FAO的概念侧重农业生产系统，这与其定位和职责是吻合的，保证食物安全，保护生物多样性，确保生态可持续发展。根据这一标准，中国浙江青田稻鱼共生系统、云南红河哈尼梯田及内蒙古敖汉旱作农业系统先后被选列全球重要农业文化遗产，总计15个，约占全球总数的三分之一。

然而，FAO关于农业文化遗产是一个项目遴选的概念，侧重其生产性、活态性和生态功能，不能包含其他类型的农业遗产。例如农业遗址、遗迹，农业历史档案与文献，农产品加工技艺，与农业有关的民风民俗，与农业有关的民间艺术，等等。像河姆渡、良渚这样一些文化遗址，本质上来说是农业遗址，反映农业起源、农业发展的重大突破和成就，不能因为它们现在已没有生产功能就将其排除在农业文化遗产之列。

由此可见，遗产是一个相当宽泛的概念并且随着人们认知的深入在不断变化更新。1972 年公布的世界文化和自然遗产公约，将遗产划分为自然遗产和文化遗产两大类，以及自然与文化复合遗产。后来发现在有形遗产之外，还有很多经验和技艺，虽然没有以实物的形式存在，也是人类宝贵的精神财富，因此 2003 年又启动了非物质文化遗产保护计划。

虽然农业文化遗产是近些年才出现的文化遗产类型，作为传统文明的根基，它们实际早已被纳入了世界文化遗产体系。例如都江堰原本就是一个农业灌溉工程，云南红河哈尼梯田是一个以稻作为中心的农业生产系统，而福建土楼、皖南宏村则是传统民居和传统村落，它们都入列了世界文化遗产。

要清晰界定"农业文化遗产"，首先要界定"遗产"和"农业"。所谓"遗产"是前人传承下来的有价值的东西，包括历史价值、经济价值、科学价值和人文价值，等等。什么是"农业"？农业是人类通过栽培植物、驯养动物以满足人类多方面需求的一种经济活动。狭义的农业指种植业，广义的农业则包括农、林、牧、渔、副。按目前中国的学科分类体系，农学门类下分九个一级学科，包括了农业、林业、牧业、渔业、草、农业工程等多个方面。从历史和现实情况来看，中国农业也一直是一个大农业的概念。所谓"五谷丰登、六畜兴旺""农桑并举""农牧结合""耕织结合"，都是大农业的具体表现。

由此可见，农业文化遗产是历史时期人类农事活动中发明创造、积累传承，具有历史、科学和人文价值的物质、非物质以及物质与非物质文化融合的综合体系，涵盖种植业、畜牧业、林业、渔业，既包括农业生产的过程，也包括农产品加工，农业生产的条件、环境，还有农业活动的制度和文化。

这是一个五位一体的复合系统：农业活动的主体——农

民；农业活动的对象——植物与动物；农业生产的技术——工具、技艺、农书等；农业环境与条件——农业工程、农业景观；农业制度与民俗——村落、村规民约、民风民俗等。

如果细分起来，农业文化遗产可以划分为以下十个大类：（1）农业种质资源；（2）农业生产技术；（3）农业生产工具；（4）农业水利工程；（5）地方农业特产；（6）传统农业聚落；（7）农业遗迹遗址；（8）农业景观；（9）农业档案文献；（10）农业制度与民俗。

农业文化遗产这种复合与交叉的特点决定了它的发展需要多学科的支撑和协作，包括农学、植物学、动物学、考古学、历史学、民族学、人类学、民俗学、社会学、景观学、旅游学，等等。

三、遗产保护中应注意的几个问题

农业文化遗产的复合性、交叉性、分散性和弱质性决定了它的保护与传承是一个系统工程，需要多方面的共同努力。在传承与保护的过程中，应当注意把握好以下几组关系。

（一）农业遗产保护是个系统工程

保护主体问题。主体主要是农民，农民是遗产地的主人，他是决定农业文化遗产生存和发展的关键。如果这个地方的农民没有了，遗产就不存在了，农民在，遗产才有意义，农民不在，遗产便没有意义，所以调动农民的积极性是非常关键的。但是，怎么调动农民的积极性？你不能像博物馆、标本馆一样保护遗产，完全靠投入，没有任何产出，如果农民没有任何利益，那么保护将是不可持续的。国家做一个标本馆、博物馆可以，但是对于遗产地这样做肯定是不行的。农民的保护积极性来自于从保护中间获得的利益——他不光有荣誉感、自豪感，精神上的愉悦，而且在经济上可持续，能够维持他的生计，甚至维持他的发展。

保护动力问题。要建立一些农业文化遗产保护项目，有的时候兼顾社会效益、生态效益，就可能不太过于偏重经济效益，这个时候会有一些损失，这个损失，国家应该提供一个生态补偿机制、文化补偿机制，这样才可以使这个系统存续下去，从而有一个经济上的可持续的保护动力。

保护支撑体系问题。农业文化遗产，如果借保护之名，把这个地方拆了，重新修葺一新，那么这个古村落一拆，等于说，这个不可再生资源就再也没有办法恢复了，所以还需要一些农业文化遗产保护法律法规，来确定这个农业文化遗产哪些值得保护、应该怎么保护，而这不仅需要学术界参与调查、研究，也需要企业的、社会的、国家的资金的支持，这是一个综合性的系统工程。只有大家齐心协力，才可以把农业文化遗产保护好。

（二）遗产保护跟农民利益之间的关系

如果农民利益得不到保障，那么农业文化遗产不仅保护不了，而且会失去保护的目的和意义。我们保护农业遗产的意义就是为了给城里人看一看吗？或者把它当一个标本留在那里吗？不是这样的，不仅不是为了单纯留一个历史记忆，而是要通过农业文化遗产保护，使农民在中间能够保护他们的一些文化传统，使他们得到文化上的自信和自豪感，同时在经济上还可以获得持续的支撑。所以，经济可持续是非常重要的。但有些地方为了保护，完全追逐经济利益，推进公司化经营，把这个东西全部包给公司，公司有资金投入，运作效率比较高，但是结果会出现一些问题，比如一个古村落保存很好，旅游的人也很多，这个时候，你却把村民全部搬走、迁出去，把这个古村落作为一个旅游项目来公司化经营。我们不仅要问：这样的村落还有什么意义呢？我们讲村落是农民居住的地方，是他们生活、生产的场所，但是它的村民没有了，那么这个村落也就失去了灵魂。当遗产变成了纯标本，农业文化遗产也就名存实亡了。像河南方顶村，也是公司经营，也可能红火几天，但是这个地方缺乏人气，建筑在传统村落里面，不仅原来的非物质文化没有了，而且也没有了村民、没有了相关的生产生活方式，结果使得原来整个的农业文化荡然无存。浙江的三江村"破旧立新"，为了发展旅游，把六百年的古村落拆掉了，在一个新的地方建了仿古城，完全背离了农业文化遗产保护的宗旨。

美国 CNN（美国有线电视新闻网）评出"中国最美 40 景"，名列第一名的是有着将近一千年历史的皖南宏村，这个宏村用八卦的理念来建筑村落，依山傍水，里面留存了很丰富的文化资源，后来被评为世界文化遗产以后，拥有很大的利益空间，可以卖门票，大家蜂拥而入，只想收钱但并不想传承和管理，因为没有处理好村民和文化遗产的利益关系，就出现了很多问题。靠公司或政府来经营，政府就收钱，公司也是收钱，虽然也投入了一些资金去做，但是村民非常不满，因为他们在中间没有得到任何好处，村民就会上访，阻拦游客，往墙上涂抹大粪，或者有些民居出现无人维修的情况，因为村民看不到保护农业文化遗产跟他们有什么关系、他们能得到什么利益。所以当后来理顺了当地的村委和村民、国家之间的利益关系，村民就愿意参与保护，现在这里就慢慢进入了比较良性的循环。

江苏太湖第一村——苏州的陆巷村，也是一个古村落，保留明清建筑30多处，全村有1500多户农民，都积极参加古村落保护。我去实地考察过，当地农民的积极性比较高，因为他们都可以从古村落保护中得到分红，村民保持的环境越整洁，保持的民居或者相关的风俗文化越好，他们的收入就越高。所以，把个人的维护和整个村子的发展联系到一起后，这里的古村落环境非常优美，各种东西保存得非常完好，而且村民自己自觉自愿地挖掘当地村子里面的村史和一些乡村文化，然后通过一些手段展示出来，这样，农民就成为遗产地的主人，他们也有这样的积极性，从而达到了共保、共建、共享的目的。

贵州尧上村，这是一个民族村寨，刚开始搞旅游开发的时候，村里面的人们想：没有人才、没有技术、没有资金，是不是外包给别人，搞一个旅游公司开发一下？他们后来发现，村民从中得到的好处微乎其微，还是应该自己搞。于是，村里成立了一个尧上旅游协会自己开发，利用他们那里的优美生态环境，搞了一个"敬雀节"，每年有50万的游客，村民年均收入超过2万元。这是利用文化资源来实现农业文化遗产保护的成功案例。

农业文化遗产保护能不能成功，很重要的是要尊重遗产地农民的选择，让农民参与，而不损害农民的利益。在今天的农业文化遗产保护中，有一个问题，我们有些制度和政策还没有很好地适应农业文化遗产保护的需要，比如有些东西要保护，所有权、使用权、处分权、收益权没有处理好，谁去做呢？如果成片地保护遗产地，土地的使用权、处分权、收益权，这肯定是需要调整的。

（三）生产功能和文化功能的关系

　　真正的农业文化遗产应该强调它的生产功能和文化功能的结合。有人，有传统的生产方式，有传统的文化，这个遗产才算是一个完整的遗产，也才能够有被保护的意义，如果没有了人，那么整个生产方式变了，建筑于其上的文化也就变了，这是一个很大的问题。有的完全为了旅游业发展，搞一些表演，但是当地没有这样的文化，这样的表演也就不伦不类了。

　　我们看到，云南哈尼梯田、广西龙胜梯田，非常壮观。浙江青田稻田养鱼、稻鱼鸭共生系统，是与传统生活方式、生产方式密不可分的，如果用现代工业化的农业生产方式，不断使用化肥农药，鱼在稻田能生存吗？鸭能生存吗？它生存不了。所以必须跟传统有机的生产方式融为一体，农业文化遗产才可能存续，因为这是一个系统。

　　广西有的地方斗牛，这是当地特有的民俗、民风，我们应该保留这些传统的生产和生活方式，而不应该盲目地去效仿西班牙斗牛，要看西班牙斗牛可以坐飞机到西班牙看，还跑到广西看什么呢？所以广西的就是广西的民族的斗牛，而不是西班牙斗牛，因此要保持自己的民族特色和民俗文化。但是现在在发展乡村旅游、振兴乡村旅游的过程中，有一种盲目追求"高、大、上"，盲目追求洋化、西化的现象，比如云南的丽江，哪像一个中国西南民族的乡村、乡镇？根本不像！日本的樱花屋，德国的啤酒屋，这个东西是中国的吗？是当地民族的东西吗？不是。所以发展旅游跟农业文化遗产的保护背道而驰了，把民族的东西糟蹋了，却引进了一些外来的东西，而这个外来的东西不是它的精华，不是它的拳头产品。你要去日本樱花屋、德国啤酒屋，我在北京、上海可以花一百亿打造一个更加富丽堂皇的，比这个好多了，为什么跑到那个地方看呢？去的人应该是想实地体验一下民族风情，所以要注意保护民族特色文化的问题。

我去过云南普洱，也参观过拉祜族的村寨，觉得挺好，虽然旅游业发展得很好，但并没有破坏生产和生活、文化相统一的特征，我看拉祜族村民日常从事的主要工作还是生产，闲暇时有一些从事旅游方面的活动，就是民族歌舞的表演，到那里可以住，还可以吃。吃的时候，有一些民族的歌舞方式劝酒、敬酒，我觉得那个挺好，基本上还是原住民在那里，而且保留了它的文化传统。所以生产、生活和文化是和谐统一而不是相互分离的，这是很重要的。

像插秧舞、播种舞、鱼灯舞、丰收节，就是因为有那种生产生活方式，有农民，有这样一个土壤和价值，才留存下来。如果这些东西都没有了，农民跑光了，也没有生产生活方式，纯粹是歌舞团的表演，那就没有活力，也失去了存在的意义。

（四）保护主体和多方协调的关系

农业文化遗产的多样性和复合性，必然使得保护工作多元化、具有交叉性，所以我们现在的行政体制，不太有利于农业文化遗产的保护。

我们有些农业文化遗产地的保护是注重面子工程，把这个村落保护下来就可以了，具体内涵不管，这也是我们行政上条块分割的一个很大弊端，于是现在传统村落基本是住房和城乡建设部在管，因为住房和城乡建设部管房子，但是房子只是一个物质的存在，房子里面住的是人，这个人是一定的民族文化的人，他的精神内涵，住房和城乡建设部不管，它只管古村、古景、古桥之类物质形态的东西；文化和旅游部管非物质文化、经验、民风民俗，包括民间艺术、歌舞，但是又不管有形的东西——房子、古桥、古景；农业农村部好像管农业、农村，但既不管村落，也不管非遗。水利文化遗产像都江堰属于水利部在管，有些是属于林业局管，所以他们都是条块分割的，基本上各有各的利益，各搞一块，资源严重浪费、重复建设，而且相互之间打架。

农业文化遗产，有些部分涉及林业遗产，有些涉及牧业遗产，有些涉及渔业遗产、水利遗产，分在不同部门，不同部门都有它的利益，单独靠某个部门不行，可能需要一个综合的协调机构，才能把这个从整体上管起来。

条块分割不利于农业文化遗产的保护。也是因为这样，我们在保护过程中，有些古村落建筑与非常西式的现代建筑新旧混杂，原真性丢失。

杭州非常著名的八卦田，按照中国八卦原理建的田，但是因为周边已经城镇化了，八卦田日渐萎缩，传统乡村风光不太容易再现。

世界农业遗产兴化垛田，历史上垛田数量最为庞大、景观最为优美的是垛田镇，但是因为离城区比较近，商品房基本上把这个地方全部包围、占满，没什么垛田，大部分城镇化了，所以文化遗产选择另外一个镇，而不是垛田镇。垛田镇里无垛田。

(五) 理论研究和实践推进的关系

农业文化遗产是一个新兴的事业，有很多东西不太清楚，需要进一步进行探讨实践，这就需要我们建立一些专门的研究机构。

我们也确实建立了一些农业文化遗产保护机构；办了一些博士、硕士学科专业；组建了一些团体，比如中国农业文化遗产协会；组织了一些相关的会议，比如在南京召开的农业文化遗产保护论坛；出版了一些专著，如《中国农业文化遗产名录》《中国农业文化遗产保护研究》；创办了一些刊物，如南京农业大学办的《中国农史》杂志、中国科学院地理所办的《资源科学》杂志、中国农业大学主办的《中国农业大学学报》《古今农业》杂志和《农业考古》杂志，这些都是农业文化遗产方面的论文发得比较多的刊物，同时，遗产点还有一些经验介绍在这些刊物上发表、宣传。

（六）现实保护和记忆留存的关系

有的人说农业文化遗产工作很重要，以前的生产生活方式完全不要变，农业文化遗产越多越好，这个观念既不太确切，而且又很难操作，因为之所以做一个文化遗产保存，是因为它稀少、珍贵。如果数量过于庞大，保护就没有意义了：第一，没有资源去保护，没有能力去保护；第二，价值相对降低了。所以只有稀缺性，还有珍贵性，同时有足够资源的时候，才可能得到比较好的保护。我们现在面临两个很大的问题：一个是经济转型不可避免，我们有些农村会逐渐消失，现在我们的农业在整体经济中的比重只有 7.8%，92% 都是非农的产业；第二个是城市化进程不可避免，现在我们的城市化达到了 60%，农村仅仅占 40%，将来城市化进程有可能达到 70%、80%，农村会萎缩到 20% 左右，这是一个发展趋势。我们的自然村，从 1990 年的 377 万个，已经减少到 2017 年的 244 万个，差不多一年 5 万个自然村落消失，我们可能把这些村子都留下来吗？你怎么留？你有没有钱，有没有资源去留？而且以什么方式留？让这个村的村民不要往城里去移动，出于什么样的原则，出于什么样的方式？你把他强制拘留在土地上是不道德的，你让他留在土地上又无法很好地生存，还不让他流动，这本身是非常不公平的。

这样，就出现一个很大的问题。农村的城市化、工业化在不断发展，将来村庄日益衰落，是一个不可逆转的趋势。江苏、浙江，原来农村人口占到 80%，但是到了 2014 年，浙江下降至 36%、江苏下降至 35%，今天这个比率就更低了，这是一个不可阻挡的发展趋势。

浙江青田是全球重要农业文化遗产，2005 年还有 765 人，但是有 650 人居住在世界上 50 多个国家和地区，是著名的侨乡。目前，这个地方的农业文化遗产还在，将来如果没有了村民，这个农业文化遗产可能就要消失了。我们其他农业文化遗产点也有这个问题，村民还能不能选择留存在这个地方？不能留存的话，可能遗产点就存在很大的问题。

如果不能够留住历史的脚步，那么我们能不能留下一些历史的记忆？我强调有些村落或者农民，没有办法强制农民留在当地，他有他的选择，他有他的自由，他要追求更加富裕的或者更加开心的生活，我们可以努力创造条件让他们增加当地的吸引力，但是没有办法阻止他们不要离开。在这种情况下，可不可以把一些农业文化遗产抢救、留存下来，通过建立博物馆、村史馆的方式？再通过一个调查，把一些农业农村影像资料、文字资料、口述资料留存下来，以此留存一些文化记忆？

中华农业文明研究院专门启动了两个工程：创建中国传统

村落数据库，希望通过调查研究，把传统村落的图像、文字资料收集起来，建立一个数据库，供学术界、社会利用；编写一套丛书，叫"中国农业遗产研究丛书"，获得国家出版基金资助，现在已经出了四本。

（七）政策导向和制度建设

没有国家的支持，没有制度保障，农业文化遗产是很难做下去的，这里面就涉及这么一个问题：农业文化遗产要进行一些立法，使之有法可依、有法可行。要建立国家和地方层面的农业文化遗产保护规划，设立农业文化遗产的保护基金，国家对于入选国家传统村落的每一个村落补助300万元，这样就可以使遗产保护地不仅有积极性，还有资金来启动。但我们现在的农业文化遗产正在争取，农业农村部正在向国家争取一笔专项资金，每个进入全国农业文化遗产点的给一些经费支持，每年有一定的经费支持来推进这项工作。此外，还要建立一个生态补偿机制。

原农业部专门成立了农业文化遗产专家委员会，出台了一些管理办法。2014年到2016年中央财政拿出114亿元来保护传统村落，但是农业文化遗产还没有列入这个计划，这是下一步应该努力的目标。贵州专门建立传统村落保护联盟，建立了一个发展基金。浙江筹集了20亿元传统村落保护基金，在传统村落保护方面好像走得比较快一些，比我们走的要前一些。江西也通过了一个传统村落保护条例。

（八）保护主体和社会大众的关系

农业文化遗产保护需要靠遗产地的农民，但是社会大众都不去关心、都不去爱护，这个保护的结果也是堪忧的，为此，要通过电台、电视、网络、博物馆等多种渠道来弘扬农业文化遗产。人们的认识决定了行动和决策的可能性和它的方向，20世纪 80 年代有个学者在浙江西部发现了一个很好的古村落，曾经向当地政府建议把它保护起来，但是因为当时村民、政府都没有这个意识，觉得这种破破烂烂的房子到处都有，没有什么价值，没有什么意义，他们反而希望拆了建新楼，于是就放弃了这样一个建议。另外一个例子是，诸葛亮后裔族的诸葛村认识到传统文化的重要性，他们申请作为国家文保单位，后来吸引了大量参观游客，门票收入一年超过两千多万元。这两个村落的差别之所以这么大，主要是因为重视不同、观念不同，自然的，结果就不同了。

我们曾经参观过日本京都的传统村落美山，虽然村子里面的农民很富裕，现代化的设施一应俱全，但是整个村子的格局和建筑都是传统的草房，他们非常爱护自己的传统文化遗产。这个村口有个停车场，也有一个卖当地土特产和纪念品的商店，但是一过了这条线就没有了商业。整个村子完全是一个传统村落的格局，不允许在村子里面经营商业，传统村落保护得很好，房屋、建筑都是传统稻草搭的，全村村民齐心协力整修、维修这样的房子，不像我们一些传统村落那么过度商业化。

归根结底，一个农业文化遗产的保护传承，只有生活在文化遗产地的成员，从内心认同、珍视这个文化遗产的价值和传统，才能保护下去，否则只能做一个标本，大家看看而已，不可能落实到实际行动当中去。

四、乡村振兴中如何彰显农业文化遗产的价值和作用

刚才讲了那么多，有点偏重于学理的梳理。很多朋友会问，我们今天研究和探讨农业文化遗产，跟农业、农村发展有什么关系？农业文化遗产能否在乡村振兴中发挥它应有的作用？

农业文化遗产不仅关注过去，也关注未来，它具有很强的现实意义和当代价值。但这个当代价值要靠大家去挖掘利用。考古学家在河南舞阳贾湖遗址发现了几件重要文物，一个古笛，说明我们先人九千年前就开始吹奏笛子、欣赏音乐、享受生活了。除古笛之外，还有古酒。有人将古酒进行科学的分析，根据其配方，复制了这种贾湖古酒，一瓶卖到13美元，使得消失久远的文化遗产重新焕发了生机。事实上，农业文化遗产可以在多个方面助力乡村振兴。

(一) 助力乡村产业兴旺

农业文化遗产有很多潜在的价值是可以利用、挖掘的，它们是乡村产业振兴、产业兴旺的重要物质基础。如果产业都没有了，留不住人，也没有钱，乡村怎么建设？要有钱，就要从产业中来。但乡村不同于城市——有人才、资金和技术优势，农村，特别是偏远地区农村，一缺人才，二缺资金，三缺技术，搞工业，交通又不便利，没有人愿意去投资。所以乡村振兴真正好的发力点反而是传统产业，特别是农业，尤其是农业特产。这些有地方特色和独特品味的农业特产是最具竞争力的，其代表就是我们今天常常提到的地理标志产品。人们一提

到法国的品牌立刻会想起法国葡萄酒，因为法国葡萄酒已经形成全球品牌，它生产的葡萄酒用于出口的超过40%，为法国创造了大量的外汇。为了确保法国葡萄酒的品牌质量，法国设立了十大产区，给予五级分类，不同的葡萄、不同的工艺、不同的葡萄酒庄出来的葡萄酒价钱不一样。相比之下，我们的农业和农产品常常走的是简单规模扩张的道路，只追求数量。就像有些手机，可能一个只赚三五块钱，苹果手机生产量肯定没有我们中国自己品牌的大，但是它的回报率可能达到30%、40%、50%，因为它主要靠品牌和质量取胜。

荷兰是个小国，人不多，面积非常小，相当部分的土地在海平面以下，按说它没有土地优势，也没有什么劳动力优势，农业发展的条件远不如许多发展中国家，然而，荷兰却是世界上最大农产品出口国之一。为什么？就是靠高附加值的传统花卉产业。荷兰农业就业人口约25万，将近9万人从事花卉生产和销售，花卉生产直接进入世界七星级、五星级酒店，订单式生产，荷兰因此被誉为"欧洲花园"和"花卉王国"。

日本也是一样，是一个岛国，多山地，少平原，但人口多达1.5亿，人均耕地比中国还少。因农场规模太小，大田作物在国际上没有什么竞争力。日本意识到资源禀赋的劣势，靠小农户单打独斗肯定不行，因此创造性地发展了"一村一品"模式，一个村、一个乡甚至一个县的农户集中生产一种具有当地特色的优势农产品，于是，小农户，大生产，统一标准，统一销售，区域化布局，规模化生产，取得了很好的经济和社会效益，尤其在果树、蔬菜等高附加值领域的农业生产方面具有相当的竞争力。例如日本著名的"田助西瓜"，2016年一个西瓜拍卖到三万元。日本农业的效益主要不是靠规模，而是靠品质取胜。例如日本"越光大米"，我们的大米一公斤卖七块、八块、十来块钱，但是"越光大米"一公斤卖到400元。日本的牛肉品质也很高，日本一般家庭也不是经常吃，因为牛肉很贵，特别是日本"丰后牛"，一公斤卖到了2000港币。为了鼓励农户养殖高品质肉牛，他们举行专门的评比，哪一家养殖场、哪个农户养得好有奖励，这样，农户就会有很强的品质意识。

中国地大物博，历史悠久，有难以计数的地方农业特色产品。最近中国政府与欧盟谈判，互认200种地理标志产品。因为地方特产是历史上长期积累形成的，可以成为乡村产业振兴的重要抓手。山东有个城市叫枣庄，历史上就是一个以"枣"闻名的村庄，后来因为铁路线的建设变成了一座城市。枣庄充分发挥"枣文化"的优势，积极推进枣产业的发展，农民靠种植枣和枣的加工品、开发枣饮料及其他功能食品发展农村经济，农民收入的2/3来自红枣。

还有一个重要农产品，茶叶。我最近应邀去福建安溪讲学。安溪铁观音闻名世界，其品牌价值高达1400多亿，年产值170亿，占当地农民收入的56%，可以说，一个产品带动了一方产业，致富了一方农民。这就是"一方水土养一方人"。历史积累和传承下来的很多农产品都是珍贵的经济资源，如果我们深入挖掘、善加利用，就可望成为加快农村产业兴旺的重要推力。

（二）助力乡村旅游发展

美国媒体曾经评出中国最美40景，第一名不是故宫、长城，而是安徽皖南的宏村，因为它不仅秀美、宁静，也最能代表中国的乡土文化与天、地、人和谐相处的理念与传统。国内外游客蜂拥而至给当地农民带来了很多农外收入。如果当地农民不重视农业文化遗产，将这些老旧民居拆除或破坏了，就只能依靠几亩地的收成度日，发展空间可想而知。正因为这些传承千年的传统民居得到了很好的保护，它们成了世界文化遗产，促进了当地乡村旅游的发展，使得当地传统生产和生活系统能够可持续发展。

日本岐阜的合掌村地处山区，气候寒冷，以往人迹罕至。但它因为悠久的历史文化、保存完好的日本传统风格的茅草屋和优美的环境被列入世界文化遗产后，吸引了世界各地的游客。人们来到这里观赏秀美风景，体验农家生活，品尝当地美食。如果这个山村仅仅靠传统种稻、种菜方式生存，一年能卖多少钱？永远不可能致富。但当地农民通过充分保护和利用传统文化资源，积极发展乡村旅游，游客络绎不绝，吃住行、游购娱，给农民带来了丰厚的收入，成为日本乡村振兴的典范。

日本农民创造性地将艺术与传统农耕活动结合起来，春播时节，很多城市家长带着小孩来农村体验农耕，到田里播种、插秧，农民则指导他们按一定的设计方案用不同作物种子进行播种，到秋收季节就可以看见一幅幅根据日本神话和历史传说为依据的稻田艺术，成为乡村旅游发展的一道亮丽风景。

欧美发达国家现在越来越重视传统农业文化，将之视为重要文化资本。欧洲已制定乡村风景公约，致力于保护农村景观和生物的多样性。例如荷兰的羊角村、法国的科尔马，都是享誉世界的乡村景观。

中国地大物博，生态类型丰富多样，文化遗产众多，仅入列全球重要农业文化遗产的就有 15 个，列入中国重要农业文化遗产的有 120 多个，这些都是发展乡村旅游的宝贵资源。

（三）助力乡村绿色发展

我们现在已进入信息时代，网购成为家常便饭。人们上京东商城、京东超市，常常会看到"京东游水鸭""京东跑步鸡"。什么是"游水鸭"？什么是"跑步鸡"？实际上就是相对于大规模机械化、集中式饲料养殖的一种反动，让鸡、鸭在大自然中自由生长，即传统的农家散养方式。传统农家散养的鸡、鸡蛋价格就比集中机械饲养的高，反映出人们对农产品安全和品质的更高需求，对绿色发展的更大需求。

中国传统农业历来都是有机农业和生态农业的典范。种田养猪，农牧结合。在太湖流域，农民在塘基种桑树，在塘里养鱼、养虾、养蟹；在珠江流域，在岸上种甘蔗、水果，塘里养鱼，形成著名的桑基鱼塘、果基鱼塘生产方式；在贵州从江，农民水田种水稻，稻田里养鱼、养鸭，创造了稻、鱼、鸭复合农业系统；在西北地区，以农业和牧业结合，形成农牧结合系统；在东北地区，农民在林子里面放养动物，还种植药材，形成农、林、牧复合系统，充分利用空间和阳光，一举多得，取得了很好的经济和社会效益。

（四）有助于社会和谐

中国传统文化是非常讲究孝道、宗族、和谐的，百家姓就是一个根据亲缘关系来界定文化认同的重要手段，同姓五百年前是一家，这种血缘、宗族和文化上的联系，实际上成了中华民族凝聚力的重要物质基础。即便到了美国、英国或澳大利亚，潮汕同乡会、福建同乡会、山西同乡会、河南同乡会等，都会将这些有着相同文化背景的人聚合起来。这种文化认同有助于社会和谐。

客家人从北方逐渐迁徙到南方，把北方的一些风俗习惯、生产技术传播到南方，但是在语言方面、文化方面上又把北方的一些习惯留存下来，促进了族群的融合。邻里乡亲、乡党观念增进了人们之间的互助和友爱。在不少少数民族地区，至今仍保留着"长桌宴"的习俗。每家每户将自家的拿手好菜放在一个长达百米的长桌上，大家共同分享，相互祝愿，既加深了了解，又增进了感情。日本合掌村也是这样，家里要造房子或者维修房子，全村居民一起过去帮忙，齐心协力搭建房顶，和和睦睦共建乡里。不像今天我们的城镇生活，虽然密集居住，近在咫尺，但相互隔膜，老死不相往来。传统文化中有许多东西还是有助于社会和谐的。

（五）助力于文化传承

杭州有个很有名的八卦田。八卦田面积很小，不管种什么东西，一年也卖不了多少钱，但它为什么这么有名，为什么那么多人去参观？因为它曾经是南宋皇帝亲耕过的田，另外形似八卦，蕴含了中国八卦文化的元素，将中国的重农传统和八卦传统文化糅合于农耕之中，就有了独特的魅力，现在已成为农业旅游中一个颇具吸引力的景点。

中国自古以农立国，有关农业的节庆数不胜数，如尝新节、丰收节、春节等，还有许多具有区域特色的节庆，如广西斗牛节、云南泼水节等，可以让人们感受民族风情，既是发展乡村旅游的宝贵资源，也是传承农耕文化的重要途径。

民以食为天，好吃在民间。饮食文化的地域性和丰富性也是发展各地经济文化的重要资源。例如我们一提到面食就想到兰州拉面、山西刀削面、四川担担面，一提到元宵就想到宁波汤圆，这些长期传承的饮食文化已经成为地域文化的一张名片。例如福建沙县以物美价廉的各种美食闻名，如今沙县小吃遍布全国各地，带动了数百万人就业，沙县也借此美誉，举办一年一度的沙县小吃节，弘扬沙县饮食文化，助推经济和文化发展。

相对于苏南，江苏苏北盱眙原本是经济相对落后的地区。盱眙龙虾非常有名，当地政府和农民充分利用这一农业资源，发展养殖经济，举办盱眙龙虾节，全国各地经销商和游客纷至沓来，观赏美丽乡村，品尝美味龙虾，一个晚上5万人吃了50吨的龙虾。农业文化遗产大多分布在有着悠久农耕文化传承的地区，深入挖掘，充分开发利用这些传统文化资源，是传承和弘扬这些农耕文化的最好方式。

（六）助力城乡融合发展

传统乡村的主要功能主要表现为生产和生活，日出而作，日落而息，耕田、吃饭、睡觉，文化生活是单调的，因经济联系的微弱、交通的不便，乡村与城市之间彼此分割。在工业化、城市化的进程中，这种情况有一定变化，但相当长一段时间内基本上是农民和农产品向城市流动、向城镇集中，城乡仍然相互隔离、相互孤立，乡村日渐破败。

单向流动的客观原因是城乡收入差距太大，乡村交通和生活设施贫乏。为什么欧美有很多城市人愿意住在乡村？因为城乡没有什么差别，日本农民人均收入跟城镇居民几乎相等，甚至有些年份日本农民人均收入还高于城镇居民，交通便利，购物、教育、医疗配套齐全，在这种情况下，有更多的人愿意选择在山清水秀的乡村居住，这也是近几十年发达国家逆城市化逐渐发展的重要原因。

与传统村落不同，现代乡村功能在不断拓展，除了原来生产和生活功能外，还有生态功能、文化功能，形成一个"四生统一"的系统，即生产、生活、生态和生机。生产是经济基础和物质保障，乡民需要生活来源；生活有居住空间；生态是生产和生活的环境，是产品品质和生活质量的重要保障；生机则是乡村活力、乡村精神和文化的具体表现。例如德国就非常重视乡村和城市发展的平衡，努力推动城乡等值战略，也就是说，在发展理念、资源分配、规划设计、配套设施等各个方面都要兼顾城市与乡村的发展，一视同仁，协调发展。这个说起来简单，但要落实到行动上并不容易，需要很大的勇气和魄力。学校、医院、商场、高速公路如何配置？钱从哪里来？单纯依靠政府不行，单纯依靠市场的力量也不行，需要多方面的共同努力。

在欧美一些发达国家，城市和乡村在形态上很容易区分，但从居民上并不容易区分，因为很多人住在乡村，但他们是乡民，并不是农民。德国百万以上人口城市只有三个，柏林、汉堡和慕尼黑，大部分人居住在2万至20万人口的小城镇，这些小城镇差不多占了76%。这些乡村空气清新，环境优美，交通发达，购物方便，人文亲和，真正做到了城乡融合。应该说，这也是世界乡村发展的一种趋势。今天，乡村居民的比重在逐渐提升，德国40%、英国28.9%、美国22%（2010）。

逆城市化之外，城乡融合的另一个具体表现为城乡互补和城乡互动。以往城市和乡村居民生产和生活是相互分割、相互孤立的，今天则开始朝互为一体的方向发展。例如，德国和日本积极推进CSA模式（社区支持农业），支持城镇居民跟农村居民、农业生产直接挂钩，市民可经常去农村居住生活，体验农耕，也可根据自己的需要，包购农产品，委托农民耕种，社区与农户直接对接，所获食品更加新鲜健康，农民也可以从中获得更高收益。

目前中国也在朝这方面努力。前段时间我去江苏兴化东罗村调研，在那里居然看到了著名房地产公司万科集团的一个项目组，他们利用自己的专业优势，尝试对东罗村原来农民的房屋，稍微修饰改造，改造成了非常典雅的传统民居，加之一些小桥、道路、公共卫生间的建设，很快把这个小村变成世外桃源似的小山村。此外，他们利用当地农产品的一些优势，跟万科社区直接对接起来，万科社区可以直接从东罗采购居民所需的优质农产品，直接配送至万科社区。而万科社区的城市居民，在城市住得累了，想休闲、度假，周末、节庆直接到东罗村住几天，休闲、娱乐，品尝东罗美食，体悟水乡文化。

我们很多农业文化遗产点都是山清水秀的地方，以前之所以躲在深山人不知，一个是交通不便，一个是相关商业或者配套设施、医疗设施不行，如果现在用城乡等值发展理念来规划设计，在那边建医院、建疗养院、建学校，很多城镇居民尤其是老人还是愿意住在那里的。有些城镇退休老人钱不少，特别是教师、公务员，月收入上万，到乡村去，环境优美，有必要的医疗、生活条件，对他们还是很有吸引力的。为什么广西巴马一房难求？因为广西巴马是一个长寿之乡，百岁老人80多个。未来乡村健康产业和事业的发展空间还是巨大的。

由上所述可见，农业文化遗产不是老旧、过时的东西，而是人类与自然长期互动的智慧结晶，我们传承农业文化遗产，就是为了守护人类精神家园。农业文化遗产并非单纯感念历史，为了发思古之幽情，它不仅仅关注过去，反而更加关注未来，如果我们能够深入挖掘、善加利用、创新发展，绿水青山就可以变成金山银山，让中国丰富多样的农业文化遗产在乡村振兴中发挥应有的作用。我们现在倡导传承农业文化遗产，要守护人类精神家园，就是这个意思。

案例一 破解农村空心化

现在农村空心化，外出工作人员占到60%以上，在村里基本是老人。一方面，保护遗产，发展这些产业，带动经济，让遗产更好地可持续发展下去，但是在发展过程当中，产业又需要人回来做这个事情；另一方面，乡村产业没有发展起来就不会有人愿意回来，想要发展起来吸引他们回来又很难找到合适的人来做这件事。

这是工业化、城市化进程中普遍存在的一个问题。日本、韩国、西欧一些国家都经历了这样一个发展阶段。日本超过55岁以上的农民占比超过70%，严重老龄化，农村空心化的情况也比较严重，韩国也是一样。

西欧的荷兰同样是人多地少。怎么办？荷兰是通过市场的方式，将农户分散的土地集中起来，形成小地主、大租户的生产模式，加之荷兰农户根据历史传统和资源禀赋选择了花卉、畜牧等高附加值农产品的生产，使得荷兰农业具有很强的竞争力，成为世界最大的农产品出口国之一。

中国农业和农村的发展将来可能也是这个趋势，中国不可能维持到四五亿、五六亿农民的规模，农民一定会不断减少。美国3亿人口，农民只有250万人。目前中国农村人口即便按常住人口计算，仍然超过40%，超过5亿人，加之经济增速下滑，城市吸纳能力降低，短期内大规模转移农村人口并不容易。关键是，为什么这么多人弃村而去，纷纷前往城市？因为农业效益太差，城乡差距太大，城乡机会不均等。如果通过政府、社会各方面的努力，城乡差距缩小了，农业生产的效益提高了，很多人就不一定要背井离乡到城市去打拼。因此，减少农村空心化、农民老龄化问题的根本，在于尽快缩小城乡差距，提高经营农业的效益。

应该说，农业文化遗产是有助于农业产业兴旺和城乡互动融合的，它与保护传承之间并不矛盾。如何充分发挥和利用这些农业文化遗产资源？

一个产业想振兴，一定要依托当地优势资源，当地有什么名优产品，历史上比较有名的，如砀山梨、芋头，南丰蜜橘，盱眙龙虾，借助品牌，提高其科技含量，就可望成为乡村产业振兴的重要抓手。

另一方面，要努力延长产业链，增加农业的附加值。光靠初级产品是不行的，光卖水稻、小麦、玉米，一斤能卖多少钱？如果借助传统农产品加工技艺，发展农产品加工、贮藏和销售，就可望将相关利润留存给农民。仅仅售卖一只鸡、一只鸭的利润是有限的，从饲养到加工、售卖甚至一直到餐桌，其中有多重利润，但是农民大多没有参与到这些利益的分配中，而是被中间商、商业集团拿走了，农民拿到的只是低廉的初级产品的价值。因此，要想振兴乡村产业，也是要延伸产业链，一、二、三产融合，把利润留在农村、留给农民。

案例二 遗产地产业链

因此，延长农业产业链，增加农业附加值，是发展农村经济、增加农民收入的有效途径。但产业链涉及的因素、环节很多，仅仅靠单打独斗是难以为继的，不要有包打天下的想法，需要加强多方面的联系与合作。要在发挥自身优势的基础上，积极寻求相关方面的合作。例如缺乏资金，就可以通过政府惠农支持项目、股份合作、银行贷款等方式筹集；在农产品加工利用及衍生产品开发方面，就应当积极与相关科研部门合作，争取他们的帮助和支持，不仅仅是红米米线，其他杂粮和当地的一些特色农产品都可努力开发出一些功能性产品，满足市场上一些特定需求，这是自己独特的竞争优势，其他地区难以简单模仿。另一方面，可通过积极发展合作经济的方式资源互补、风险共担、利益共享，以此促进产业链的发展，例如在保障农业原料数量和品质方面，可以与农户合作，制定标准，提供技术支持，在产品销售和推广环节可与商超和互联网企业合作，形成一个网状的利益共同体，将农业产业链做大做强。20世纪70年代美国就提出发展农业综合体（agribusiness）发展战略，尝试通过延伸产业链的方式，将农业、加工业和商业打通，构建一个农、工、商相互支撑的综合体系。

我去考察过不少地方，比如安徽淮北有一个非常著名的"阳光玫瑰葡萄农场"，历史上那个地方就以葡萄种植闻名，但传统葡萄品种现在即便大面积种植，价格也不高，后来他们与一些科研机构合作，从日本引进了"阳光玫瑰"等多个优良品种，并且尝试开发葡萄干果、饮料、酒等衍生产品，在传统产业的基础上有所创新和拓展，产品供不应求，取得了很好的经济效益。其他农户的葡萄四块钱一斤，他们的阳光玫瑰卖到一百块钱一斤。

第三个思路就是，发展农村合作经济，以避免小农户单打独斗的风险和局限性。农户规模太小的话，购买生产资料价格高，产品销售成本也高，如果能够通过发展农村合作经济组织的方式把农户联合起来，用批发价格购买便宜的生产资料，销售时又可以比较高的价格去销售产品，这样既降低了农业生产的成本，又增加了农民的收入。这也是日本、韩国与欧美一些国家农业合作经济高度发展的重要原因。

农产品价格包含以下几个方面的问题。一是品质差，"便宜无好货"，品质是价格的物质基础；二是供需不平衡，仅仅品质好是不够的，"物以稀为贵"，产品供过于求也是卖不出好价钱的，为什么历史时期有资本家宁愿把生产的牛奶倒掉，也不送给穷人？因为如果送给别人，供过于求，价格还是上不来，不如倒掉了，市场需求大于供给，价格就上来了，因此，要力求供需平衡；三是信息不对称，即便品质好，也有需求，有些农产品仍然卖不出去或卖不出好价钱，为什么？这就是信息不对称导致的。好酒也怕巷子深，东西再好，没有传播途径也只能是"躲在深山人未识"。一方面，农产品产地严重供过于求，卖不出去，另一方面，有些地区一货难求，价格奇高，这就是信息不对称的结果。因此，我们常常会看到一些奇怪的现象，一会儿出现了"卖粮难""卖猪难"，一会儿又出现"蒜你狠""姜你军"的情况。有利可图时，大家蜂拥而上，价格大跌，众人避之不及，供需严重失衡。为了避免这种情况的出现，需要我们尽快建设一个农业社会化的服务体系，包括市场供需信息平台、合作运输体系、合作销售体系以及期货市场体系，从而达到规避风险、降低成本的目的。在今天，信息科技和互联网飞速发展，为消除这种信息的不对称创造了便利条件。

当然，从生产者的角度来说，你所售农产品要有个好的价钱，需要有自身的优势：一、品质优良，严格管控生产过程和产品质量；二、品类、时节错位竞争，你的蔬菜、瓜果比别人上市更早或更晚，物以稀为贵，你就能得到一个更好的价钱，而这需要与相关科研单位合作，积极探索技术创新，人无我有，人有我优。随着现代农业科技的快速发展，大棚种植反季节蔬菜越来越多，不仅解决了原来的城里人冬季蔬菜短缺的难题，也增加了菜农的收入。如果解决不了季节差的问题，借助现代科技成果，通过冷藏方式，也可以使当地的蔬菜、果品延长上市时间，以保障农户有比较好的收益。

所以，卖不出价钱还有一个很重要的因素，就是缺乏有效的农村合作经济，如果单纯依靠农民拉个板车、开个拖拉机出售农产品，成本太高，收益太低。应该建立农民合作经济组织，统一购买生产资料，统一销售产品，直供直销，保障农民的利益。可以从网上建立信息系统，在网上售卖，也可以发展订单农业和期货市场，根据协议的价格进行生产和销售。

当我们在传承农业文化遗产的过程中，和现在的一些观念或者理念有冲突的时候，应该怎么办？比如在村庄过年的时候杀鸡、杀猪、宰羊，是一个非常喜庆的事情，但是当我们把这些照片分享给城里人的时候，他们可能就觉得这个场面过于血腥，觉得这种方式比较落后，甚至可能会贴标签觉得你比较落后。我们现在在城里都追求"动物的福利"，其实当我们这些传统的习俗碰上这些理念的时候，我们要做改变吗？还是我们依然保持原来的东西，让能接受的城里人来分享，不能接受的人让他去包容来共存？

这是个涉及农业伦理和环境伦理的问题。人类思想观念都是一定历史时期和社会条件的产物，"九斤老太"时代的人不可能产生信息时代人的许多观念，同样，伦理道德也是随着时代而不断发生变化。在封建时代，妇女裹脚没有被认为不道德，甚至被普遍认为是女性美的一种体现，但今天则被视为对女性身体和精神的双重摧残。所以，没有一成不变的思想观念，也没有一成不变的道德伦理。"动物福利"的概念是最近一些年欧美国家慢慢提倡下逐渐为人们所关注的，以前中国没有"动物福利"这样一个观念，但中国人讲究天、地、人和谐共生，人是自然界不可分割的一部分，因此传统农业的生产方式还是非常注重顺应自然的："夫稼，生之者地，养之者天，为之者人。"鸡鸭等禽类农家散养，用有机物饲养，是一种普遍的生产方式，这既节约了生产成本，也符合动物的天性。中国农民甚至根据不同的生态条件创造出了稻田养鱼、稻田养鸭、桑基鱼塘、果基鱼塘、农牧互养等多种农牧业生产方式，很值得我们今天传承和借鉴。

当然，在饮食文化方面也存在一些与西方或现代理念不尽和谐的内容和方式。例如从卫生和健康的角度，分餐和分食方式较之中国传统不分彼此的合食或混食要更加健康、安全。另外，以动物为食是中国的历史传统之一，天上飞的、地下跑的、水中游的，无不成为人们的盘中美食，猴脑、狗肉等，比比皆是，其中有些使用方式的确相当血腥，从今天"动物福利"的角度来看似乎不合时宜。

今天我们对于"动物福利"的关注实际上体现了人们对自身和对自然认识的一种深入和反思，我们应如何看待生命、如何看待我们所生活和依存的环境、如何己所不欲勿施于人？总体来说，"动物福利"是尊重生命、尊重自然、崇尚可持续发展的，因此代表了一种生命和谐共处、人与自然可持续发展的理念，有着积极和进步的意义。历史上，我们一直有捕食麻雀和青蛙的习俗，现在人们认识到它们是有益生物，对农业发展和环境和谐有重要作用，人们逐渐不再食用或尽可能通过人工养殖的方式来满足需求。因而不是所有传统的东西都是好的、都需要传承，我们应当倡导更符合生命伦理、农业伦理和环境伦理的生产方式和生活方式，推动它们朝人与自然和谐相处、生态经济和社会可持续发展的方向迈进。

不过伦理是处理人与人、人与自然关系的一种行为准则，它的存在与变化总是随着人们思想观念的变化而变化，变与不变、变化的方向、变化的程度都需要一个过程。当人们普遍认为狗是人类忠实的朋友，形成了一种宠狗、爱狗的社会文化氛围，禁食狗肉或减少狗肉的消费就是自然而然的结果。反之，如果你所相处的人群、你所在的文化完全没有这种认知，要推进强制性变迁是非常困难的，因为大众不认同、大众不接受。任何一个人都是一个社会人，生活在特定社会文化环境之中，受这种文化氛围的影响和约束。动植物福利的观念也是一样，不吃狗肉是因为狗有人性？其他动物不如狗聪明就应该食用？哪些动物应该被吃，哪些动物不应该被吃？植物也是生命，我们是否也不应食用植物？这样人类应该如何生存？应该说，这不是一个简单的食物选择和食用方式问题，而是我们如何将心比心，尊重生命，爱护生命，在我们努力寻求生存时如何尽可能减少或减低对其他动物的伤害，确保人与自然和谐相处，自然、经济和社会的可持续发展。

☀ 劳作归来（王文燕 摄）

农业文化遗产：面向未来的历史

曹幸穗

中国农业博物馆研究员，南京农业大学人文社会科学院教授，农业农村部全球重要农业文化遗产专家委员会副主任委员。

农业文化遗产是有使命的，是要为未来的农业发展服务的。

现在的农业现代化都发展到了"无人化"的阶段，都进入自动化、智能化时代了，为什么还要保护老祖宗的农业遗产？第一，智能化农业只是一种生产手段，它并不关心在种什么、怎么种。如果种的都是单一化的杂交品种、生物工程译成的品种，大家觉得这个智能农业是很好的农业体系吗？第二，智能农业可能施用大量合成的化肥农药，使用大量的除草剂、生长调节剂，它能为我们保持美好家园的优美环境吗？第三，如果全世界只种一两个玉米品种，只种一两种水稻品种，我们的食品品质好吗？所以，现代农业存在着一些我们认为并不太好的问题，甚至是很不好的问题。它会以高科技的名义，过多使用化肥农药，造成环境污染、食品污染，将我们传统的千姿百态的品种废弃，品种单一化的结果是人类食品来源单一化，这样一来，人类整个食品结构就不合理了，营养就不全面了。

因此，越是现代化快速发展的时候，越要回到老祖宗那里去寻找智慧。我们说现代农业是非常好的，我们从来不反对现代化装备的农业。我们只是要克服现代农业的弊端。事物总是一分为二的。你都向着好的方面去享受，会觉得它非常好；当你回过头来审视它有没有毛病的时候，会发现它真有毛病。那么，现代农业怎样才能走得远、走得高、走得稳、走得长久呢？

一、"新千年农业目标" 引出的农业问题

在新的千年之交，联合国粮农组织为了编制"新千年农业目标"，组织开展了"农业千年回顾"的专题研究。专家们将公元1001年到1999年的1000年间，分为三个阶段：前700年是传统农业，接着有200年的近代农业，最后是20世纪100年的现代农业。

人们惊异地发现，在20世纪，农业出现了许多普遍性的系统性的问题。人们由此担忧，我们的农业体系是否会成为一个影响全球环境和食品安全的不可持续的产业？

（一）农业的千年回顾

中国古代哲学强调天人合一，讲究人与自然的和谐相处。战国时代的《孟子》说："天时不如地利，地利不如人和。"同一时代的《吕氏春秋》第一次用"天地人"的"三才"理论解释农业生产："夫稼，为之者人也，生之者地也，养之者

天也。"这段话阐述了农业生产的整体观、联系观、环境观，最本质地体现了中国古代农业哲学的核心思想。北魏《齐民要术》作者贾思勰也指出，人在农业生产中的主导作用是在尊重和掌握客观规律的前提下实现的，反之就会事与愿违，事倍功半。他说："顺天时，量地利，则用力少而成功多。任情返道，劳而无获。"在这里，贾思勰把违反客观规律的"任情返道"讥喻为"入泉伐木，登山求鱼"，把农业生产要"顺天时"的重要性说得很清楚、很深刻。

在"天人合一"思想影响下，中国古代的农业技术长期领先于世界，成为广泛传播的先进农学文化。这种基于"阴阳协和，五行相生"的农学理论，特别强调人与自然的和谐协调。它将农业生产看成一个有着"活态生命"的有机体，通过生产实践的经验积累来改进技术和提高产量。可以看出，我国传统农业的哲学出发点是"顺应自然"。

到了近代，随着"西学东渐"的潮流涌来，西方世界的农学体系跟着进来了。它与我国本土的传统农学完全不同。它将农业生产看作是一部可以拆散分装的机器，其中的动植物个体都可以进行解剖分析。此外，西方农业体系还利用人为控制的有限环境（比如实验地或实验室）来进行生物生长过程的模拟实验，从而在较短时间内发现和抽象出生物个体的生长规律，并以此来指导农业生产，实现产量提高或品质改良。这种农业体系的哲学出发点是"征服自然"。表现在农业生产上就是人为地创造出许多自然界并不存在的生产要素。例如，人们掌握了各种化学元素在植物体内的生理作用之后，就有针对性地合成化肥；掌握了病虫发生规律以后，就合成化学农药；掌握了生物遗传变异规律，就按照事先制定的育种目标进行杂交选育，在短时间内育成符合生产上适用的新品种，等等。

进入现代社会，全世界的农业生产，都广泛吸收工业革命的机电装备成果，相继发明了拖拉机、收割机等以电热能源推动的农业机具。把生物育种技术运用到了极致，实现了农业的高效化、自动化和智能化。这就是在过去的 100 年间，人们所理解的农业现代化，就是全世界趋之若骛的农业高科技。

（二）长时段大广角视阈下的农业问题

经过对 20 世纪以前的千年农业历程的简要回顾，人们看到，我们一直孜孜以求、极力推广的现代农业体系，相继显现出许多负面的问题。比如，片面追求产量所推行的技术措施和投入的生产要素，最终成为农业面源污染的源头和食物安全的元凶。向耕地投入了大量化肥、农药、植物激素、除草剂、农膜等，农田出现不同程度的面源污染、土壤板结、耕层变浅、有机质减少、有益微生物群落减少等，发生了环境污染重、药物残留多、食品质量差、危及人畜安全、破坏生物多样性等问题。此外，品种单一化，造成了农产品品质的单一化，不能满足消费需求的差异化供应，出现"万国一色，千种一味"的农产品供应格局。随着人们康养意识的提高，对农产品的特色品味、营养功能的要求越来越高，单一化的农业品种已经不能满足现代生活的需要。

（三）出路：回到古代去寻找智慧

怎么应对现代农业体系中的负面问题呢？人们蓦然回首，看到了过去的传统农业并没有严重的环境负面损害。五千年、上万年的长期实践证明，它们是可持续的。于是，人们开始主张，要回到传统农业去寻找和发现智慧。当然，寻找智慧不是要返回到古代社会去，更不是要摈弃现代农业技术体系和现代农业文明成果，而是要辩证地认识我们推行的现代农业体系的利与弊，摆正现代农业与传统农业的关系。我们主张，现代农业与传统农业的关系，不是替代或抛弃的关系，不是采用现代技术来取代传统技术、将传统农业进行改造和提升，而是需要建立一套"古今相融，择善而用"的新型农业技术体系，从历史中挖掘优良的价值元素。

农业文化遗产中蕴藏着大量的传统技术智慧。比如，丰富的品种资源遗产，名特优的传统作物品种，特定地域环境的禽畜良种，特定水域出产的水产品，栽培药用植物和饲养经济动物；环境友好的有机生态技术，有机肥沤制和施用技术，传统的病虫害生物防治技术，农业废弃物的循环利用技术，古代旱作地区的节水保墒技术；精耕细作的农业综合技术，提高土地利用率的复种、间作、套种技术，用地养地的绿肥作物轮作套种技术，古代的局部免耕和轮休种植的区田法、代田法，等等。这些都是农业文化遗产中值得挖掘和弘扬的技术遗产和发展理念。

二、"农业文化遗产"的提出和保护

大家知道，"遗产"的本义，原来是特指法定继承人依法继承其先辈遗留下来的私人财产，是法律意义上的私人财产的一种。"遗产"被用于公共领域，是于近代工业化之后出现的。

在传统农业时代，历史演化非常缓慢，人们并没有感觉"过去"和"当下"有太大的差别，似乎去年和今年没有什么不同，祖辈和晚辈的生活方式也没有什么不同，甚至过去的两千年与一千年，也很难说有很大的变化或者不同。

但是，近代工业化的飞速发展，人们开始觉察到"现在"与"过去"有了很多而且很大的不同。于是，"现在"开始受到关注和关切，而"过去"却需要保护了。比如，现在的环境状况开始受到关注，而对过去环境的记忆需要恢复和保护了。进入 20 世纪，保护"过去"在早期工业化国家突然出现，并不是历史的偶然。许多国家开始想到拯救过去的环境、遗物、遗存，于是"过去的环境景象"被视为珍贵的"遗产"而受到追捧。

（一）"农业文化遗产保护"概念的提出

工业化的快速扩展，使大量的"公共资源"遭到了破坏和污染，如森林、草原、湿地、田园等。人们开始警觉起来，开始提出保护公共资源的要求。第一次明确地将"公共资源"视为财产。对于这些公共财产，需要使用一个新的概念，以表达共同的认知，进而产生共同的保护意识。于是，借用私人财产中的"遗产"概念，用以统称过去时代遗存下来的、当下受到了威胁或破坏的公有资源。这就是"自然遗产"概念的由来。

后来，人们进一步发现，不仅公有资源遭到了破坏，一些具有历史记忆意义的人类文明载体，如各种各类的古代建筑物以及历史遗址遗存，也都遭到了损毁、废弃或拆除，于是又产生了"文化遗产"的概念。特别是进入 21 世纪以来，随着经济全球化进程的加快，各国、各民族的文化多样性面临着前所未有的严峻挑战。全球化在带来科学技术进步和物质生活水平提高的同时，也使包括中国在内许多国家的农业文化遗产，面临消亡的危险。"遗产"被越来越多地用于公共领域，成为日常话语中出现频率很高的词汇。一个民族国家的环境、古物、遗物、民俗传统等，被作为民族认同和情感维系的标的物而受到越来越多的保护。自然遗产、文化遗产，甚至景观遗产、非物质文化遗产、工业遗产、农业遗产等概念，都先后应运而生。

闵庆文教授是最早将"Globally Important Agricultural Heritage Systems"译为"全球重要农业文化遗产"的中国科学家。这里将"Agricultural Heritage Systems"翻译为"农业文化遗产"引起了学术争议，因为原文的直译应该是"农业遗产系统"。有学者指出，丢失了"系统"的概念可能会引起歧义。按照粮农组织的定义，全球重要农业文化遗产是："农村与其所处环境长期协同进化和动态适应下所形成的独特的土地利用系统和农业景观，这种系统与景观具有丰富的生物多样性，而且可以满足当地社会经济与文化发展的需要，有利于促进区域可持续发展。"显然，粮农组织在定义这个概念时，多次提到甚至格外强调了"系统"（Systems）。

将来粮农组织的"农业遗产系统"项目纳入世界遗产体系，制订全球农业遗产公约时，是否可以将"Agricultural Heritage Systems"更改为更符合项目设计本意的英文表述和汉译？比如，建议采用"活态农业遗产"（Growing Agricultural Heritage）的提法。它特指正在被使用的农业遗产，或者在农业生产上受到保护的农业遗产。因为"系统"（Systems）过于具象，作为"试点项目"的用语，比较切合，而作为人类文明中的一类重要遗产的抽象，用"活态农业遗产"也许更为适合、更为准确。由此区别于农业遗产中的所有其他类别，比如图书馆里的古农书、博物馆里的农业文物、日常生活中的农业习俗等。它们都属于广义的农业遗产，但是都不同于我们正在实施的特指的农业文化遗产，因为它们都没有"活态的、生长着的、在生产中受到保护的"这样一些特点。

（二）农业文化遗产的活态保护

任何"遗产"都是客观存在，并不是由于人们授予它某个"遗产"名号以后才出现。认知、审定并授予"遗产"某种名号，只是人类的主观行为，是基于利益价值判断的遴选行为。在自然状态下，任何"遗产"都遵循"形成、发展、演变、消亡"的运行轨迹。它不以人类的主观愿望而改变。但是，当人们对于某个具体的遗产项目提出了"保护约定"之后，被纳入了"保护名录"的遗产项目将会按照人类的意志发生相应的改变：或延缓衰变的过程，或改变演化的方向，或突显某些被强调的价值。总之，它们受到了人类主观意志的支配，偏离了自然的生长消亡的轨道。因此，评选和保护遗产，实质上就是人类站在自身的价值判断和利益需要的立场所实施的强力干预的行为。

农业文化遗产的最大特点是它的活态性。它既是历史文化的一种传承，也是农业物种代际遗传的生命体。因此，农业文化遗产与其他遗产类型有很大的不同。与非物质文化遗产相比，它有非物质的一面，也有物质的一面；与物质类的文化遗产相比，它有固态遗产的一面，更有活态遗产的一面；与自然遗产相比，它有自然属性的一面，更有人文属性的一面。因此，农业文化遗产是一种复合型的活态遗产。要想将它们继承下来，传承下去，就会涉及方方面面的知识和技术。以往保护非物质文化遗产、物质文化遗产乃至自然遗产的单一型经验，都很难满足农业文化遗产保护传承的需要。处理不好，还会造成"保护性破坏"。

农业文化遗产是国家民族的公共遗产,相关各方在保护传承中都承担着相应的职责。比如,各级政府及其主管部门、遗产地社区和村民自治组织,遗产所有者的农民群众,以及参与研究、利用、开发的社会团体、旅游部门、农产品商社,甚至前去观光、学习和取经的来访者,都是农业文化遗产的"利益相关者",都需要承担相应的责任。只有这样,在明确了保护主体和保护责任之后,农业文化遗产的保护才算落到了实处。

(三) 农业文化遗产的生命力来自与时俱进

在农业文化遗产项目的申报书和规划书中,都要求写明遗产的"特征及价值"。每个具体的农业文化遗产项目都有其独特内涵。即使同样类型的项目,比如,同样都是梯田、茶叶或者枣园的项目,其不同地区、不同民族、不同品种的项目,应当具有不同的"核心内容"。这些被列为"核心内容"的部分,是需要特别加以保护和传承的,是不能在保护过程中人为改变或丢失的。

为什么在农业文化遗产中需要特别提出"特征和价值"呢?因为农业文化遗产是一种活态性遗产、生产性遗产,它可以生产作为消费品的农产品,而这些产品有着严格的质量标准和品质要求。另外,作为正在运行中的农业生产系统,它对于环境的有形影响和对于文化习俗的无形影响,都会体现在整个生产过程中,体现在最终的农产品里。因此,对于农业文化遗产的保护传承,就会自然地提出一个很现实的问题:什么是必须永久保护传承的?什么是可以与社会经济环境协同进化的？

以哈尼稻作梯田系统为例。修筑在崇山峻岭中的哈尼梯田，一面山坡的梯田可多达 3000 级以上，最陡的坡度达 75°。整个生态系统，由下而上呈现"江河—梯田—村寨—森林"的垂直分布。在传统农耕活动中，每年春天，农民需要将村中的粪肥以肩挑背扛的方式，运送到山下几公里远的梯田中去。以每亩水田施放农家肥 2000 千克、每个青壮年男劳力每担 50 千克计算，每亩水田需要往返送肥 40 趟。到秋收时，同样以肩挑背扛的方式，将收获的稻谷运回山上的村庄，以每亩收获湿谷 500 千克计，需要往山上运送 10 次。如果家中没有强劳力，这些重活几乎无法完成。这是传统农业生产中最重最苦的农活。试想，今天或今后的青年农民，还会继承祖辈这样的"劳动遗产"吗？显然很难做到。另外，传统梯田的生产体系中，每年春耕都要使役耕牛来犁田耙田。如今广大农村已经没有牧童和牧场了，喂养一头一年仅役用几天至多半个月的耕牛，显然成本非常高。因此，我们在规定哈尼稻作梯田系统的"核心内容"时，在不破坏遗产地环境和产品品质的前提下，是否可以允许在保护核心区内使用机电索道运送物资，使用手扶旋耕机进行耕耙作业？而梯田上种植的传统水稻品种、施用的农家肥、灌溉的山泉溪水，以及传统的民俗习惯，都被列为保护的核心内容，不可更改。这样的保护，更体现出农业文化遗产的特点，体现出可持续发展的人文关怀。

类似的情况，在不同类型的遗产中都或多或少地存在，需要针对不同情况区别对待。例如，我们在会稽山香榧保护遗产地看到，当地农民采摘香榧鲜果，需要使用一种高达十多米的竹制"悬梯"。这种高空悬梯作业，明显存在安全隐患。当地农民也说，不时会发生翻跌伤人的事故。过去千百年来，农民都是这样冒着很大危险进行生产作业的。但是在今天，在不影响香榧生产的嫁接种植传统、加工传统和品质要求的前提下，是否可以允许在采摘环节使用更安全更高效的越野型消防"云梯"呢？还有，吐鲁番坎儿井系统，由于是地下暗渠，每年都需要进行一些清淤修补作业。传统时代，清淤产生的大量泥浆湿土，都是从井渠沿线开挖的"竖井"，由人力抽提吊篮运到地面的。这也是强度很大的重活苦活，而且每年都要周而复始地进行。这个作业，是否可以使用动力绞车呢？在暗井下淘淤的农民，传统时代都使用暗淡的油灯或蜡烛照明，至今坎儿井的井壁上还可看到放置油灯的小穴台。这个作业，是否允许农民使用明亮方便的"头盔矿灯"呢？还有，以贡米文化闻名的江西万年县，同时也是全国著名的养猪大县。现代养猪场产生大量的沼气废液，这是上等的有机肥。使用传统的粪桶瓢泼的办法给稻田施肥，几乎完全不可能了，因为养猪场距离遗产保护地非常远，而且人力淋泼的方式效率太低、人力成本太高。在这个环节中，是否允许农民使用带有压力喷头的液罐汽车呢？如此等等。

从以上列举的案例中，我们认为，在制定农业文化遗产地的"核心内容"时，要注意把传统时代的"苦、累、重、险、难"的作业环节区别开来。在农业文化遗产的保护工作中，在不影响遗产保护的本真性价值的前提下，允许这些传统作业环节加入现代要素，以使农业文化遗产的保护事业跟随人类文明一同发展、一同进步，更好地实现农业文化遗产传承农业文明精髓的使命。

三、面向未来的农业文化遗产

（一）农业文化遗产联结过去与未来

我们知道，任何时代的农业技术，都是在特定的社会经济环境下产生和发展的。不同的资源禀赋，会形成不同的价值取向，会催生不同的技术体系。我国历来人多地少，因此历史上形成了精耕细作的农业体系；而最先引领现代农业科技方向的西方国家，要么地旷人稀，要么工业发达而劳力不足，因此他们发展出节省劳力的"机电＋化学"的农业体系。但是，今天所倡导的"农业科技进步"，已经不同于曾经大力推广的机电农业、化学农业，而是要建立高效、安全、环境友好的新型农业技术体系。因此，在当代农业技术基础上加入中国传统农耕文化元素的新型农业科技，可以解决或减缓现代农业科技体系中存在的突出问题。

农业科技如何在绿色发展中发挥作用？党的十九大报告明确提出，"要加快建设创新型国家"，"要加强农业面源污染防治，开展农村人居环境整治行动"。原农业部启动实施"畜禽粪污资源化利用行动、果菜茶有机肥替代化肥行动、东北地区秸秆处理行动、农膜回收行动和以长江为重点的水生生物保护行动"等农业绿色发展五大行动。在这绿色农业的五大行动中，都包含了农业文化遗产所追求的价值要素，都体现出发掘和利用传统农业优良技术的必要性和紧迫性。

当前，生态循环农业要求实行"农林牧副渔并举，山水林田路草综合治理"的原则，实现综合性、多样性、高效性、持续性的多重功能目标。我国各地在创建生态循环农业的实践中，继承和发扬了我国历史上的生态农业模式，在新时代的条件下进行创新发展，取得了良好的效果，积累了成功的经验。

中国的现代特色农业，表现在农业生产实践中加入了丰富的中国元素，这些元素就是传统的品种多样性、农业技术的绿色生态性以及农产品品质的优异性。这些特色的来源，就是农业文化遗产的传承和弘扬。

（二）中国将向世界提供新的农业发展模式

农业文化遗产保护的倡导和推行，改变了人们对于"现代农业"的认识，转变了片面追求产量的观念，开始了注重食物的质的提高和生态环境的改善。伴随观念认识的提高，人们的消费观念也随之改变，开始乐于支付较高的食品价格，乐于接受绿色农业、有机农业、自然农业的优质产品，为有机农业、中医农业的高品质农产品提供了市场空间。

新型农业技术的路径设计，就是要逐步摒除"化学农业"的弊端，逐步走上生态、绿色、环保的发展道路，建设优质、高产、低耗的农业生态系统。其中与农业文化遗产密切相关的是最近兴起的"中医农业"生产方式。这是将我国的中医原理和方法应用于农业领域的有益尝试和科学探索。它的目标是实现现代农业与传统中医的跨界融合，优势互补，集成创新。中医农业的实践路径是，应用中医思想和中医药技术，结合现代农业科学技术，创新现代农业生产技术和环保农用物资，促进传统农业"提质、增产、增效"和可持续发展，遵循"以防为主，防治结合，标本兼治，全程保健"的原则，遵循自然生物"相生相克，和谐共生"法则，解决生物健康生长过程出现的病虫害，保障生物健康生长和自然生态循环平衡，创建具有中国传统农业文化要素的现代生态健康的农业体系。目前，在中医农业的生产实践中，已经取得了令人鼓舞的可喜成果。

这里举一个成功的案例。我早年指导的一个农业史博士，从中国古代防治农作物虫害的中草药配方中，研制和改进出分别适用于水果、蔬菜和粮食作物的中药除虫药剂，非常有效而且环保，目前已经获得大面积推广应用。这个案例说明，通过应用传统农业中的优良技术和农用中药产品，可以研制出生态型的植保产品、动保产品、生物肥料、生物饲料等。总之，我们可以通过挖掘农业文化遗产中的有益传统技术，促使农业"正本归原"，生产出"优质、生态、健康、营养"的安全食品，维护好山清水秀的宜居环境。

(三) 面向未来的中国农业文化遗产使命

21 世纪的现代农业，开启了农业科技的新时代。实行了近三百年的以高投入、高能耗、高集约经营为特征的石油农业、化学农业，已经被实践证明是一种畸形的、不可持续的农业模式。近年来，世界范围的农业面源污染严重、生物多样性面临危机、生态环境持续恶化、食品安全隐患增多，暴露出了现代农业在经济、技术、生态上存在的弊端或潜在威胁。世界各国都在寻求新的农业发展道路。

未来的农业发展趋向，可以从经历了几千年考验的传统农业汲取经验，可以从农耕文化中汲取营养。通过传统与现代有机结合的途径，克服化学农业的弊端，创造出更加高效、更加环保、更加安全的，可持续的新型农业体系，创造出更加辉煌灿烂的农业文明。

传统农业不是落后的农业。它是历史长河中积淀的智慧结晶和宝贵遗产。现代农业不可能完全取代传统农业。目前倡导的生态农业、绿色农业、有机农业、循环农业、农业可持续发展等，都是秉承了传统农耕文化的精髓。

现代农业是具有先进科学技术、先进生产工具、先进科学管理和经营体系，资源高效利用、高经济效益，与环境和谐并可持续发展，代表先进生产力的产业。我国的现代农业，要转变农业发展方式，实现农业生产的高产、优质、高效、生态、安全。这仅依靠当代发明的新技术是远远不够的，必须整合文明史上全部科技资源，包括对农业发展关联度大和带动性强的传统农业技术。为此，要加强农业文化遗产中蕴含的传统优良技术的研发与集成，并把这些传统的优良技术及其发展理念集成于现代农业建设之中。

（四）注入农业文化遗产元素的新时代农业

中国特色农业现代化道路的选择既需要遵循世界农业现代化发展的一般规律，也需要了解我国实现农业现代化面临的特殊国情。我国有着独特的农业类型和农业传统，这是世界各国所没有的农业国情。中国现代农业的特色在于，在农业生产实践中因地制宜地注入丰富的传统农耕文化元素。

农耕文化丰富的和谐理念与人文精神对发展高产、高效、优质、生态、安全农业，发挥着重要的基础性作用，农耕社会的产品安全无污染、注重人与自然和谐相处的经验，在发展现代农业中应当吸收。农耕文化中顺应天时、找准特色、因地制宜、和谐发展的内涵，是发展现代农业的必由之路。农耕文化中地力常新、精耕细作、农牧结合等优良传统以及大力提倡发展农业循环经济的思想，是我们发展现代农业的良方。

在发展现代农业的同时，仍需保持和发扬中国传统农业特点，逐步走"生态农业"和"现代农业"道路，建设优质、高产、低耗的农业生态系统，提高农业生产水平。

中国传统农业经历几千年长盛不衰，其中有着符合历史发展规律的思想理念、技术传统以及与时俱进协同演变的机制。现代农业、石油农业存在的许多问题，都可以从古代传统农业中获得借鉴和启迪。历史悠久的传统农耕文化，在当代农业发展中依然具有重要的价值。因此，必需在大力发展现代农业科技的同时，重视汲取传统农业的精华，建立正确的取舍观和扬弃观。科学地判断取什么舍什么、扬什么弃什么，做到古今一脉，择善而从，进而构建具有中国特色的现代农业发展新模式。

21 世纪的现代农业，开启了农业科技 4.0 版的新时代。实行了近三百年的以高投入、高能耗、高集约经营为特征的石油农业、化学农业，已经被实践证明是一种畸形的不可持续的农业模式。近年来，世界范围的农业面源污染严重、生物多样性面临危机、生态环境持续恶化、食品安全隐患增多，暴露出了现代农业在经济、技术、生态上存在的弊端或潜在威胁。世界各国都在寻求开辟新的农业发展道路。

我国现代农业的创新点在于，在农业农村现代化进程中注入丰富的传统农耕文化元素，大力发展有机、生态、绿色、循环农业的生产方式和一、二、三产业融合发展，大力提倡低碳、绿色、健康的生活方式，大力推进产业兴旺、生态宜居、乡风文明、治理有效、生活富裕的乡村振兴战略，都可以从经历了几千年考验的传统农业汲取经验，可以从农耕文化汲取营养。通过传统与现代有机结合的途径，克服化学农业的弊端，创造出更加高效、更加环保、更加安全的，可持续的新型农业体系，创造出更加辉煌灿烂的农业文明。

现代农业发展要实现从注重数量为主向数量、质量、效益并重转变，从注重粮食生产为主向粮、经、饲统筹发展转变，从注重种养为主向种养"＋"和资源环境兼顾的全过程、全要素转变，就要借助传统农耕技术的优质性、综合性和环保性的天然优势，向市场提供更多的绿色有机的优质农产品，实现从追求数量向质量优先的方向转变。

我国农业文化遗产的思想体系和技术体系，在农业体系的多产融合、生产体系的绿色有机、经营体系的节本增效等方面，都有着重要的参考价值和现实弘扬利用价值。在"特色农产品优势区、农业可持续发展试验示范区"等建设项目中，农业文化遗产同样能够发挥重要作用。农业发展的产业体系、生产体系、经营体系，都可以从农业文化遗产中吸收营养，从经历了几千年的自然与社会考验的传统农业中汲取经验。只有这样，我们才能站在古今文明智慧之上，创造出更加辉煌的农业文明，为实现中华民族伟大复兴的中国梦，做出应有的贡献。

☀ 屋顶过年的摩梭人（王文燕 摄）

中国传统农业的生态智慧

骆世明

华南农业大学热带亚热带生态研究所所长、教授，曾任华南农业大学校长、中国农学会副会长、中国生态学学会副理事长，农业农村部全国生态农业示范项目专家组组长、全球重要农业文化遗产专家委员会副主任委员。

我分三个部分来讲这个问题：第一部分讲一些例子，从我们身边的例子讲其中的生态智慧。第二部分，我想与国内外横向比较一下，看看传统农业的智慧，它们之间有什么共同的地方。第三部分，我想讲东西方不同的地方，这样就知道我们的优势或者特点在哪儿了。

一、活态传承的生态智慧

先翻开世界地图来说一说。世界的重要农业起源中心，最重要的有六个地方：第一个是现在伊朗、伊拉克的两河流域，那个地方是小麦和山羊的发源地，人类在这里创造了非常灿烂的美索不达米亚农业文明；第二个是我们中国的黄河、长江流域，像小米、大豆、水稻都是在我们这儿起源的，我们创造了灿烂的中华文明；还有一个，我们吃的玉米是墨西哥南部来的，那里创造了灿烂的玛雅文明，同样也是古代农业文明；还有呢，我们吃的马铃薯、我们种的棉花、我们吃的辣椒，都从秘鲁那里驯化出来的，在那里创造了非常灿烂的印加农业文明；此外，印度河流域的农业创造了灿烂的古印度农业文明，还有一个是尼罗河下游的农业，这个与古埃及文明有关。世界上农业的重要起源中心主要就在这些地方，它们是独立发展起来的。在数千年、上万年的时间里，农业实践过程中肯定是有些能够适应环境与需求，有些则不然，因此农业实践在不断地被改进。经过数千年的这种不断考验、适应、改进、淘汰、保留的演化机制，最终能够留下来的传统农业实践背后都是有一定适应机制的。但是到了近代，特别是这百年以来，由于受到了各种战乱干扰，还受到了工业化、市场化等社会变动的冲击，现在传统农业幸存不多，所以遗留下来的非常宝贵。传统农业保留的生物资源中，很多品种，都是宝贝。传统农业实践中怎么去种、怎么去养的一些方法，以及整个体系的结构都非常值得珍惜。说到体系，稻田养鱼就是一个体系，贵州从江稻鱼鸭共生是一个体系，哈尼梯田本身也是一个体系。假如我们把传统农业的实践过程用一个时间轴展开的话，会看到近万年的考古历史和五千年的文字记载，农业实践逐步发展到今天，有些实践经不起虫灾、旱灾可能就没了，经不起水灾也没了，经受不了社会动荡也没了……能够历尽千辛万苦、经受千锤百炼，能够保留到今天的传统农业实践，是不是一定有些深刻的道理在里边呢？问题是，我们有没有发现其中的道理呢？

(一) 生态农业的例子

1. 元阳梯田的景观布局

就以元阳梯田为例吧。你们之中有来自元阳梯田的，现在就接受你们的检验了，看我说得对不对。元阳梯田至今已经存在一千三百年以上，能留到今天，这是为啥呢？我吐露两个"秘密"。2010年前后，贵州、广西、云南等西南一带冬春大旱。广西不少水库都已经全部干得见底了，但是元阳梯田的冬天还有水灌溉。但是值得注意的是，梯田上面连一个水库都没有！为什么没水库在大旱之年还有水灌溉呢？我们拿地图来看看元阳梯田的位置。

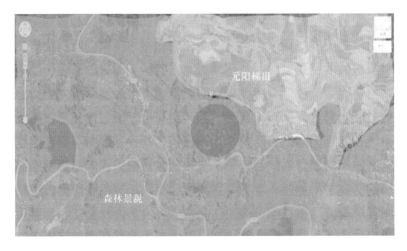

☀ 元阳梯田的位置（黄色标注部分为梯田，绿色标注部分为森林，红色标注部分为村落位置）

图的右上角都是梯田，是黄色标出来的，左下角全部是森林。在地图上，黄色以下的大概是海拔2200m以下，绿色标注的 2200m 以上直到 4000m 左右全是森林，村寨是在森林和梯田之间。咱们哈尼的先辈有个非常明智的默契：所有梯田不论怎么开，不能超过我们村子的高度，这样就保住了村后大片森林。所以在地图上你可以看到，红色圈起的地方是村寨，村寨的前面是梯田，后面都是森林。我们很多人到元阳看到的都是梯田，但是没有注意到它上面的森林。其实，这是一个"秘密"。假如像我们 20 世纪 60 年代"农业学大寨"那样，将元阳梯田一直开到山顶，那么在 2010 年的大旱中，还会有水灌溉吗？应当没有了！所以这是一个很重要的景观布局，这实现了用水与保水、产水之间的平衡。这是先人的智慧。当然，产的水流下来后还有很多功能，今天我就不一一展开了。

2. 传统品种与作物间作

元阳梯田的第二个"秘密"是品种。红米这个品种，叫做 Acuce（哈尼语同音），大概用了上千年。这是云南农业大学朱有勇院士团队研究的一个成果：用这个传统红米品种，还有三个现代品种，一齐接种不同的稻瘟病病原小种，看发病情况。结果发现，现代品种要么一点病都没有，要么病得很严重、很极端。传统品种对不同的稻瘟病生理小种，都可以看到有一点病斑，但不会扩展得很严重。这个发现在实践中是非常有用的。他们对其原因进行了进一步的研究。他们在元阳的全福庄一栋老房子的梁上发现了挂在上面的稻穗。这里有一个传统，凡是新房子落成都要把稻穗挂在主梁那里。这次发现的是 1891 年新房子落成的时候用于祭祀的谷穗还留在那里，外表已经被熏得很黑，积了很厚的尘。到现在为止已经有 128 年了。结果发现，过去的稻谷和现在还在种植的稻谷相比，无论外形还是里面米的性状，都是一模一样的。也就是说，这个品种从1891年以来一直都在用。现代品种，大家都知道，比如说在北京附近的小麦品种，平均三年左右就换一个，很少有超过十年的。要是每个品种都可以用100年以上，那些育种家或者那些种子公司就没活干了。然而传统品种竟然种了这么久，为什么呢？或者说它有什么好处呢？今天之所以在元阳梯田还在用这个品种，是因为现代品种达不到那个高度，育种家们都是在平原干活，结果呢，随着现代品种种植的高度越高，产量就越低。随着高度的攀升，现代品种不行了，顶不住了，但是传统品种从梯田最低的100多米到2000米，产量都差不多，变化比较少，也就是说适应气候变化的能力比较强。而且，根据当地农科站的记录，从1987年到2006年，产量都在每公顷5吨左右，变化不会太大，不会像现代品种那样波动很大。为什么现代品种适应不了环境的变化，而且产量波动明显呢？从基因的角度来看，他们测定了第十一对染色体的等位基因后发现，扩增以后，现代品种每粒米的基因完全一样，遗传背景一致，但是传统哈尼品种，基因扩增的条带数目和电泳位置的高低都不一样，证明它的遗传背景是非常多样的。假如有一个稻瘟病小种发生变异，能够适应某个现代品种的特定基因，那么这个现代品种的全部植株都要得病死掉。然而作为传统哈尼品种，假如一个稻瘟病的小种发生变异能够适应这个基因，最多这个植株感病死掉，但是因为基因背景存在差异，其他植株就不一定会感病，所以传统品种在气候发生变化、病虫害逆境发生的时候就发挥出了它的威力，这是传统品种的优势。我问过一个育种专家，他说按照现代品种的定义，这个基因不纯的传统水稻品种不能被认定是一个品种，只有那种遗传背景统一的、整齐的才能被认定是品种。这确实是一个

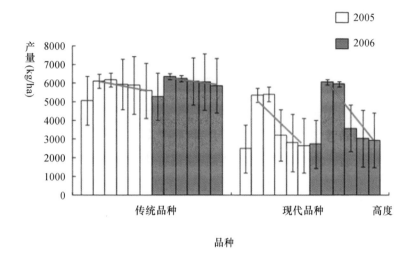

☀ 传统和现代品种在不同高度种植的产量比较

（来源：朱有勇）

第11对梁色体RM206等位基因扩增结果

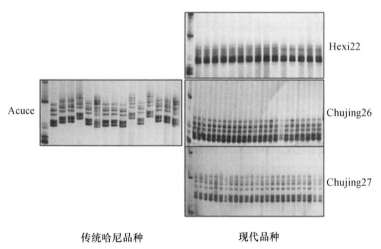

传统哈尼品种　　　　　现代品种

☀ 传统哈尼品种和现代品种的基因比较

（来源：朱有勇）

误区啊。《种子法》在 2015 年才修订过，在法律上允许农家自己留种是合法的，过去则是不合法的。所以你可以看到，现代工业化标准的思维方式和传统农业实践结果的差异。

现在进一步看看这个品种是怎么来的呢？原来农民都喜欢在市场上交换种子，看看哪家的好，就买一些回来。出嫁的女儿回娘家时，也会把家里好的种子带回去，这就实现了民间的种子交换。传统上基诺族人和不少农区农民都有在水稻成熟的时候在田间进行水稻穗选的传统。村落里让种田经验丰富、眼力又好的中年人，到田里面把生长好、米粒饱满的好穗子选出来。采收回来以后，第二年作为种子繁殖，第三年再扩大规模，最后分发给村里面家家户户。这种群体选育跟现代育种不一样。现代育种通过亲本杂交，在分离的后代中选出优良株系，然后一粒种子一株苗的方法，通过多代，直到取得稳定的后代。优良后代再进行品种比较，好的就推广。所以现代品种的基因背景是非常单一的。传统农业中通过民间交流、田间观察、群体筛选得到的种子，虽然表观形式一样，但基因背景却是多样的。这是第二个例子。

现在不仅是中国，世界各地的农家品种都流失得很快。

保护农家品种，目前我知道有两种途径，一种是科研部门，像现在我们中国农科院作物所，还有各地的农科院或者农业高校建起来的种子库。国际上也有一些保护机构。他们把一些作物种子，通过低温，比如零下十度左右，可以保存五六十年，经过十几年后再拿出来种植、更新，就可以长期保存下去了。目前国家和地方保留了大量的农家品种，这是其中一种保护方法。

另一种就是在利用中保护。其实在利用中保护是农业文化遗产中的一个基本思路，就是不要把农家种变成死的，而是活的利用，在利用中保护。目前不愿意保护主要因为两个问题：第一个是产量低，第二个是由于产量低引起的经济效益低。农家品种的产品跟其他产品是一样的价格，价格拉不开。

所以要解决这个问题的话，很重要的是市场的开拓。比如，你的农家品种生产出来了，假如不是自己吃，那必须有市场。建议我们努力开拓一种可以标记的产品。这种产品比一般的产品价格要高。

比如说青田养鱼，贴了农业文化遗产的标签，卖出去就贵一点，而且鱼米都贵很多。还有利用别的，比如说生态农业、有机产品的标签等，在市场上可以获得差异价格，从而弥补了产量低的损失。当然品牌建立并不容易，往往需要口味特别或者产品质量特别，让消费者真正认可，才能够获得一个比较高的价格，这是一个方法。

另外一个方法也正如我刚才说的，就是要政府介入。认准了这是地方的好东西，是必须要保护的，政府可能就会专门补贴农户，或者划定品种的保护区。每年补贴多少？比如说一般的粮食是1000斤，这个老品种才500斤，那么另外500斤，政府就进行补贴，让农民继续种下去。我知道江西万年县有一个很古老的高杆水稻，政府就补贴给种植的农户。

所以要几方面的努力，最重要的是需要从国家到地方都认识其重要性。举个例子，比如说东北的野生大豆。有一段时间，美国的大豆线虫病很严重，人们被搞得焦头烂额。最后抗线虫基因是在我们东北野生大豆和农家品种中找到的，通过育种，解决了大豆线虫问题。所以，有些品种的优异特性过去真的是不了解也不重视。

说到农家品种产量低的问题，特别值得注意的是，农家品种最重要的往往不是单一的高产指标，还有优质的指标、抗性的指标，甚至还有适应当地土壤肥力和培肥耕地地力的考量。所以农家品种的综合特性是现在那种单一高产的品种所不能比的，它中间有很多好东西需要挖掘并让大家知晓。

所以农科院要搞种子资源库，农民要划定地段种植农家种。另外尽量搞一些商品标签和品牌，在市场上进行扶持，这都很重要。这些想法供参考。

第三个例子，是云南农家的糯稻。这个糯稻是非常容易感染稻瘟病的品种，云南农业大学的朱有勇院士看到农民往往把糯稻种在梯田边上，这样种的糯稻就没有稻瘟病，不用施药也有好收成。于是他得到启发，研究出了一个水稻不同品种间作的模式。在稻田里高的糯稻和矮的抗稻瘟病杂交水稻间种。这样就不用施农药，易感稻瘟病的糯稻也没有大规模感染稻瘟病了。这个研究结果被发表在国际权威科技期刊《自然》上面。后来进一步的研究表明，云南这一带的高寒山区，水稻生长季节的露水往往到十一点都干不了。冷凉湿润的环境，有利于稻瘟病的真菌入侵水稻叶片，并逐步扩展形成病斑。但是通过间种，糯稻比杂交稻高了一截，由于日照和通风条件好，叶片的露水早干一两个小时，这就减少了稻瘟病入侵的概率。病原菌刚刚萌发，还没来得及钻进叶片去，露水就干了，稻瘟病孢子就死掉了，这是一个原因。第二个原因也是因为糯稻高了出来，叶片蒸腾就增加了。土壤中有一个非常重要的元素，叫硅，我们玻璃杯的玻璃就是用硅造成的，硅会随着水稻根系吸收的水，被吸收到叶片里面去。最近这些年的研究发现，硅有两个保护水稻的功能。第一个是增加表皮细胞壁的厚度，让微生物难以入侵，称为物理抗性；第二是硅入水稻体内以后，就像我们打疫苗一样，诱导植株内部的抵抗力增加，称为诱导抗性。还有一个原因，即使稻瘟病的病菌入侵了其中一株水稻，而且通过孢子繁殖要传给第二株了，但是那个孢子大多数要落到旁边抗病的杂交稻植株那里，很少能飘越四行水稻，传染到第五行的糯稻。所以这个物理屏障又进一步防止了病菌的传播。这么简单的间种办法，就阻止了稻瘟病的爆发。这是传统的智慧。类似的间种方法也运用到了马铃薯和玉米的间种，因为马铃薯晚疫病和玉米的大斑病和小斑病很难治，但这个病的防治通过间种这种办法解决了。这个也是朱有勇院士在云南做的一项工作。

中国实施间作套种已经有两千年的历史了。中国农大的李隆教授深入研究了间作套种体系中的植物间的养分关系，主要研究地点在甘肃和华北平原。他的研究成果在世界的知名度很高。他发现，比如说这个照片，左边种的是小麦，右边种的是蚕豆，中间三行种的是玉米。哪一行的玉米长得好一点，哪一

小麦/玉米　　缺磷土壤　　玉米/蚕豆

☀ 在缺磷土壤玉米与小麦间作，玉米与蚕豆间作的表现差异（来源：李隆）

行的玉米长得差一点？靠蚕豆一边的玉米长得好，最差的是靠小麦这边的。这里面的原因是什么呢？李隆教授的研究发现，禾本科的玉米和豆科的蚕豆间作有很好的相互作用。大家都知道豆科能固氮，它能够提供给土壤更多的氮元素，有利于供给禾本科吸收。但还有一个很重要的作用。为什么刚才看到那个靠近蚕豆的玉米会绿一点呢？原来，蚕豆的根系分泌物是偏酸的，而玉米的根系分泌物是中性偏碱的。酸的分泌物能使土壤里原来对于玉米无效的有机磷，通过酸化分解成为可溶性磷，反倒能够让玉米吸收。他的研究还表明，玉米根系也有一些分泌物，能够把土壤里的微量元素，像铁、锌、铜、锰这些，从无效形态通过螯合作用变成有效形态。通过这种途径使豆科植物获得了很多它必需的微量元素。可见，间种之中玉米与蚕豆之间有很多互利的相互关系。在前两年，他们这个研究团队还发现一个很有意思的结果。玉米的根系还能分泌出一些信号物质。这些信号物质能够激活根瘤细胞的结瘤因子，并让它更容易入侵豆科植物的根系，让它长成根瘤。所以凡是跟玉米在一块的，蚕豆的根瘤就多。虽然是这么简单的一个间套作，但它可以流传上千年，因为农民能够从中看到它的好处。然而间套作间背后相互关系的秘密，只是近年才开始被揭露出来。

当然间套作不仅仅是中国的特色，墨西哥传统的玉米、豆科作物及南瓜间作也有很好的效应。它的土地当量达到1.77，也就是说种1亩的这个间种体系，相当于1.77亩分别单独种植的效果，是一套非常好的间作体系。间套作是第二个例子。

3. 桑基鱼塘

桑基鱼塘是第三个例子。浙江湖州的桑基鱼塘系统已经被列入世界重要农业文化遗产。广东珠三角的桑基系统与浙江湖州的桑基鱼塘系统都是处在河流下游的低洼地。珠三角桑基系统在公元前 202 年左右就开始了，浙江湖州更早，春秋战国时期就开始了。这两个都是桑基鱼塘，那么桑基鱼塘是怎么回事呢？它是一个循环体系：基上种桑，桑叶养蚕，养蚕剩下的东西叫蚕沙，就是吃剩的桑叶和蚕粪，这些蚕沙扔到池塘喂鱼。每到年底，再把塘泥从塘里挖起来，回到塘基上面去。所以氮磷钾这类养分，先被桑树吸收，再给蚕吃了，然后又随蚕沙下到鱼塘，最后又回到桑基，形成了一个循环。上千年前人们就这样做了。我们现在才提循环农业、循环经济，而中国传统的农民早就在做了，而且还不只这样。他们在水里养的四大家鱼还有各自的功能。比如说，鱼塘里混养了大头鱼（鳙鱼）、草鱼、鲤鱼和鲫鱼。为什么大头鱼的鱼头那么大？（学员回答：不知道。）大头鱼是专门吃浮游植物和浮游动物的，浮游生物的个体很小，要用放大镜、显微镜才能看得见。大头鱼要过滤大量的水，才能够获得足够的食物。如果它的口不够大就过滤不了足够的水。水都从鳃流出去了，过滤剩下的浮游生物就吃进肚子里，所以大头鱼是滤食性的。因为浮游植物一般都在水的上层，要吸收阳光，进行光合作用，所以大头鱼就在水的上部游动。然后是草鱼，草鱼专门吃植物，是植食性动物。植物也需要阳光。草鱼一般就在鱼塘的中上部生活。鲫鱼和鲤鱼生活在鱼塘的底部，属于杂食性鱼类。他们是池塘的清道夫，把上面吃不完掉下来的东西给吃了，还把水底的螺、昆虫幼虫等全清掉了。这四种鱼对氧气的耐受力也不一样。草鱼和大头鱼需要氧气充足的地方，要是放在水底就可能被憋死。但是鲫鱼和鲤鱼是耐缺氧环境的，所以它们可以在鱼塘底层生存。用我们现在生态学的语言来说，这些不同种的鱼通过占据了鱼塘不同的生态位，能够把鱼塘的资源利用得更充分。我们的祖先太聪明了，不但把野生的鱼驯化成家养的，而且可以把不同的类型搭配起来。有时候，他们还专门放几条珠三角称为生鱼的肉食性鱼，学名叫乌鳢。生鱼生性凶猛，把那些通过水流进入的小鱼小虾给干掉。农民实在是太聪明了。桑基鱼塘体系中塘里面存在生物多样性，在基上也利用了生物多样性，基上有的种桑，有的种蔗，有的种菜，有的种花，有的种牧草。牧草可以割下来丢到鱼塘里喂草鱼。在塘边上还可以看到养鸭、养鸡、养猪的。实际上这是个非常丰富的生态系统，可以满足我们人类各种营养需求，让生活变得丰富。这是今天要介绍的第三个系统。

4. 高畦深沟与稻田养鱼

再讲第四个传统农业的例子，因为我在广东，所以比较熟悉珠江三角洲一带的高畦深沟系统。这个地方是珠江边的低洼地，地下水位比较高，种啥都不行，主要是因为植物根系长不好。怎么办呢？于是人们就把沟挖得深一点，把泥放在畦上，把畦抬高。这样就能种东西了。在今天地处珠三角和南海边的不少地方都有高畦深沟系统。在新会县，我们可以看到农民在高畦深沟的畦上种木瓜，在沟里面种糯稻。其实种这个糯稻也跟刚才说到的云南那个有点类似，不能连片种，分散种就不容易得稻瘟病。我还看到高畦深沟里在畦面种甘蔗，长得非常好，因为水位降下去了。高畦深沟也跟桑基鱼塘类似，每年要把沟里的泥重新挖出来，放在畦上，所以也有养分不断循环利用的过程。这是一个小的、内部的循环体系。你看，传统的农民聪不聪明？

再讲咱们青田的稻田养鱼吧。你们之中有两位来自青田。

青田养鱼的历史也有1200多年了，今天很多青田人还到欧洲去做商业。青田的商人在欧洲很怀念家乡，所以青田的鱼被晒成鱼干，也销到欧洲去了。为什么稻田养鱼这个系统能够留存这么久？如果站在青田的稻田边，你会发现鱼对这个水稻特别感兴趣，老是撞它、碰它，搞得田水一波又一波的。于是我就想，为什么田鱼会对水稻这么感兴趣呢？没有无缘无故的爱啊！这个行为背后肯定是有道理的，不然老消耗它的体力，它蹦来蹦去干嘛呢？后来我想大概有两个原因：第一个原因，可能有些草、有些菌绕在水稻茎秆的周围，所以鱼要吃它；还有第二个原因，大概水稻的上部会有一些虫，鱼碰碰这些水稻，虫就掉下来了。后来我发现，第一个原因是肯定的。第二个假设，在浙江大学陈欣老师做的一个研究中也得到肯定。在田鱼去碰了水稻以后，上面的稻飞虱就掉下来，鱼就去把稻飞虱吃掉了。还有，在水稻开花的时候，鱼去碰水稻，花药也会掉下来，鱼也吃那个花药。所以，吃完稻飞虱，水稻开花以后，再吃花药，那个鱼也就肥了，水稻也长大成熟了。到水稻收获的时候，鱼也可以收了。这种相互关系实在是太妙了。大家看这个图。图上的白点表示单一种水稻的农户，黑点是实施稻鱼共作的农户，横轴表示每公顷使用农药的数量，纵轴是水稻产量的稳定性。结果浙江大学陈欣团队的研究发现，实施稻田养鱼的农户相比单一种水稻的农户，用的农药少很多，而且水稻产量的稳定性也很高。这是他们发现的规律：稻田养鱼，不但多收了鱼，而且用农药更少，产量更稳定。

5. 稻鸭共作

现在讲讲稻田养鸭。贵州从江市稻鱼鸭系统，被列入了中国重要农业文化遗产。这个统也是稻田养鱼为主。那么单纯的

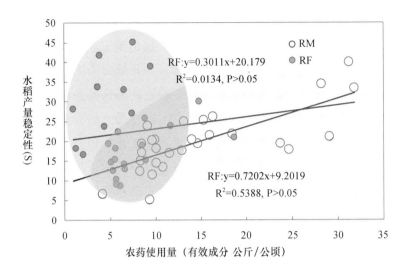

RF:y=0.3011x+20.179
R²=0.0134, P>0.05

RF:y=0.7202x+9.2019
R²=0.5388, P>0.05

☀ 浙江青田稻田养鱼（RF）农户（黑点）与单种水稻（RM）农户（白点）的农药使用量和水稻产量稳定性关系，结果表明稻田养鱼农户可以不用或者用很少的农药就可以取得高的水稻产量稳定性。（来源：陈欣）

稻田养鸭如何呢？稻田养鸭在中国记载已经有 400 年历史了，主要在南方稻区，近年在东北稻区也有发展，华南农大的章家恩老师对这个体系进行了十多年的研究。

当然，鸭在田里边走来走去，肯定是为了吃虫、吃草。但鸭子在稻田里边除了除草、除虫，还有什么作用呢？（学员回答：鸭粪回田。）对！这就相当于施肥，所以养了鸭的田，一方面不能喂鸭子到全饱，只能喂到半饱，喂饱了它就不去找吃的了。稻田也不能施足量的肥，只能是一半，因为另一半是鸭粪有机肥。稻田养鸭还有其他的功能。鸭在稻田里走来走去，会碰到那些稻株，上面的露水会掉下来，就跟刚才那个云南水稻间种减少稻瘟病的原理一样，露水少了，叶片干得早，水稻病害发生也随之减少。另外，发现养鸭的稻田中的水稻植株要比那个没养鸭的矮。同一片稻田，这边养鸭，另一边不养，结果这边养鸭的就矮了，而且台风一吹，那边倒了，养鸭这边还不倒。后来，我们就让研究生做实验，一开始每天去用手模拟鸭子碰一碰那个水稻，后来就改用实验室的振荡器去触摸那些水稻，每天按照鸭出现的次数去碰它，这样做之后，水稻真的矮了。原来，这种机械刺激让水稻里边的矮壮素和赤霉素等一些内源激素发生了变化，这一点是过去没想到的。我们还解剖了那些水稻，观察其维管束组织，结果发现养鸭的水稻茎秆维管束更粗壮了。

稻田养鸭的多种不同功能才被我们认识。大家知道，稻田的温室气体排放很厉害。为什么呢？因为稻田是经常被盐水浸泡的。在厌氧的情况下，有机物的分解会产生甲烷，也就是沼气。沼气是一种温室气体，能够吸收红外线，从而阻挡红外线跑回宇宙。太阳辐射这个热量进来了，本来要通过红外辐射走回去，达到进出平衡，但是二氧化碳和甲烷一多，红外辐射就被大量吸收，就辐射不出去了，造成温室效应。然而，鸭子走过的稻田，排出的甲烷就变少了。为什么呢？因为鸭子走过的时候就把空气扒进田里了。厌氧的环境得到改善，氧气增加了，排出的甲烷就减少，温室气体排放也就少了。尽管前人也没考虑这么多效应，但是稻田养鸭竟然有这么多好处，这是我们都没有想到的。当然，稻田养鸭，还有另外一个作用。就是在一个田里收获完水稻以后，再把鸭子放进去，这样就把所有的落粒都收获了。因为收割时总会掉一些的，放鸭之后就把它全部吃掉，而且变成了鸭肉，多好啊！通过稻田养鸭，出产的两个产品都是非常畅销的。一个是稻田鸭，这个鸭特别香，因为鸭经常走动，脂肪少，瘦肉多；另一个叫鸭稻米，这个是有机米，也特别香，这是不施化肥、农药的。所以这两个产品都很好卖。我们广东一个大的稻米企业就是用这种办法进行水稻生产，东北五常大米也采用这个办法来生产。

（二）中国古代对植物化感作用的观察和利用

刚才讲了五个传统农业的例子，现在再讲讲在古农书里发现的一些传统农业的"秘密"。其实，古人对农业的一些观察对我们今天是很有启发的。大家对"化感作用"这个术语会有些陌生。什么是化感作用呢？就是说植物为了和别的植物竞争，它会释放出一些化学物质，通过地上部挥发物或者根系分泌物，或通过下雨把化学物质淋溶到附近地面，把其他竞争对手抑制住，甚至把其他植物杀死。植物通过分泌一些化学物质，让旁边的植株长不起来，这个就是化感作用。这个学科是近20年才发展起来的，时间不长。但是我们古人早就看到这种现象，比如在公元前3世纪杨泉著的《物理论》里，就有这样的描述："芝麻之于草木，犹铅锡之于五金也，性可制耳。"古人说新开垦的地通过种芝麻之后，杂草就会给抑制住了。第二个就是公元6世纪北魏时期贾思勰在《齐民要术·种麻子》中描述："凡五谷地畔近道者，多为六畜所犯，宜种胡麻（即芝麻）、麻子（大麻）以遮之。胡麻六畜不啮，麻子鬣头而实收此二实，足供美烛之费也。"这里说的就是在种粮食作物的地块旁边种一些大麻或者芝麻，牛看到这些东西它就不会进去吃作物，而且害虫闻到这种味道就会飞走。800年前完成的《雷公炮炙论》中写到："凡种好花木，其旁须种葱、韭之类，庶辟麝香之触也。""种花、药处，栽数株蒜，遇麝香则不损。"这里就说到，在种花的时候，周围种些蒜、葱、韭菜就可以避害虫。蒜、葱、韭菜的化学物质能够驱赶害虫。在13

世纪，也就是 700 年前，张福在《种艺必用补遗》里陈述："俗传竹畏芦，槛内以芦蕳两种围于土下，即不穿槛"，"笙竹根多穿害阶砌，惟聚皂荚刺埋土中障之，根即不过。栽油麻其亦妙"。大家都知道，种竹子会在地下发生竹鞭。这些竹鞭能够蹿得很远，然后在第二个地方又冒出地面，长起竹子，有时候甚至蹿进房里边去，把房子也毁了。当时，人们观察到有几种植物可以阻止竹子的竹鞭穿过去。第一是种芦苇，第二是种川芎，在房子周围还可以种皂荚，以及油麻藤。这些植物一长，就会通过分泌一些化学物质，抑制竹鞭生长，竹鞭就不进屋子里去了，或者拐个弯长，或者停止生长。这真是个好经验。另外，在清代 1760 年出版的《三农记》的"垦荒条"中写到芝麻和油苏二者皆可"使草根腐败……种莳无芜害之患"。古人说种芝麻和油苏都可以防杂草。最近我在广西看到人们在温室里也种了紫苏，种紫苏的目的是驱虫。从南方来的人，不少人应当认识紫苏的。有没有认识紫苏的？（学员举手）紫苏与姜、葱一样都是有点香味，可以在烧菜的时候作为调料用的植物。正是利用产生植物气味干掉化学物质把虫给赶走。

讲完传统农业智慧后，再讲点民间的智慧。南方种柑橘，特别在广东、广西这一带，还有江西的南部，一个最让人头疼的事就是柑橘黄龙病。黄龙病传播的过程是这样的，当木虱叮咬了得黄龙病的植株以后，再去叮咬健康植株，好的植株也就得了黄龙病。到现在没有任何特效药可以治黄龙病，唯一的办法就是及时把患病植株砍掉、烧掉，所以感到很头疼。最初，越南有人发现在柑橘园里边间种了番石榴后，由于番石榴有些味道散发出来木虱就受不了，于是它就逃走了。木虱飞走了，传播媒介就没有了，柑橘园黄龙病因此得到有效控制。这是一个非常巧妙的方法。我国在南方柑橘的传统防虫办法中，有一个办法是使用黄猄蚁。在公元 304 年的《南方草木状》就有过记载。岭南柑橘农经常到市场里将整个巢的黄猄蚁买回来，放置到柑橘园中。直到今天，这种方法还在被柑橘农利用，我还可以在一些农场看到整个巢的黄猄蚁就在柑橘园的树上，可以把害虫给控制住，这是非常好的一个实践。

在西北，农民看到一种专门吃石榴的桃蛀螟，情况很糟糕，就靠施农药。后来，西北农业大学一个教授根据当地农民关于石榴园旁边不能够种向日葵的经验，偏偏在石榴园里面种一点向日葵，看会怎么样？结果发现桃蛀螟全都飞到向日葵那里去了，这样石榴不是就可以不施农药了吗？这类吸引害虫的植物就叫陷阱植物。害虫被吸引走了，诸种作物就不用施农药了。在广东韶关的桑园里，蝗虫一度闹得很厉害，把桑叶吃得七零八落。施农药后，蝗虫没了，但是桑叶沾了农药有残留，再去喂蚕，蚕也受到影响。怎么办呢？他们发现，在桑园旁边有枫杨树的话，蝗虫就会跑到枫杨树上面去吃枫杨树的叶子而不去吃桑叶了。于是，枫杨树也就成了蝗虫的陷阱植物。

近年南方地区香蕉产区经常发生枯萎病，这种病非常厉害。香蕉得病后也没太多好的医治办法。要培育一个抗枯萎病的香蕉品种并不容易。因此，香蕉产业受到严重威胁。在这种情况下，广东东莞的农民发现不用任何药物，只需简单地实施香蕉和韭菜间种，就能解决枯萎病问题。我的一个研究生研究发现了韭菜里边有一种叫 2 - 甲基 - 2 - 戊烯醛的化学物质，能够抑制香蕉枯萎病的病原镰刀菌。你看农民是不是很聪明？科学家搞不定的，他却能发现解决方案并且可以推广，而且中间的道理我们还要费半天工夫才能搞明白。

2019 年南方的果蝇比较厉害，对果农影响很大。做生态种植的，都不能用药，损失惨重。生态系统怎么建立会提高抵抗力？

有很多办法，例如，诱杀的方法就有：黄板诱杀、果蝇诱捕器、糖醋液诱杀等，但是这次课里因为时间限制不能具体展开。举个柑橘红蜘蛛防控例子的思路，柑橘地里有人就种胜红蓟来防红蜘蛛。柑橘园里，柑橘被红蜘蛛吃了以后皮就变色了，品质也下降了。有一种叫捕食螨，就是吃红蜘蛛的蜘蛛，能够控制红蜘蛛的爆发。在柑橘园没有红蜘蛛的时候，捕食螨生活在胜红蓟群落中。所以在柑橘园中种胜红蓟，这样就可以让捕食螨繁衍，控制红蜘蛛。

至于其他虫害的防治细节，我可以进一步和你们讨论。如果遇到我不知道答案的，我可以联系学校的老师。我跟我们学校以及其他学校的专家都有联系。只要有问题，我会通过不同途径给你们提供一些解决方案。

（三）小结：传统农业的启示

总的来说，我觉得传统农业的效应是多目标、多功能的。这些考虑包括吃得饱、吃得好，劳动力周年的均衡使用，与自然生态系统协调与长期稳定共存，当旱、涝、虫、病的逆境出现时它也能够应付得了。所以它不像现代农业目标单一，要高产就是高产，要赚钱就是赚钱。传统农业是多目标综合的。

第二点就是，传统农业机制的维持是多层次、多组分、多功能一起协调的，所以当我们揭示它的机理，可以发现它里边包含着化学关系、物理关系、遗传结构、生理生化调节、种群生物关系等，甚至像云南元阳梯田的景观布局都与之有关。相比之下，工业化农业显然太局部、太简单，借助自然机制的手段显得很贫乏。我们过去讲究天人合一，经过多少年的发展却发生了变化。而且传统农业本来就是依赖无数一线农牧民的长期探索和创新形成的，千万双眼睛通常比少数几个科学家的眼睛有更强的观察力。千万人的双手相比少数人动手会遇到更多的机遇，也会有更多的惊喜，是吧？你看香蕉问题不就被解决了吗？经过成百上千年的试错，错了又改，改了遇到问题再进行优化，才形成了传统。因此才有了结构多样的农业体系、丰富多样的农家品种，还形成独特的中医中药体系。这就是传统的魅力。

生态农业和传统农业的关系在哪里？我们看东方的传统农业，它注重在结构中的生物多样利用、整个体系里能量的多级利用和物质的循环利用以及景观中因地制宜的布局，但是到了西方的工业化农业时代，农场的生物结构是单一的，能量利用是一次性的，物质是大进大出的，布局是单一且人工化的。这个结构是不可持续的。结果走着走着，人们发现走不下去了。所以现在人们重新提出生态农业的概念，开始重新重视生物多样性利用、生物的多级循环利用与景观的合理布局。

我们可以看到，传统的东方农业实践和现代提倡的生态农业的要求相比，有很多契合的地方，正因为这样，在传统农业里边很多模式、技术、物种、品种、管理，甚至乡村的禁忌、习俗和信仰，都值得我们在今后的农业生产实践里借鉴和利用。我们的传统农业已经走到了今天，但是面对工业化社会的挑战，我们能否帮助重要的传统农业实践越过这个坎，继续为我们农业的可持续发展和人类的可持续发展服务，这是摆在我们面前的任务。我们应当共同努力，中国农业大学孙庆忠老师做的培训这个事就非常好。因此我们要及时地发掘、抢救、保护、研究、应用和推广我们的优秀传统农业体系。这是我今天要讲的第一个主题。

湖州桑基鱼塘系统区在 2017 年成为了全球重要农业文化遗产。

因为现在农业跟我们以前的生态农业，中间的生态食物链有所改变，这让我比较担心。我们当地以养家鱼为主，底层的结构主要是螺蛳青鱼，当地又叫乌金子。那时候一斤青鱼可以跟一两黄金媲美，而现代农业里，青鱼都是吃膨化饲料，我们以前的原生态农业的青鱼是吃太湖里的螺蛳。

现代农业里的生态食物链有所改变。我对全球重要农业文化遗产地食物链的改变带来的影响也有所担心。

我看到你们那里好像有很多人捞螺蛳，敲了以后撒下去给青鱼吃的是吧？

对，但是现在只是在 1007 亩的核心保护区里这样做。周边的规模化养殖，大批量的养殖鱼塘，就根本不会存在像以前传统农业那样的生态链。青鱼周期一般是三年，现在他们养殖的话一两年就可以作为产品。

其实这种趋势也是商业化以后很难避免的一个现象。

根据我的了解，在世界上很多地方还是需要政府出台一些硬的规定才好办。比如说现在很多养殖业里，像养猪使用的大量高铜、高锌的饲料，导致猪粪含有很多重金属，甚至污染土地，污染种植的作物。

我不知道膨化饲料里面是否有激素或者其他环境有害物质。现在我国政府要求减施化肥农药，还有在畜牧业里减添加剂、激素、抗生素这类东西。实际上，一般农民在实践中都会看怎么来钱快、来钱更容易，就怎么干。所以需要硬的措施来把不合理的饲料添加剂压下去。这里需要规范的规定和很严格的检查手段。像欧洲、日本等一些地方都非常严。农场能养多少、用什么养、用什么饲料、用什么兽药，都非常严格，很多激素、重金属都已经被禁止了。

所以像这类行为，我觉得是不是可以从以下两三个方面入手。

要教育消费者和生产者。"到底你这样做，会有什么问题？对于人的健康，甚至对养殖者的健康，有什么不利？"这样，人们就会自觉买那些生态的、自然养殖的产品，它就会有市场。尽管你的价格比别人高，他也愿意买。所以就是需要两方面的教育，光教育生产者不行，还要教育消费者。这里就有难度了，消费者怎么认可你不是假的？比如说你是真的好，人家也愿意买了，但是其他用饲料养殖的进入市场，也挂牌说是生态养殖，怎么办？这就需要市场监管。

所以，农民要教育，地方市场管理部门要教育，把制度建立起来，把消费者的积极性和生产者的积极性调动起来，才可以逐步解决这个问题。这真的不容易，是一个大工程。所以我有时就说搞生态农业也好，搞农业文化遗产保护也好，我们是处于一个相对艰难的阶段。假如形势发展顺利的话，五年后可能外围社会大环境会更好一点，因为政府也在努力了。

2017年政府出台了一个文件，《关于创新体制机制推进农业绿色发展的意见》。政府已经意识到了，现在的农业再不能乱来了，必须搞绿色发展，所以原农业部也出台了"一控、两减、三基本"。"一控"是指控制农业用水总量和农业水环境污染，确保农业灌溉用水总量保持在3720亿立方米，农田灌溉用水水质达标。"两减"是指化肥、农药减量使用。"三基本"是指畜禽粪污、农膜、农作物秸秆基本得到资源化、综合循环再利用和无害化处理。还有原农业部关于《开展果菜茶有机肥替代化肥行动方案》《农业综合开发区域生态循环农业项目指引》等都开始实施了。

现在的条件还比较难，比较艰苦。干生态农业和保护重要农业文化遗产往往是带有一种公益性，或者一种情怀，真的是不求名、不求利，不容易！但是外围的环境在改善：生态文明、农业政策环境等，政府也认识到了，正在努力克服。

所以我想，往下走的话，就等于长征，现在走到了遵义，还有过雪山、过草地，太艰难，但是一到延安就会前途光明。坚持吧，是有前途的！应该看远一点，四五千年都走过来了，还差这最后十来年吗？我们这一代走不下去，下一代再走下去！一定走得通的！

二、国内外横向比较

第二个主题是讲传统农业相同的地方。在自然界里水陆两栖的动物，为了待在水中的时候还能够瞭望水上，并且能够呼吸，眼睛和鼻子都突出于水面。生物长期生活在同一个生态环境下，产生形态趋同适应，不同物种构成同一类生活型。类似的生活型还很多，你看飞行类动物，除了鸟类以外，昆虫也会飞，哺乳动物也会飞，都有很大的翅膀、很轻盈的身体，这个就是飞行的生态型。那个图里的动物都不是鱼，而是哺乳动物，鲸鱼、海豹、海狮全都是哺乳动物，但是它们都成了鱼的样子。为了适应水的阻力，身体变成流线型、前肢变成鳍一样有利于用来划水，尾部也发育成尾鳍，这个是适应水中生活的生态型。

（一）传统农业的结构趋同现象

农业方面，我们知道有珠三角的桑基鱼塘，但在浙江湖州竟然也有桑基鱼塘，古代谁也没有告诉过谁，他们的交通也不方便，相隔着几千里，结果大家创造了同样的体系，这就是趋同吧。再来看看在干旱区为了对绿洲进行灌溉而建设的坎儿井。伊朗的坎儿井已经被列入了世界重要农业文化遗产，中国新疆的坎儿井也被列入了中国重要农业文化遗产。坎儿井的结构是这样的：在旱区修一个地下暗渠，沿途还有些竖井。因为古代不像现在的挖掘机修地铁一样能一下子挖过去，所以通过竖井作业，同时往两边挖，结果就挖成了一个联通的渠道，然后把远处雪山的水源引入绿洲，实施灌溉。新疆和伊朗相隔甚远，同样属于干旱区，在公元前 800 年伊朗就开始建坎儿井了，现在是世界文化遗产和世界重要农业文化遗产，伊朗的坎儿井也灌溉了一片绿洲。你说这是不是传统农业的趋同？

再看看高畦深沟，刚才我讲过了，在我们广东的低洼地，为了种东西会把土地抬高。在世界的不同地方，比如墨西哥、孟加拉国，还有我国的浙江也出现了类似的结构。墨西哥南部的传统架田，英文名叫"chinampa"，也属于全球重要农业文化遗产。它就是在低洼地把土挖上来垫高的，这个体系就是在低洼地里面弄的。还有孟加拉国的"ridge and ditch system"，也是高畦深沟，它位于恒河三角洲，在河流出海口的低洼地通过畦面垫高，然后在上面种东西。最近被列入世界重要农业文化遗产的浙江兴化垛里面同样也是把田面垫高，当然它的结构不是一畦一畦，而是分区域、分块的，但道理是一样的。所以我们在这里又看到了一种结构的趋同现象，在同样的低洼环境条件下，经过千百年的试错，最终形成了类似的高畦深沟结构。不管你在哪个半球，只要环境差不多，农民通过千百年的试错，最终都能找到相似的合理结构。这种演进跟生物的生态型进化是类似的。

传统农业在对天、地、人关系的协调里，我们可以从山坡地、平原地、低洼地，一直到沿海，发现类似的农业结构。在山坡里种林果比较稳定，在缓坡地开垦梯田，种植旱作的水田以及作为茶园、果园，在山前有水灌溉的平原区是主要的农作物耕地，然后在低洼地修建高畦深沟，再深一点则可以修建基塘系统，水再深的地方会发展出种植莲藕、菱角等水生植物的体系。

(二) 小结

所以，实际上生命体对环境存在有一种趋同适应的现象，农业长期实践过程中也存在着结构趋同现象，这既是环境压力塑造的结果，也是千百年来农民主动适应的结果。经受了千百年风雨的传统农业模式和技术体系，有它存在的合理性和逻辑性，需要我们不断地发掘、认识、提升和再利用。

三、东西方农业发展的历史差异及其后续影响

刚才第一个主题我举了几个典型传统农业的例子，第二个主题讲了不同区域农业的结构趋同。接下来我就讲一些传统农业不同的地方，讲东西方农业发展的差异，这个也是很必要的，我们站在全球的角度看自己，才更看得清楚自己的特点。

有一句话叫做"越是民族的就越是世界的"，这句话往往指的是文学艺术和建筑艺术，但是我觉得优秀的农业传统也是如此。所以，可以说我们的稻田养鱼是世界的、我们的元阳梯田也是世界的。越是民族的，也就越是世界的，对农业也是这样。全球重要农业文化遗产有一个愿景：为了人类当前和未来的粮食和生计安全，开展对农业文化遗产系统及其多种产品和

服务的动态保护。所以保护过去是为了未来，这个观点必须牢牢记住。保护过去的目的不仅仅是保护过去，我们的过去对未来是非常有意义的。正是为了未来，我们才保护过去。

西方人刚刚开始接触东方农业的时候，有两个人，其中一个是美国人，他是美国农业部的土壤学家金（F. H. King）。他大概在110年前，也就是1909年前后来到中国，还去了韩国和日本。他看完东亚的农业之后非常惊讶，回去写了一本书，叫做《四千年的农民》，这本书的副标题叫做"在中国、韩国和日本的永续农业"。为什么他会惊讶呢？这本书的扉页里边写了这么一句话："一个现在还在进行的关于远东国家如何维持土壤地力的故事。King博士在这本书详细介绍了这里的堆肥、中耕、作物轮作、灌溉、绿肥和洒水，这里的人及其文化遗产。"他认为东方农业是正在进行着的一个非常令他惊讶的、一个令人称奇的活动，而且进行了4000年，直到他写书的时候，也就是1911年还在进行。那么问题就来了，为什么东方的实践会让西方人这么惊叹呢？现在为止已经认定的全球重要农业文化遗产有37个，21个在亚洲，亚洲以外只有16个，其中在这21个里边，中国有11个，日本有8个，韩国有2个。其实日本和韩国都是中华文明圈里面的，或者叫做儒家文化圈。我们国家自己还认可了91个中国重要农业文化遗产。

为什么东方的全球重要农业文化遗产比较多？我曾经到过西方不同国家，发现他们土地的利用方向和利用强度方面与我国很不一样。意大利的米兰在南欧。欧洲的南部靠近地中海。这个地方在中国是不是一定会用来种作物？而他们却在这里做牧场。跑到中欧瑞士看，瑞士的山区，这里的山间平地，这样好的地，换作我们一定是用来种作物了，因为我们连再陡的地都开成了梯田。他们这么好的地也是放牧的牧场。再到北欧的挪威，一看首都奥斯陆附近也是这样的牧场，西方的畜牧业给我的印象太深刻了。来到中国东北的松嫩平原，种的作物是水稻。我们的甘肃河西走廊有点水，就可以采用"间套种"，我们云南元阳这么陡的大山区，也开成了梯田种作物。我们的涉县山区，硬是用石头把梯田垒起来，也要种作物。从这里，你是不是看到了东西方在土地利用上的一个巨大的差异？

再看看农舍的分布和乡村的结构。我利用卫星遥感照片一看，我们的粮产区——河北的衡水，你从遥感照片上一看就知道哪是村庄，看得很清楚。我们聚居在村庄里，农田就在村的周围。晚上大家都回到村里，白天跑到农田里面工作，所以我们跟邻里相处，以及跟上一代下一代关系都非常密切，这个必须要互相协调的。我们的村落，这是到处都看得到的。山区村落的景象，平原区村落的景象，都可以看到。

但是我调了一下美国的粮产区——爱荷华州的遥感照片，它处于美国的玉米带。看到了村庄没有？没有。我们只看到农田中有分散的一个个白点，这些就是他们的房子。他们每一家人的房子都在自己农场的中间，没有聚成一个村子。

再看看饮食也不一样。我们的主食，不是米饭，就是面食。在西方说"Main Dish"，那指的是鸡，是鱼，是牛肉，或者猪肉。东西方的饮食很不一样。再看看煮的方法，我们主要是蒸、炒、炖。西方主要是烤和炸。

（一）差异形成的历史原因

1. 对海洋和贸易依赖的差异

为什么会出现这些差异？其实今天的我们还是活在历史巨

大的惯性中，包括东方和西方。我们就看看过去的历史是怎么影响到今天的吧。一个是东西方对海洋和贸易依赖的程度是不一样的。刚才我讲过了农业六个主要的起源地，但是地处南欧的古希腊并不在农业起源中心。在地中海北部的古希腊是欧洲文明的起源地，地中海东边是伊朗、伊拉克的中东农业起源地，是小麦、山羊的发源地。地中海南部的埃及这一带是尼罗河三角洲的农业文明起源地。所以当时欧洲的希腊文明强烈地依赖与两河农业文明及埃及农业文明的贸易往来。因为希腊处于地中海气候环境，其中一个重要特点是冬天下雨、夏天干旱。这样的气候条件最适合种的是两种东西，一个是葡萄，一个是油橄榄。所以他们更多依赖地中海的贸易来获得粮食和其他农产品，要么就是以陆路为主，经过土耳其伊斯坦布尔这边，绕个圈过来，要么就直接通过地中海的海洋贸易。

古希腊的一些遗迹会看到船、海豚等这一类很丰富地表现海洋贸易的内容。大家知道，两河流域就是古巴比伦文明，它是在伊拉克一带，创造的是驯化的小麦、山羊，而且留下了非常灿烂的古代农业文明，有大量的宫殿遗迹。他们还创造了自己的文字。这个文明后来中断了，不像我们中华文明是连续的。后来再发现这些文字之后，还花了 80 年左右才把这些文字破译。古巴比伦的艺术品也很精美。古代埃及也是一个文明中心，大家知道的金字塔，以及在天文、数学、历法、医学、农业等方面都取得了出色的成就。正是这两个文明中心，支撑了古希腊的文明。然而，东亚就不一样，像中国，它本身就是独立自主、自给自足的，所以不重视商业。过去中国社会的排序是：士、农、工、商，商是排在最后的。农民在中国是有地位的，除了官员就是农民。耕读传家，耕就是当农民，读就是希望通过科举当官。中国传统社会的商买来买去、卖来卖去，在传统自给自足的经济中这是最次要的一个位置。几乎没有人把从事商业作为理想。在欧洲可以看到，挪威人竟然为他们的前辈曾经是海盗而骄傲，他们的祖先到处出海抢劫。欧洲的商人，特别是威尼斯商人，地位在社会中至高无上，因为他们运送的物资关乎社会存亡。中华文明起源于黄河、长江流域。小米、大豆、猪、蚕、荔枝、茶叶、水稻，好多东西都是起源于我国。所以，一个自给体系造就的文明和一个要依赖外面的、通过陆路海路贸易产生的文明，是不一样的。

2. 游牧民族入侵频率和强度差异

这两个农业文明受到游牧民族入侵的频率和强度存在着很大差异。欧亚大陆东部是种植业为主的华夏农区，欧亚大陆西部是以游牧为主或者是牧业地位十分重要的农区。

为什么欧洲大陆西部被游牧化了，而东部却农耕化了？原来是这样，欧亚大陆的农耕区的北部，都有一个像蒙古草原一样，以草原游牧业为生活基础的游牧民族。每当气候变冷的时候，农区会歉收，牧业就更不行了。气候是有周期变化的，变冷了以后，牧民就面临着要么往南走，要么往西走，总之要往暖的地方去，往有草有粮的地方去，在原地就是等死。谁会等死呢？所以只要气候一转冷，游牧民族就南下，继而引起了农耕社会和游牧社会的冲突。在冷兵器时代，如果没有城墙阻挡，游牧民族通常占上风，骑着马，拿着长矛，你就在那里站着，你怎么可能顶得住?! 所以，我们中国才建了长城。而欧亚大草原，都是游牧地区，西端是南欧农区，中欧一带都是游牧地带，所以天气一冷，他们就南进。但是南欧面积不大，游牧民族很容易就闯到南边去了。有一个研究，题为"2000年来中国北方游牧民族南迁与气候变化"（王会昌，1996）。它

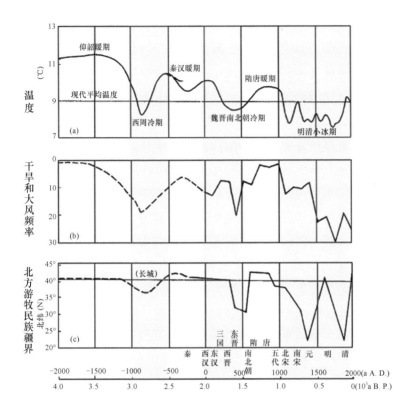

近四千年来我国气候的冷暖波动（上）、干湿变化（中）
与我国北方游牧民族政权疆域南街纬度裱花（下）的关系
[来源：王会昌，1996，2000 年来中国北方游牧民族
南迁与气候变化，地理科学，(6) 3：274 –179]

配有三个图，一个图讲的是近代我国平均温度变化历史，一个
图表达干旱和大风频率变化历史，还有一个图表达北方游牧民
族的疆界。西周冷的时候温度降下来，干旱和大风的频率也就
比较高，游牧民族的疆界越过北纬 40 度左右的长城，往南走
到了北纬 37 度左右。后来气候变暖了，所以到秦朝，游牧民
族又停止过长城。到了魏晋南北朝时期气候又冷了，大风又多

了，游牧民族又南侵了，这就是"五胡乱华"的时候。到了隋朝、唐朝，温度又升了，暖起来了，没有什么大风了，然后游牧民族就又回到长城以北了。这个时候是隋朝和唐朝最盛的时候。一到宋朝又不行了，温度一降下来，结果游牧民族又南下，最后元朝整个把中国南宋皇帝都赶到南海里去了。然后，明清一直都还是比较冷的阶段，现在才开始有点升温。

欧亚大草原从东到西跨度很大。游牧民族南侵的方向很特别，往往不是先往南走，而是先往西走到欧洲。美国历史学家斯塔夫里阿诺斯在《全球通史》中记载道："公元前1200年前后游牧民族入侵欧洲，让希腊文明被压制了300多年。""9—10世纪蒙古的动乱又一次迫使避难的游牧部落沿着入侵欧洲的路线向西行走，以匈牙利为基地，向四面八方发起攻击。他们把日耳曼族的伦巴第人赶到了意大利，伦巴第人又把拜占庭人从亚平宁半岛上的大部分地区驱逐出去。"（L. S. 斯塔夫里阿诺斯：《全球通史》，吴象婴等翻译，北京大学出版社2014年版）这是因为欧洲地区的寒冷周期比亚洲来得慢，即当亚洲草原已经冷的时候，欧洲地区仍然天气暖和、雨水充沛、草木旺盛。所以饥寒交迫的游牧民族与其辛苦打仗越过长城到农区，不如向欧洲水草肥美的方向进发。

原来欧洲气候变冷的周期比亚洲要慢50到100年。这是我们中国著名的气象学家竺可桢1972年发表的文章（竺可桢：《中国近五千年来气候变迁的初步研究》，载《考古学报》，1972年第1期，第15—38页）里面说的："在欧洲，公元1150年和1300年最温和的冬季是最显著的，而中国12世纪却是严冬最常见的世纪。"我们冷了，那边还很暖。"中国在17世纪的寒冷冬季和欧洲的俄罗斯、德国和英国却相同，但不是发生在同一个十年之中。"这个时差很重要，是我们先冷他们后冷。"两地寒冷冬季和温和冬季均维持 50 年的光景，且互相转化，这倒是一致的。半个世纪寒温更迭出现，中国如此，欧洲也如此。这与总的大气环流变化有关，尤其是上面提到的阻塞高压的多少和强弱有关。"简而言之，"中国的寒冷时期虽然未必与欧洲一致，同始同终，但仍然休戚相关。可能寒冷的潮流开始于东亚，而逐步向西移往西欧"。

冷空气从北极爆发以后，先到欧亚大陆东部，然后蔓延到欧亚大陆的西部。受极地高压突破方向的影响，当入侵欧亚大陆东部的冷空气活跃时，欧亚大陆西部可能处于较温暖的阶段。由此，受到影响的农业与农业文明也会出现东西方此起彼伏的特征。这第二点是用大尺度的历史才看得清东西方的差异。重申一下，第一是东西方的农业文明对贸易依赖的程度不同，第二是东西方气候变化不同步，导致游牧民族对农耕区域影响的时间与强度不同。第三点则是东西方农耕区域的缓冲能力不同。

3. 农耕民族文化的缓冲能力差异

东西方农业文明受到的冲击程度是有差异的。南欧的纵深浅，迂回机会少。在现在意大利、希腊等国家向东北方向一天的行程就可能到达先前的草原地带。因此游牧民族很容易一竿子捅到底，游牧民族对欧洲的人种和社会形态影响比较大。反观中国，东西跨度和南北跨度都比较大，在游牧民族入侵压力下，农业主产区从西向东迁移，人口从北向南迁移。中国地缘宽阔，古人遇到外族入侵总有地方躲、有地方藏。因此，游牧民族从来没有中断中华文明。我国农耕文明打不垮、摧不倒，是世界上唯一延续到今天的文明！但是欧洲没办法，两天时间铁蹄就从草原踏到南欧的地中海海岸线了，这个影响是很大的。尽管中国地缘宽阔，但受到游牧与气候的影响仍然很大，因此我们可以看到，唐朝的政治中心是长安，到南宋以后政治中心转到了南方的南京。清朝的统治者是游牧民族，才把首都迁回北京。实际上我国政治中心必然跟农业中心是连在一块儿的。统治中心的首都需要大量物资支撑，需要周边有强大的农业与人口支撑。所以，我们的农业文明因为游牧民族的入侵和生态环境的变化，尽管没有消亡，其文明中心与权力中心也曾经发生过重大转移。

当游牧民族定居下来以后，他们会对进步文明产生敬仰，并加以学习和发扬。但是，由于欧洲希腊文明和罗马文明被摧毁得太厉害了，因此迂回曲折，不少思想仅仅通过宗教途径被手抄本保留下来之后，才又传回去，并逐步被重新发现、得到认可和发扬光大，最终催生了文艺复兴。其实，古代欧洲的哲学家、思想家的学说以及科学家发现的一些手抄本是通过意大利传到了当时阿拉伯人的翻译中心巴格达。公元762年，阿巴斯王朝第二任哈里发苏尔定都巴格达。阿拉伯世界非常重视文献的翻译，用了150年，把他们从世界各地收集到的所有哲学科学的文献，翻译成阿拉伯文，保留在他们的"智慧宫"里。后来，其中一部分才又通过希腊的安达卢西亚传到了意大利。古代欧洲的文明和阿拉伯文明成果促进了14世纪到16世纪的欧洲文艺复兴。实际上，有一个最冤枉的事是，阿拉伯数字并不是阿拉伯人发明的，而是印度人发明的。其实，在巴格达，阿拉伯人所翻译的不仅仅是古希腊和罗马的科学知识，他们还利用了当时得到的东方以及其他地区的知识，包括印度、中国和埃及的天文学、数学、医学、农学等知识。

可是中国就不一样了，古代农业文明没有被灭亡。中国有三段时期是被游牧民族统治的历史。

第一段是西晋"八王之乱"以及后来的"五胡乱华"，在这些战争中基本上都是游牧民族占优势的。但是后来游牧民族建立的北魏，其历代君主都十分重视汉文化的学习。比如北魏孝文帝，就有冯太后与朝臣李冲的改革，建立均田制，重新建立以农业为主体的帝国。由于孝文帝由汉族的冯太后抚养，受汉文化影响较深，即位后积极推行汉化政策。在他统治的八九年时间里面，他提倡汉族的语言，穿汉服，把首都迁到农耕文明的中心河南洛阳，实行均田法等农耕文明法律，还努力让鲜卑族贵族和汉族通婚。

　　第二段历史则是元朝。斯塔夫里阿诺斯在《全球通史》中记载，"蒙古人没有亚里士多德和代数学的阿拉伯人，因此他们一旦下马，定居下来享用掠夺物，就很容易被同化。蒙古人采用了比他们更先进的属国语言、宗教信仰和文化，从而失去了自己的身份"。斯塔夫里阿诺斯的说法可能不一定很准确，但是他说明了一个事实，蒙古人在元朝接纳了整个汉文化是一个事实。此外，元朝是我们戏曲大发展的时期，如《窦娥冤》。元朝也是长篇小说兴起的时期，如元末明初的《水浒传》《三国演义》。农业经验也是在那个时候得到了很好的总结，如《农桑辑要》《百谷图》《农器图谱》。清朝是东北的游牧民族满族占领了整个中华大地，但是也同样接纳和发展了农耕文明。

　　实际上，欧洲幅员小，游牧民族入侵后，国家一旦灭亡，农耕文明与城邦文明也就湮灭了，以至于有关文化都通过阿拉伯世界才保存了一点微弱的余光。然而，中国人多地广，即使王朝覆灭，国家被占领，但是文化还在。游牧民族看到好东西、进步的文化就会学习，最后反而被同化了。所以，中国的农耕文明一直没有消失。《全球通史》有一段话我觉得挺幽默的。斯塔夫里阿诺斯在书中写道："生活在公元前 1 世纪的汉代中国人，若在 8 世纪复活，那么他一定会感到非常舒适、自在。他们将发觉当时的唐朝与过去的汉朝大致相同，他们会注意到两朝语言相同、儒家学说相同、祖先崇拜相同，帝国的管理也相同。""如果公元前 1 世纪的罗马人于 1000 年、1500 年或 1800 年在欧洲复活，他们将会为居住在这一古老帝国许多地区的日耳曼民族，为崭新奇特的生活方式而大吃一惊。他们将会发现有几种日耳曼语和罗曼语取代了拉丁语，上装和裤子代替了古罗马人的宽外袍，新型的基督教替代了古罗马诸神；他们还会发现，罗马的帝国结构已经为一群新的民族国家所替代，古老的谋生之道正在受到新的农业技术、新的贸易、新的行业的挑战。"我们的文化得到延续，而西欧的民族与人种的构成、文化、语言、服装都发生了巨大变化，也就是彻底被游牧民族同化了、改造了。

(二) 历史轨迹差异产生的深刻影响

1. 耕作制度的差异

这样的历史轨迹一直影响到今天，比如说耕作制度的差异。中国在公元前 221 年时的秦朝就开始实行一年两熟或一年三熟的连作制了，而在中国差不多实行 2000 年后，欧洲在 18 世纪才开始实行连作制。东汉时期，北方已经实行豆—粮轮作了。魏晋时期已经实行双季稻、稻—麦—菜轮作复种。明清时期，北方实行粮棉轮作复种制，南方实行双季稻冬季休闲，山区实行玉米地间套作发展。中国耕作制度的土地利用非常高效，而且用地养地相结合。然而 9 世纪以前的欧洲都实行作物种植和土地休耕的两圃制，即一半的土地种作物，一半的土地用来长草放牧。15 世纪以后，北欧开始实施三圃制，即春种、秋种、休耕各三分之一。18 世纪英国开始实行四圃制，即苜蓿（牧草）、春种作物、秋种作物、芜菁（牧草）。斯塔夫里阿诺斯认为，英国工业革命之前的农业"这场革命包含两大元素：农作方法的进步和土地所有权的重新规划"。这使土地能够养活更多的人，"农业生产力增加，城市的成长成为可能"。他认为，英国的农业革命是被忽略的很重要的一场革命，是后来发生工业革命的一个必要前提。在土地利用方面，这个时候欧洲的这种土地利用的强度，跟中国在 2000 年前秦国就开始的连作制差不多，但是落后了很多年。

2. 农耕对社会文化的影响

农耕对社会文化有深远影响。2014 年《科学》（*Science*）有一篇文章，主要研究我国小麦产区和水稻产区以及过渡地带来源的大学生心理差异。

研究询问了来自不同作物产区的大学生们三类问题。第一个问题是狗、兔子、萝卜，哪两个的联系更紧密之类的问题。研究的假设是整体系统思维强的人会认为，兔子吃萝卜是一个物质构筑的体系，因而是联系更紧密的，而分析性思维更强的人会认为，狗与兔子都属于动物类型，同属一个概念范畴，因而狗与兔子的联系更紧密。第二个问题是让学生们画几个圈子，圈子的大小分别表示你自己和别人比较谁更加重要，重要的，圈子也大一点。研究假设重视自我的人会把自己的圈画得比别人的圈大一点，而更加重视别人的学生，画出自己的圈不会比别人大。第三个问题是"对忠诚你的人，你奖励他多少？对一个不忠诚你的人，你惩罚他多少？"他用这几个问题比较不同地区人的心理差异，发现：中国水稻产区和小麦产区的大学生的心理真的有显著差别。研究结果表明，来自南方稻区的人更加相互依赖、更具整体思维特色，北方麦区的人更具有独立性和分析性思维的特色，甚至小到来自某一个县里的麦区和稻区的人都会有明显差别。研究认为，这与水稻更加依赖灌溉，需要在灌区内实施集体行动有关。这种文化心理可以影响到还没有真正从事农业的第二代（学生）。我们从这个研究能看到，农业对人的心理影响还是非常大的。既然小麦产区和水稻产区的人都可以分得出差异，那么，游牧与种植业、牧业与种植业对人的心理与行为的不同影响肯定就更大了。

我们可以看到，东方重视的是在有限的耕地里以连续开展种植业为基础的精耕细作。而西方重视的是不断拓展疆界寻找新的放牧区域和商贸市场。在东方农耕区域，因为其定居方式，耕作必须长期种下去，所以用地养地相结合是传统农业的精华之一。种植地实施休耕放牧是西方传统农业的特点。在西方，耕种到土地发生退化，就不种了，让它自己长草，放些牛羊。过几年，土地恢复了肥力才继续耕作。西方的文化秉承了游牧传统注重不断拓展其疆域，因而总体人少地多，所以西方可以采用比较粗放的耕作制度。在东方的农区中，畜牧业一直以来被当作种植业的附属产业，主要是消化利用种植业副产物，并为种植业提供有机肥。在西方，畜牧业本身是与种植业一样重要甚至更加重要的一个产业，而且畜牧业是放养的多、圈养的少。这是跟东方很不一样的方面。另外，东方作物生产实施灌溉的比例大，在客观上要求同一个流域的农民有相互协调的需要，以便建设水利体系和实施日常的农田排灌。但是草业、牧业和旱地农业相对于灌溉农业而言更为独立一些，对合作的需要不那么迫切。每一个家庭的畜群之间需要间隔。这就造成了农村之间每一户独立的需要。为什么在西方很少看到东方这样的密集村落？西方很多农户都养了一群羊、一群马或者一群牛。如果集中居住在一个村子，几百户到上千户人的牛羊堆在一起就全乱套了，所以必须分开。东方在同一个地段长期耕作，中国农业更加重视农区内部资源潜力的挖掘、讲究精耕细作，而西方更加重视疆土的开拓、重视通过冒险和竞争获得新的外部资源。中国农民更加重视家庭内部的经营累积和传承，因而也就更加重视宗族关系。西方则因为牧业和商业的影响，更加重视个性和独立性。在这里我们可以看到，传统对于现代的影响是很大的。

（三）总结

尽管欧亚大陆都先后被游牧民族所占据，但在欧亚大陆的西部，游牧文化对中世纪农业文明的影响远远大于欧亚大陆东部。由于我国中原农业文明的根深蒂固和自成体系，所以即使游牧民族在入侵和统治中国的过程中带来很多不同民族的因素，但并没有从根本上改变中华文明的进程。与此相反，强大的游牧民族曾反复占领南欧，并在占领期间居于统治地位，这不仅改变了区域民族的构成，还改变了文化的构成。不稳定的生存方式促使他们去闯荡、去发现，这为日后社会和科技的重大变革创造了可能。需要强调的是，差异和特色不代表先进与落后，不同特点的文明需要相互学习、取长补短。包容性越大，社会就越有生命力。一如唐朝盛世的东西方交流，也如改革开放后的东西方交流，其交流的深度和规模都是空前的。所以我今天讲东西方差异，并不是为了说明东西方孰优孰劣。双方各有各的优势，关键在于双方的农业智慧对于未来有什么影响，我们应当以开放包容的心态取长补短。

第一讲之所以讲东方传统农业的生态智慧，正是因为在人口密集、土地资源有限且长期使用的条件下，我们创造了我们的农业文明，所以才有了生物防治、绿肥、堆肥、间套作，才有了稻田养鱼、稻田养鸭，才有了元阳梯田、桑基鱼塘。因此，在把地球看成一个地球村的时代、资源越来越紧缺的时代，我们东方农业文明的智慧对世界的意义会越来越大。在100年前一位叫作阿尔伯特·霍伍德（Albert Howard）的英国官员，在来到东方以后，于1943年写了一本叫做《农业圣典》的书。在书中讲道："罗马帝国的农业史因失败而告终，原因是没有人认识到这样一个基本的原则，即保持土壤肥力并兼顾农业人口的合法权益应当永远不能受资本运作的干扰。"在中国，农业是社会最重要的产业，农民是受重视的社会成员，但是罗马帝国并没有这样认为。在西方，"被剥夺了的培肥权利的土壤母亲在反抗着，土地正在罢工、土壤的地力在衰退，英国的土壤已经不能再承受这些压力，美国、加拿大、非洲、澳大利亚和新西兰的土壤肥力也在快速地退化。"但是在东方，"亚洲的农业是我们看到的一个相对稳定的农业系统。我们现在从印度和中国狭小的田块上看到的景况，也是许多世纪前发生的景况，没有必要再去研究历史记录。比如中国的小农系统仍保持着稳定的产出，经过4000年管理后肥力仍无损失"。他这本书是启动西方有机农业运动思潮的重要思想来源。现在"有机农业"运动的概念反而是"出口转内销"了。中国近年来有机农业受到西方有机农业影响得到了迅速发展。

有一些问题值得我们深思：气候变化深刻影响到人类的迁徙、农业的起源、农牧的关系、东西方农业特色和社会文化的差异，只有从农业发展历史的高度上，充分认识农业传统文化保护和传承的核心价值，才有利于我们建立起有远见的评价标准和评价办法。只有通过对比东西方农业发展的轨迹和它对社会的深刻影响，才能更加清晰地看到东亚传统农业的特色，从而更加有目的地发掘它的传统瑰宝，并在现代化进程中克服它原有的一些弱点，包容并蓄地学习世界其他地区的优秀传统和经验。针对传统农业开展深入研究，有可能揭示更多尊重自然、顺应自然、借鉴自然、保护自然的生态农业方法及其巧妙的机理。

后面这段也许会深奥一点点，不像前面那两个那么具体有趣，但是我想从一个更大的时间和空间的角度来看待我们自己，也许会更加清醒一点。

我最近去福建南部的安溪，原来福建农林大学副校长林文雄，在村里种了大概一两千亩有机米，销售得非常好，连他自己都要不到，全部提供给大企业，而且价格比一般稻米高很多。我首先问他是怎么生产的？

其中有一条我觉得很不错。刚刚讲到陷阱植物，他们在田埂上种了一种香根草。香根草是三化螟的陷阱植物。螟虫本来是吃水稻的，在旁边种香根草后，它就飞到香根草那里，不来吃水稻了。另外，他们还专门在稻田里面挖坑放青蛙、鲶鱼。青蛙就跑出去吃虫、吃草、吃有害的生物。他们的田又靠山边，元阳梯田也有很多山，山边的鸟经常来吃害虫，所以他们的稻田根本就不用施化肥农药。隔壁邻田是旁边村的，已经被稻飞虱吃到发黄了，快要倒下去了，而他们这一边实施生态农业的就没有虫害。这使我感到非常惊讶，而且他们的经济效益也非常好。

这就是生态农业巧妙机理的具体展示，结合历史来认识，我们会得到更大的启发。

☀ 收获（王文燕 摄）

传统农业文明的当代价值与借鉴

樊志民

西北农林科技大学中国农业历史文化研究中心主任、教授，中国农业历史博物馆馆长，农业农村部全球重要农业文化遗产专家委员会委员。

有外国留学生认为中国农村很美，并且来华专门从事"面向国外的中国农村旅游问题"研究。她问我，如果要把中国农村向国外做推介与宣传，最重要、最关键的要素是什么？我毫不犹豫地回答：民族特色、文化特色、中国特色，而不是趋同。

改革开放以来的中国农业发生了翻天覆地的变化：一是农产品的供给能力得到了显著的提升，我们走出了短缺经济时代，菜篮子、果盘子、米袋子得到了极大丰裕；二是先进科技与生产力的广泛应用，极大地提升了农业的生产效率，非农化进程明显加快；三是农业占国民经济比重逐渐下降，免除农业税，意味着"以农养政"时代的终结。但是不可否认，农业的工业化、逐利化发展，给中国农业也带来了一些亟待应对和解决的问题。

虽然如此，农业与农村的三大功能仍然没有发生根本性的变化。一是农业仍然承担着保证粮食安全和重要农产品供给的功能，仍然是维持人类生存的基础产业。中国农业的首要功能是满足国计民生需要，考虑到庞大的人口基数与土地资源的有限供给，中国保持适量的农地空间与农民数额是十分必要的。二是发挥生态屏障和提供生态产品的功能没有变。在生态学家眼里，生态农业是生态文明的基础和前提，在非生态的农业基础上不可能建设起生态的文明。农业不仅承担着为国家生产粮食的任务，还承担着保障国土生态安全的使命。三是传承优秀传统文化的功能没有变。农耕文化奠定了中国传统文化的基础。我们的诸多思想、文化与学说孕育于这一母体，萌生于这片沃土。农业的这三大功能，既是保障社会、经济、生态可持续发展的压舱石、稳定器，也是人类的思想、文化和精神家园。

重提农业文明，**首先是对待中华传统文化的基本态度问题**。我们经常讲文化自信，五千年文明没有中断，这可能是我们最值得自信的地方。中华文明没有中断，是中国的农业没有犯颠覆性的错误，其中必有值得研习探讨与继承发扬的东西。现代的中国是历史中国的延续，现代的中国文化是我们传统文化的继承和升华，这就叫血脉。我们要发展，但是我们不能改变我们的基因、不能割断我们的血脉，这可能就是传统农业文明的生命和价值所在。

其次是现实的需要。古代是以农业为基础产业的社会，现代是以工业为主导产业的社会，这个时候形成的城乡二元社会是鸿沟、是隔膜。现在单维的城市化趋势，既影响了农业与农村的发展，也给城市与工业带来了严重的问题。在可以预期的未来、在社会进化的高级阶段，城市与农村的对立与差异或将逐渐抹平与消失。理想的居住与生活环境应该是兼采城乡文明之优长的综合选择，人类在历史时期积淀的居址选择、产业定位、社会构建、景观审美的经验与智慧，既有重要的史鉴意义，亦具重要的实用价值。

一、大家的农业

人与人虽有万般差别，但总是要吃饭的，农业作为维系基本生存的基础产业对任何人都毫无例外，就此而言农业不单是农民的农业，也是城里人的农业；不单是芸芸众生的农业，也是政治思想文化大家的农业。

（一）"三农"问题是国家与民族的问题

学术界常视"三农"问题为单纯的农业发展、农村建设、农民增收之事，这是囿于农业系统自身的小格局见识，无助于从根本上解决城乡差距日渐拉大的社会现实问题。近现代社会的"三农"问题，是在城乡二元结构背景下日益加剧的工业与农业、城市与农村、市民与农民的反差、矛盾与冲突问题。如果只顾工业与城市化的推进，而缺乏足够的"三农"忧患意识，必将导致严重的农业衰退、农村凋敝与农民贫困，甚至会付出沉重的社会、经济与政治代价。对"三农"的同情、关照与扶持，既是我们的国家与民族所面临的时代问题，也是我们大家所共同面临的问题。

（二）"三农"问题是芸芸众生的问题

农村是我们的故乡，农民是我们的父老，农业是我们赖以生存的衣食资源。其实我们这些所谓的城里人，往上追溯三代，大概都是乡下人。抛开这些不说，由农产品价格波动所带来的 CPI（消费者物价指数）升降，谁敢说与自己的日常生活没有关系？我们所吃的米面、油奶、蔬菜、水果，是否安全、健康，谁个不关心？愈是现代化，人类对农业的依赖会愈强化，因为总的趋势是农地会越来越少，而农产品的需求量会越来越多，以少应多风险明显增大。美国前国务卿基辛格博士说过，谁控制了粮食，谁就可以控制世界上所有的人。中国这样的大国如果不把粮食安全的饭碗端在自己手上，那样的后果我们敢于想象吗？所以，**"我们可以不知农、不事农，但是任何人不要轻农"**。

（三）"三农"问题是学术思想大家的问题

在政治家眼里，食为八政之首；在经济学家眼里，农是社会安定的基础产业；在思想家眼里，农使民德归厚；在农学家眼里，农资乃衣食之源；在实业家眼里，农乃固本守富之业；在生态学家眼里，生态农业是生态文明的基础和前提。农业不仅承担着粮食生产的任务，还承担着保障生态安全的使命。

中华农耕文化奠定了中国传统文化的基础，我们的诸多思想、文化与学说孕育于这一母体，萌生于这片沃土。这一文化不仅是农村的文化、农民的文化，而且也是城市的文化，官、商、兵乃至知识分子的文化。它历史久远、内涵丰富、贯穿古今，渗透在各个领域，以至于在今天我们仍能处处都感觉到它的存在和影响。

二、激活中华农业文明蕴含的文化基因

(一) 理性实用的原本感悟

中国目前所见最早的四篇农业论文，其名称分别为《上农》《任地》《辩土》《审时》，甫一面世即表现出极高的理性特征。《上农》四篇篇名包含了农业生产中的四大基本问题：《上农》讲的是要崇尚、重视农业，解决的是思想认识问题；《任地》讲的是追求优质高产，实现效益最大化；《辩土》讲的是农业的地宜问题；《审时》讲的是农业的时宜问题。这些思想后来被《齐民要术》概括为"顺天时，量地利，则用力少而成功多"。由此形成了有别于西方农业的中国传统农业科技体系，保障了中国古代农业的可持续发展。

(二) 天佑中华的自然禀赋

适宜的纬度，也就是我们讲的中纬度地区。周期性的温凉寒暑，植物的生长荣枯，安排指示了农业的春种、夏长、秋收、冬藏，于是便有了农业的起源与发展。**多样的农业类型**。中国农业沿河流走向依纬度按等雨线形成北方草原、中原旱作与江南稻作三大类型区，并且做到了每一类型涵盖地域范围的最大化。三大农业类型结构、功能、优势互补，奠定了中华文明多样性、可持续发展的基础。**西高东低的地势**。天倾西北地陷东南，所以日出东方，我们中华大地阳光普照。阳光普照是农业发展的一个必要条件。**雨热同期**。农作物、森林、草场的生长期与降水期相重合。雨热不同期带来的一个问题就是农业投资问题，有了降水就不再需要人工投入。环地中海中心便是

雨热不同期，它的农业的成本就要比我们高一些。**东西向的河流**。比读四大文明古国的地图，就会发现其他几个国家的河流走向基本上是南北向的，我们中华大地的河流基本上是东西向的。南北向的河流垂直于纬度，随着纬度的变化会形成不同的农业类型。东西向河流平行于纬度，全流域属于同一农业类型。许多不同的农业类型处于同一流域，在历史的早期经常会形成一些矛盾和冲突，矛盾和冲突带来的结果就是玉石俱焚、文明毁灭。而东西向的河流，依长江与黄河构成了世界上两个最大的基本农区，做到了同一类型农业区域面积的最大化，增强了它抵御灾异、耐受冲击的能力。历史时期入主中原的北方少数民族虽然是政治与军事上的征服者，但大多以文化与产业上的被征服者而融入，在客观上促进了中华民族共同体的形成与发展。

（三）中国特色的农学体系

在悠久的农业历史进程中，中华民族形成了以农为本的产业结构；食为政首的重农思想；礼乐规范的约束机制；休戚与共的群体观念；家国同构的宗法范式；循序行事的月令图式；天人合一、民胞物与的和谐观念；吾以观复的圜道理论；不偏不倚的中庸之道；有机农业的优良传统；精耕细作的技术体系；独具特色的丝茶文化；科学合理的饮食结构。中国农业应时、取宜、守则、和谐的基本内涵，既是独具特色的理论与技术体系，也是中华民族弥足珍贵的思想文化观念与精神价值取向。

（四）有效的制度文化保障

随着中国历史的发展，以血缘群体为基本生产单位的农业社会衍生出家国同构的社会结构，形成了有别于西方文化的中华礼乐文明。先秦时期的井田制、分封与宗法制度，形成了农业社会秩序与道德的约束规范机制；春秋战国时期的诸子学说，奠定了中华农业文明的思想理论基础；秦汉时期形成的中央集权与郡县制度，确立了中华农业文明的体制与组织保障；隋唐时期形成的科举制度，保障了中华农业文明的人才与学术需求。

（五）强大的更新完善能力

中国农业还具有开放性。原始农业时代，中华民族通过"稻米之路"把水稻这种高产作物奉献给了全人类；秦汉隋唐时期的丝绸之路，由北方草原、西北沙漠等通道不断向外输出丝绸和茶叶；宋元明清以来的海交之路引进了高产经济作物，奠定了近现代中国农业的基本结构，适应了中国人口的增长与商品经济的发展。东西方农业文明之间的沟通与联系，也促进了东西方农业科技与文化的相互借鉴。由此也可以看出，文明总是在交流互鉴中不断向前发展的。文明因交流而多彩，文明因互鉴而丰富。

三、重新审视农业与工业文明的关系

在我们的思维模式里，习惯于把工业与农业、现代与传统、科学与理学看成了先进与落后、创新与守旧的关系。这种基于时序发展前后、生产方式差异的评价体系，在某种程度上明显影响了我们对农业文明的认识与评价。工业与农业、城市与乡村不但会长期并存，而且中华数千年农业文明留给我们的许多有思想、有智慧、有价值的东西，仍然会作用与影响于我们的工业与城市文明。

(一) 养育观和创造观

钱穆先生曾独具慧眼地注意到农林水牧生产中"养"的特殊功能，并且认为它是由农业文明的基本特质所决定的。农村人好言养字，"曰培养，曰滋养，曰涵养，曰保养，曰容养，曰调养，曰绥养，曰抚养，对一切物，如植物动物，乃至对人对己，尤其是对人心内在之德性无不求能养。亦可说中国的人生哲学乃至文化精神主要精义亦尽在此'养'字上。但都市工商人则不懂得一养字，他们的主要精神在能造。养乃养其所本有，造则造其所本无。养必顺应其所养者本有之自然，造则必改变或损毁基物本有之自然。养之主要对象是生命，造的主要对象则是器物。此两者间大有区别"。又因所养对象为生命与生物，所以更需顺其自然。钱穆以为，这种东方文化的"养育观"，和西方文化的"创造观"有根本的不同。所以可以说，古代农业社会是生成、养成的世界，而现代工业社会是合成、造成的世界。

应该说，在人类历史进程中，农业、农村、农耕文明占据了主导形态与较长时段。我们所讲的工业文明，只是近代以来逐渐发展起来的。在某种程度上，我们可以说农业与工业都是人类生存的必要产业，但农业为必需产业，工业不一定是必需产业；工业生产具有明显的即获性特征，而农业生产需要经历漫长的生产周期；农业更多地利用的是地表的自然富源，而工业更多地利用的是地下的自然资源；农业强调的是对生态的顺应与利用，而工业突出的是对环境的征服与改造；工业是对原材料的物理加工，而农业是对动植物的温情关照；城市社会反映的是地缘关系，而农村社会反映的是血缘关系；在文明时态中，农业文明属于过去时或者现在时，而工业与城市文明则是现在时或将来时。

工业与农业作为人类文明依次出现的一、二产业，它们一刚一柔、一动一静、一张扬一含蓄，百般差异不一而足。它们各自形成的文化可以互补共生，但绝不可以一种替代或改造另一种。这些年的"文化下乡"活动，老是想以所谓的先进文化替代落后文化、现代观念转化传统观念、城市文明改造乡村文明。"文化下乡"这样的说法，总体而言无大错，但仔细揣摩，其前提必然是以区分文化的高下为基础的，在城乡二元结构背景下，很有一些灌输、替代甚或改造的意味在里边。这或是我们虽然花了很大的气力与投入致力于农村的文化建设，但绩效并不明显的重要原因之一。

（二）关注农业文明的消失

城市与工业化的快速推进，极大地改变了我们的生产生活方式。近年来中国非农人口的比例已经超过农业人口，如果考虑到户籍仍在农村的近两亿农民工，我们的非农人口比例或已接近较发达国家的水平。这是中华民族数千年发展史上从未有过的重大变局，我们当然应该为之欢欣鼓舞，尽情地享受新生活、拥抱新文明。不过，当我们终于变得接近工业化、现代化、科学化的时候，我们发现现代化带给我们的并不是我们完全想要的东西。如能源与资源的巨量耗费、土壤水源空气的严重污染、化肥农药超标、食品安全性的降低等，有的已经成为我们需要着力应对与解决的问题。相形之下，农村的田园风光、清新的空气、绿色的食品，甚至出入相助、邻里相扶持的社会结构与生活方式，都在逐渐成为稀缺性资源。基于未来的逆城市化进程，一些有识之士逐渐把关注点放到乡村振兴上，这应该是个不错的战略选择。

有学者认为乡村有三大功能：一是保证粮食安全和重要农产品供给的功能；二是发挥生态屏障和提供生态产品的功能；三是传承优秀传统文化的功能，它是保障人类社会、经济、生态可持续发展的压舱石、稳定器和战略后方。以此为基础与支撑，才能更好地发挥城市的资金、人才、技术和创新的集聚功能，促进一个地域乃至一个国家的社会发展与经济增长。中国农业的首要功能是满足国计民生需要，考虑到庞大的人口基数与土地资源的有限供给，中国保持适量的农地空间与农民数额是十分必要的，切莫一味地选择城市化、规模化、商品化的发展路径。减弱农村的粮食安全功能、破坏农村的生态屏障功能、毁弃农村的文化传承功能，这正是我们工业化与城市化时代在做的事情。

近些年来，大量农村人口进城务工，逐渐呈现出村落的空巢化，只有少数老人和儿童留守农村，以后很有可能就成了无人村，其中所蕴涵的大量文化信息形态将随之消失。不合理的城镇化，使传统村落数量迅速减少或大量消失，既增加了社会重构的代价与成本，也使传统的乡村社会组织形态和聚落结构发生了脱胎换骨的本质变化。人为设计的村落合并，使农民远离了赖以生存的土地资源和生产条件，既造成生产生活不便，也带来许多社会问题。

（三）正确认识与评价小农经济

由于人口与资源禀赋差异，中西走了不同的农业发展路径。西方发达国家的农业基本上以追求商业效率为目的，而中国农业的首要功能却是满足国计民生需要。如何把小规模的小农经济改造为大规模的现代农业，在过去很长一个时期内都被认为是农业现代化发展的必然趋势。中国传统社会以家庭为单位的小农经济，首先满足的是农民自身消费的功能，剩余的才进入市场流通。可以说，半商业化的中国小农经济在保证中国粮食安全上具有一种天然有效的调节机制，它意味着基于小农的生存需求而不会中断农业的生产进程。而将关乎中国 14 亿左右人口的粮食安全交给趋利的资本农业，显然存在着巨大的隐患与风险。

（四）反对把工业生产的方法套用到农业上

现代农业给我们带来的高产、丰收与现代化是毋庸置疑的，但是在最早推进现代农业的西方发达国家，开始重提家庭小农规模与遵从农业的自然再生产特点问题。他们反对把工业生产的方法套用到农业上、大规模集约化养殖动物、大规模单一作物种植、利用人工设施进行反季节种养等。现代化、工业化是人类文明发展的大趋势，我们如何趋利避害，在现代化进程中避免重蹈他人覆辙？我相信中华民族有能力、有智慧来应对和解决这些问题，走出一条中国特色的现代化道路。中华民族传统的绿色哲学与农业智慧，或正是现代工业与城市文明所短缺的，它的史鉴作用不可低估。

四、乡村振兴畅想

由于现代工业与城市的比较效益与经济贡献率超过了传统的农业与农村，所以在一定时段里城居或乡居成为判别人们身份与地位的重要标志之一。受这一思维定式影响，现在占主导性的发展模式仍然是把城市（镇）化作为让农民分享现代化的有效途径。其实时异境迁，这样的路径选择是值得斟酌的。

古代是以农业为基础产业的社会，现代是以工业为主导产业的社会，这个时候形成的城乡二元社会是鸿沟、是隔膜。但是在可以预期的未来、在社会进化的高级阶段，城市与农村的对立与差异或将逐渐抹平与消失。理想的居住与生活环境应该是兼采城乡文明之优长的综合选择，人类在历史时期积淀的居址选择、产业定位、社会构建的经验与智慧，既有重要的史鉴意义亦具重要的实用价值。

以我个人的理解，未来的农村应是兼具生产生活与旅游观赏功能的田园综合体，是新时代乡村旅居的高端形态。在农、林、水、牧生产过程中形成的大自然、大景观、大色彩、大旅游，很可能是未来乡村观光业发展的基本趋向。所谓的大自然，就是要基本保留自然原貌，不做太多的修饰与改造；大景观，就是要着眼于全流域整体规划与布点；大色彩，就是利用山水草木、农田植物的四季色彩变化所形成的视角冲击与震撼。现在许多地方搞的油菜花海，其实并不太在于它的种植业经济价值，而在乎的是它的美学享受与旅游价值；大旅游，更在于一趟行程的总体感受而不拘泥于某些细节。按照"视觉美、听觉美、嗅觉美、触觉美、联想美"的标准，使过去的乡怨、乡忧，变成现在的乡愁、乡约。

在处理人与自然关系上，中国传统哲学与文化主张天人合一、道法自然、趋利避害，体现了敬畏自然、顺应自然、人与自然和谐相处的原则和理念。因为居高易旱、处下易涝、依山易崩、濒水易洪，一旦遭遇无法抗拒的自然灾害便成灭顶之灾。古代卜居讲究中正平和、因地制宜，选择居址必要"相其阴阳，观其泉流"，这样的认识体现在村落居址选择上便是陵水高下必得其宜，避免极端"而居其中"。中国古代大凡有一定历史而且颇具规模的村落，往往是规避了不安全因素之结果，它凝聚着先民智慧的安全选择。

乡村是美学、历史、自然、人文等的综合艺术沉淀，乡村的建筑设计、景观设计、整体风貌营造是乡村振兴中最重要的因素之一。农业民族一般舍不得把宜耕适耕土地用来建设村庄，反倒是利用山麓水边，依地形、地貌起伏而布局村落，形成层次分明、错落有致、人居与自然和谐相处的景观。连接沟通庐舍庭院的乡道、溪流，宽窄高下因地制宜，曲径通幽，浑然一体，宛若天成。一般村落乍看起来杂乱无章，实则鳞次栉比、错落有致、有章可循，更具韵味。中国传统农村以院落构成的居住生活单元，一般都有庭院，由前后建筑与两边廊庑所形成的空间结构的对称美。它既是家庭成员的私密活动空间，又是菜圃、鸡埘、溷厕，甚至栽种花草果木的生产与生活场所，在客观上具有补贴农民基本生活需要的作用。

由定居与农业而形成的聚族而居是一种社会性生存模式，它既源于人类群居之本能，也在更大程度上是基于亲情、互助与安全的现实需要，所以可被视为一种自主生成的社区生命共同体。其最突出的标志就是在漫长的历史时期所形成的传统村落、以血缘关系为纽带的宗族组织、邻里相扶持的生存方式。村落与宗族通常被看作是农业社会最基层的生产生活单元和社会组织形式。村落与宗族是农业生产者互助协作和村庄秩序需求自我满足的福利社区，是族群经济、政治和社会利益的维护者，并承担着抚育赡养、死丧相助、患难抚恤等功能。宗族依托血缘和地缘关系而组建，在我国古代农业社会中以其强大的内在凝聚力和天然的区域优势影响着每个人的日常生活。

农业生态系统是在人类的干预与影响下形成的,在追求较高的经济效益的同时,也往往具有良好的生态、景观绩效。人类根据生产需要进行合理的时间与空间安排和搭配,在不同的季节形成融观赏性和经济性于一体的山林田园牧场景观。有什么样的农业,就会呈现出什么样的农业景象。五谷丰登、六畜兴旺不单是美好的祈愿,而且也是赏心悦目的场景。乡村景观在视觉上相对比较辽阔,在地理上具有典型的地域性特征,在生态上可以体现生物多样性,在生产生活中随时令变化而呈明显的周期性,村落建筑以自然或传统材料为主,民俗与生活具有较强的历史传承性。随着城市、工矿、交通事业的发展,也造成了大面积自然景观的消失和碎片化。人工景观迅速取代、分隔和污染了自然景观,使之结构解体、功能受损,同时也使人类自身的生存受到威胁。

乡村振兴中的"乡风文明",既应该是蕴含具有明显中国特色的五千年历史传承的乡村农耕文明,又应该是能够体现具有现代工业化、城乡化发展和特征的现代文明,是传统和现代相互融合与发展的文明。传统意义上的乡风文明,应该是浸润于心、向善于人、孝悌于亲、亲睦于族、约束于德、规范于行、凝聚于力、勤谨于事的良好风俗与习惯,而这些正是现代农村社会所缺失的东西。

浙江的乌镇给我们提供了另外一种模式与范例。乌镇完整地保存着原有晚清和民国时期水乡古镇的风貌和格局,以河成街,街桥相连,依河筑屋,水镇一体,组织起独具江南韵味的建筑因素,体现了中国古代自然环境和人文环境和谐相处的整体美,呈现江南水乡古镇的空间魅力。浙江省促成了世界互联网大会会址永久落户乌镇,催生了全球网络界的乌镇峰会,实现了传统与现代的完美结合。

☀ 黄河滩牧羊（贾玥 摄）

农业文化遗产保护问题的经济学思考

田志宏

中国农业大学经济管理学院教授，农业农村部全球重要农业文化遗产专家委员会委员。

农业文化遗产是遗产地农民经过千百年探索形成的传统农耕系统，该系统具有较为明显的农业多功能性。农业文化遗产地保护工作的参与者们利用对生物多样性的保护、传统农业技术的推广、悠久历史文明的传承与坚持，为传统知识和本土智慧的应用提供了应对复杂环境与变化的多种可能。保护和传承农业文化遗产对于改善人类生存生态环境、增加当地农民就业与收入、传承农业历史文明具有重要意义。

农业文化遗产是一个很新的问题，最早是由联合国粮农组织（FAO）于 2002 年发起的"全球重要农业文化遗产"（GIAHS）项目中提出。我一直在参与该项目的一些研究工作，也在不断地学习和思考，因此，关于农业文化遗产问题有一些体会与大家分享。

首先，回顾一下农业文化遗产及其保护；

其次，从经济学角度思考农业文化遗产及其保护问题；第三，讨论农业文化遗产保护面临的现实挑战；第四，通过一个简单的经济模型对农业文化遗产经营进行经济价值分析；第五，做一个简单的总结；最后，提出两个很有意思的现实问题，与大家一起探讨。

一、问题的提出

农业文化遗产是人类在历史时期农业生产活动中所创造的以物质或非物质形态存在的各种技术与知识集成。简单地说，农业文化遗产不是一个实体，而是藏在实体背后的技术和知识体系，这些技术和知识是人类社会在历史时期的农业生产活动中创造的，它的形态多种多样，可能是物质的，也可能是非物质的。在现实当中，去维持一个活态的系统，势必会遇到很多困难。

农业文化遗产保护的必要性主要体现在以下三个方面。第一，伴随着国民经济发展和社会进步，农业产业也处于不断发展的过程中，主要表现在农产品的需求与供给的变化。在需求层面，除了必要的食品，居民的需求还包括对农业所衍生出来的一些其他的服务需求，比如景观、生态以及对食品质量的要求。随着收入的不断提高，人们的消费结构也在变化，之前我们强调吃饱、穿暖和粮食安全，现在传统农业服务功能和文化价值逐渐得到大家的重新认识。在供给层面，总体来看，如果农业不能产生良好的经济效益，可能会使得农业领域的就业缺少吸引力，随着第二和第三产业的快速发展，农业从业者会逐渐减少，农业产出因此而受限甚至减少。第二，整个社会对环境保护、生态保护的需求更加迫切，而传统农业技术能够直接产生良好的生态效益，更容易满足这一需求。第三，生物多样性具有科学价值，有越来越多的问题值得人们去探索和认知。在上述意义下，农业文化遗产是需要保护的。反过来，如果放任市场产生作用，农业文化遗产就会逐渐消失。

全球重要文化遗产地的评价标准有五个评价指标，它有助于我们理解其价值。一是粮食安全和生计保障，它主要体现产品的经济价值和社会价值。经济价值即食用等消费价值，这是最基础的价值；社会价值则主要体现在生计保障这一社会问题上，解决温饱问题是社会稳定和发展的基础。二是生物多样性与生态系统服务功能，主要体现和追求科学价值和生态价值。三是知识体系与适应性技术，主要评价其科学价值。四是农业文化、价值体系与社会组织，目标在于文化价值和社会价值。五是景观与水土资源管理，主要考察其服务的经济价值和社会价值。

我国也在不断改进文化遗产的评价标准，最新标准主要包括九个方面。一是生计安全，评价遗产地产品的经济价值和社会价值。二是生物多样性与生态功能，衡量其科学价值和生态价值。三是传统知识与技术体系，考察该农业系统的科学价值。四是精神与文化，考察遗产地的社会价值和文化价值。五是景观与美学，测度遗产地农业系统的服务的经济价值和社会价值。六是历史起源，探寻与评价其文化价值。七是全球的重要性，主要评价其社会价值。八是现实重要性与可推广性，主要考察其社会价值和现实性，在全球文化遗产的评定标准中并没有提及这一方面，但是，由于我国地域辽阔，农业生产类型与生态类型较为丰富，具有普遍的文化遗产评定基础，为了能够选择出更有社会价值的文化遗产，我国的文化遗产评定标准强调了现实重要性与可推广性。九是濒危性，其本质还是科学价值。

二、农业文化遗产及其保护的经济学思考

（一）农业文化遗产是一个复合生产系统

经济学认为，任何生产都是一个投入产出关系，无论是工业生产还是农业生产，都是施加投入、得到产出的过程。农业文化遗产地的投入包括各种劳动、资本（包括整修道路、治理环境等）、土地（梯田、鱼塘等）以及管理。这些投入要素有效地组合起来，转化成可以在市场上交易的对象，我们称它为产出，这一过程被人们抽象成为一个投入产出转换的"黑箱"。产出可以分为两类，一类是产品，一类是服务。遗产地生产出售的谷子、板栗、茶叶、鱼、鸭等都是产品，是有形的，它们的生产和消费在时间和空间上是可以分离的；遗产地提供的旅游观光、学生教育、青少年培养等是服务，它们是无形的，服务的提供和接受必须同时同地发生。由于产品和服务具有不同的性质，其组织过程也是不同的。相比之下，产品的生产过程较为单纯和流畅，但服务由于考虑到"迎来"和"送往"等环节的人际互动，则显得复杂得多。

一般来说，农业遗产地能够同时提供产品和服务。就产品本身而言，往往也是联合生产，比如我们有"稻谷+鱼""稻谷+鱼+鸭""鱼+桑树+蚕丝""主粮+果菜""玉米+金针菜"等联合生产方式，多种多样，非常丰富。因此，农业遗产地的生产经营本身就是一个复合系统。

说农业文化遗产地是复合生产系统具有以下四方面的含义。第一，收入是多元化的，即遗产地的经营收入既可以从产

品中来，也可以从服务中来。第二，自然资源禀赋得到了最充分的利用，在山上开挖梯田、联合生产等都能够力证这一点。第三，劳动的密集性一般较高，文化遗产地经营过程中，使用较多的劳动力，比如对于间作套种模式来说，机器使用的便利性要差一些，可能会需要更多的劳动力来解决生产问题。第四，需要有良好的经营组织和生产管理，复合系统必然比单一系统的生产经营更加复杂，尤其是在提供服务方面。

(二) 产出具有差异化特征

差异化是指某个产品与同类的其他产品存在显著的差别。比如，稻田里养的鱼与一般池塘里养的鱼质量不一样，一个地方种出的玉米与其他地方的玉米存在差异，使用传统农业技艺与现代化生产方式得到的产品有差别，如此等等，在经济学中我们将其称为产品的差异化。实质上，服务也是差异化的，比如不同的遗产地给我们展示了不一样的景观。产品的差异化，不仅更容易满足人们对口味或质量等方面的不同需求，更重要的，还可以把特色产品从一般产品中有效地区分出来，借此可以制定出比一般产品更高的价格，使生产者获得更高收益，与其投入相匹配。

在农业文化遗产系统中，生物多样性、传统农业耕作方式得到了良好保护，良好的资源条件为发展生态农业、有机农业提供了环境条件保障；多物种互利共生减少了化肥农药投入，高效、生态的农业生产模式供给有机农产品，使得产品质量有了保障；产品的生产和加工具有鲜明的地域特点，浓郁的民族习俗与地域特色促进了相关历史文化、休闲服务产品的供给。因此，农业文化遗产地的产品往往具有独特的风味，更容易满足消费者多样化、高质量、广泛性的需求。

强调农业遗产地产品差异化，目的是表达出以下四方面的现实含义。一是优质农产品尤其是优质食品符合居民消费发展趋势，中国人更讲究口味，原料好才能做出口味好的东西，因此优质食品无疑是具有巨大发展空间的。二是地域特色的服务业适合现代生活需要，人们需要休闲观光，需要历史文化，需要接近土地。三是差异化产品应该有差异化定价，应该让高质量产品的生产者得到应有的经济回报。四是差异化定价的前提是让消费者能够有效地区分差异化产品，有些产品可以根据形状、颜色、口味等特征来区分，有些产品单靠消费者的经验是不够的。那么，如何实现遗产地产品的有效区分呢？现阶段区分产品的手段有很多，比如，树立产品品牌，对遗产地产品进行贴标，通过产品标识将产品区分出无公害产品、绿色产品和有机产品。这样，我们在市场机制下，需要一个能够区分产品的体系，并且要维持和保护这一系统的运行。

（三）具有显著的正外部性

首先解释一下外部性（externality）的概念。它是指，一种消费活动或生产活动产生了未反映在市场价格中的额外影响。这些额外影响是市场价格没有反映出来的效果，可正可负。负外部性比如抽烟产生的烟雾、工厂向外的排污等，正外部性比如种植带来的绿色、良好耕作模式产生的生物多样性等。

与工业和现代农业相比，农业遗产地具有更多的"溢出效应"。例如，农民采用传统耕作方式，能够给整个社会带来环境改善和历史传承等效益，意味着农民在遗产地进行农业生产不仅可以得到农产品，同时在从事生产的过程中还产出了"正外部效益"。另外，消费者购买农业文化遗产相关产品的同时可以享受到遗产地的独特景观、历史文化甚至是生物多样性等资源。对整个社会而言，开展农业文化遗产保护的目的，不仅在于追求遗产地产出，更重要的是获得它们的溢出效果。

总体来说，农业文化遗产的正外部性主要体现在以下五个方面。一是提供良好的生态环境，人居环境得到改善；二是保持较高的生物多样性；三是展现美丽的自然景观；四是促进社会对农业和自然的认知与教育，保留传统的农耕文化和技能工艺；五是在生态学、农学、历史、社会、经济等领域提出了诸多有价值的科学问题。

强调农业文化遗产地的正外部性是有意义的。农业文化遗产地的生产经营活动有利于社会经济活动效果外溢，但生产经营者难以从产品和服务市场上得到全部的应得收益，此时，需要有来自外部的其他收益补贴、成本补偿措施，以保证遗产地正常、可持续的运营。那么，如何判明并激励农业文化遗产地的正外部性？这一问题的解决，需要整个社会和政府开展反作用于遗产地的经营活动，或者对其进行经济补偿。

（四）与现代农业生产方式的不一致

现代农业有很多特征，其中最突出的特征是较高的综合生产率、较高程度的商业化，以及农业生产物质条件、生产技术、经营管理的现代化。农业文化遗产蕴含着几千年来先人们留下的智慧，是人类经验的结晶，也是整个社会的宝贵财富。它的核心要素是在历史条件和特定环境下形成的各种技术、知识的集成，展现了对资源效率尤其是自然资源效率的追求。随着经济社会的不断发展，给出了新的农业生产经营环境和产品市场条件，比如消费者需求的不断改变，再比如劳动力价格变得越来越高。因此，农业文化遗产与现代农业的生产方式必然存在不一致的地方。下面，我们用一些数据来说明。

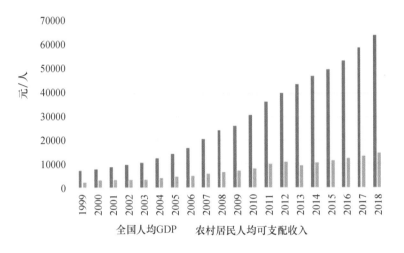

国民经济与居民收入的增长

资料来源：国家统计局。

上图展示了我国国民经济与国民收入的增长。在过去的20年里，我国人均GDP从7229元增长到64644元，增长了7.94倍；同期农村居民人均收入从2210元增长到14617元，城市居民人均收入从5889元增长到39251元，分别增长了5.61倍、5.67倍。农村居民人均收入上涨意味着农民工资水平的上涨，进而意味着农业用工成本上涨。

表1　农村居民的收入结构　　　　（单位：元/人）

年份	工资性收入	经营净收入	财产净收入	转移净收入
2000	702	2251	45	148
2005	1175	3164	88	204
2010	2431	4937	202	548
2015	4600	4504	252	2066
2018	5996	5358	342	2920

资料来源：国家统计局。

表1显示的是2000年到2018年间我国农村居民的收入结构。我们从中可以看出，在2000年农村居民主要依靠农业经营净收入，其他方式的收入比较少。到了2018年，农村居民从农业经营中得到的净收入排到了第二位，工资性收入最多，转移净收入也显著增多。这意味着农村居民的收入结构在这一阶段已经发生改变，更多的农村居民依靠打工获得收入，选择从事农业生产经营的人在逐渐减少。

结合图和表1的数据，我们不难发现，我国的劳动力变得越来越贵，从事农业生产经营活动的人越来越少，农业包括农业文化遗产地未来的发展面临着挑战。

概括地说，农业遗产地与现代农业生产方式的不一致性主要有以下几个方面的含义。第一，农业在国民经济中的比重不断下降，这不只是农业文化遗产地面临的问题，也是我国整个农业所面临的普遍性问题。第二，农业文化遗产地面临着新的经营环境，一方面是国民收入增长产生了更多更高的新需求，另一方面是日益增长的生产成本。第三，如何提高包含劳动生产率和土地生产率的综合生产效率？如何降低劳动强度？过去的农业技术倾向于提高土地生产率，原因是农业资源的紧缺，而现在由于工价升高，农业技术则更倾向于提高劳动生产率、降低劳动强度。我们能够看到，农业遗产地生产中施用农家肥、古树果实的人工采摘、特色产品手工生产都面临着上述矛盾。第四，我们还需要关注生产者的总收益，因为如果经营规模较小，即使收益率很高，总收益仍然很小，因此，生产者总收益在相当程度上决定了农民是否有意愿继续留在农业领域。第五，农业的多功能性日益得到重视，多功能性是指农业除了可以供给商品化的农产品，还有其他功能即我们前面说到的多种价值，那么，如何获得农业的可持续发展是我们面临的一大问题。第六，农业文化遗产地的保护与发展之间一直存在矛盾，需要在动态发展过程中去解决。

三、我国农业文化遗产保护面对的现实挑战

农业文化遗产的发展有机遇，同样也面临着挑战。从宏观方面来说，我们国家地域分散，遗产地数量很多，类型差异大，因此，我国无法对所有的农业文化遗产进行集中统筹管理，需要在保护过程中加以区分，各个遗产地都需要独立管理。

我国农业文化遗产保护面对着一些突出的矛盾。生态保护和经济发展之间冲突比较大，在短期追求经济效果目标和长期社会效果目标之间也存在着矛盾。另外，我国目前的土地制度是所有权、承包权、经营权"三权"分置，但是，在农业文化遗产地的经营管理上，完全分散是行不通的，需要一些集中化的生产经营手段。

资源存量的有限性与开发利用规模之间存在差距，这个问题在初创期可能并不会很突出，但在运作过程中存在利益如何获取以及利益如何分配的问题。日本、韩国解决此类问题具有

一定的经验，启示我们必须利用一些外在条件，单靠遗产地本身是无法解决问题的。国家之间存在差异，即使在我国农业文化遗产地之间也差异巨大，因此，我们可以参考但不能完全照搬或者套用他国经验。

四、我国农业文化遗产的经济价值分析

农业文化遗产保护是我国发展现代农业的组成部分，需要多方共同参与，既不能脱离市场，也不能完全依靠市场。农业文化遗产要得到有效保护，参与者必须获得合适的经济收益或补偿，这是可持续发展的基础与前提。在目前的社会经济环境下，促进遗产地农业产业的发展是最积极的保护。另外，要保护当地整体农业，只有农业产业良性发展，置于其中的遗产地才能得到有效保护，反过来，单单对遗产地进行保护则难度太大。

农业文化遗产地经营的经济价值，是指通过市场能够得到的回报。经济价值包括两部分，一是产品价值，二是服务价值，对不同的农业遗产地来说，价值来源和结构是不一样的。

产品价值亦即产品收益是农业文化遗产的最基本价值，它的大小取决于产量、价格和成本，和现代生产方式比较，该项收益大小是不确定的。这是因为，与现代生产方式相比，农业文化遗产既有有利因素，又有不利因素。有利因素主要是产品的差异化价格，以及可以实行联合生产，而不利因素主要包括用工成本高、遗产地地租成本或者土地流转费用高。

为了衡量农业文化遗产地的产品收益，我们提出一个简单的计算公式：产品收益＝产量×单价－成本＋联合生产收益。公式中，单价和联合收益是可以确定的，如果有了合适的市场

交易条件，遗产地产品价格是可以提高的，联合收益肯定是正向的；依靠遗产地传统的生产方式，产量究竟是下降、持平还是上涨是不确定的；成本项目中，劳动用工成本是一个很突出的问题，单位用工成本不断上升与节约劳动同时作用，整体成本的变动也是不确定的。因此，与现代生产方式相比，遗产地的产品收益水平高低是不确定的。

服务价值是产品价值的延伸，如休闲农业、乡村旅游、品牌价值等。在市场经济条件下，我们需要了解经济价值增长的路径，判定如何增大产量、提高价格和节约成本。

目前，实现农业文化遗产服务价值主要面临两个问题。第一个问题是农业文化遗产的服务价值需要高效的经营组织，现阶段土地权利问题通常是生产经营中矛盾突出的地方。第二个问题是遗产地的收益分配，在经营过程中有人提供劳动，有人提供使用土地，整个遗产地经营中得到的收益该如何进行分配是一个亟待解决的问题，这需要建立起一个公平有效的分配机制。

此外，农业文化遗产有很多非市场价值，主要包括文化价值、社会价值、生态价值和科研价值。这些非市场价值具有显著的正外部性，但难以通过市场交易来实现。目前看来，可行的解决途径主要有三个：一是政府补偿，政府必须想办法给遗产地提供资金支持；二是社会机构的参与，这种情形在发达国家社会机构多一些，比如基金和非政府组织，但目前我国的社会机构还不普遍；三是公益活动，即利用公众提供的免费劳动来降低遗产地的经营成本。

五、结论与建议

当代我国农业文化遗产保护面临的挑战主要来自经济增长

对农业的影响，对农业文化遗产的保护是必须的，也是重要的。保护的过程是一个动态的、主动的过程，应该采用保护优先、适度利用的策略。在这一过程中，市场和政府都应该发挥作用，二者相互协调配合，以获取良好的经济、生态和社会效果，保证可持续发展。

如何保障参与者的收益是农业文化遗产保护的关键。参与者的收益依次包括产品收益、相关的服务收益和非市场价值收益。传统农业具有良好的外部性，要保证农民在继承传统农业生产方式的基础上获益，在保护生态系统服务功能的前提下应该加入一些新的元素，从而提高效率、保证发展。

总的来说，农业文化遗产保护是一项事业，需要有情怀，也需要有机制；需要关注社会利益，也需要关注经济效益；需要关注经营，也需要关注组织管理；需要关注短期目标，也需要关注长期目标；需要解决农业内部的问题，也需要农业以外来解决问题；需要有踏实的努力，也需要有路径选择。

☀ 仙境家园（葛华 摄）

农业文化遗产保护中容易出现的几个问题

苑 利

中国艺术研究院研究员，中国民间文艺家协会副主席，中国农业历史学会副理事长，农业农村部全球重要农业文化遗产专家委员会副主任委员。

中国是个具有五千年文明史、近万年农耕史的文明古国，其文明中的最大亮点是以农业生产为基本特征的农耕文明。而这一文明最重要、最鲜活、最直接的见证，就是我们国家近年来评选出来的中国重要农业文化遗产项目。可以说，保护好以中国重要农业文化遗产为代表的传统农耕文明，对于保护、传承好中国传统文化非常重要。

截至目前，我国已有 91 项农业文化遗产进入农业农村部《中国重要农业文化遗产名录》，已有 15 项农业文化遗产进入联合国粮农组织《全球重要农业文化遗产名录》。在农业文化遗产保护领域，中国一直扮演着领导者的角色，成绩有目共睹。但是，如果我们回首这十几年中国农业文化遗产保护史，就会发现这其中仍存在不少问题，需要我们及时纠正。

那么，中国在农业文化遗产保护领域，到底还存在哪些问题？需要注意哪些问题呢？

一、对优秀传统农耕技术的有效保护

在农业文化遗产保护工作中，对传统农耕技术的保护是其中最重要的一环。这里所说的"传统农耕技术"，既包括传统育种技术、施肥技术、耕种技术，也包括传统灌溉技术、排涝技术、病虫害防治技术以及收割储藏技术等。从评审农业文化遗产的角度看，是否还保留有非常优秀的传统农耕技术，肯定是评审工作最重要的尺度之一。如果申报地的传统农耕技术已经被现代农耕技术取代，那么，即使产量再高、品质再好，也不能进入《中国重要农业文化遗产名录》。从目前的情况看，已经入选《中国重要农业文化遗产名录》项目者，基本上都能达到我们设置的准入门槛。这是因为我们在指定农业文化遗产项目时，就已经考虑到了现代化机械设备进入的可能性。与现代化机械设备比较容易进入的平原项目相比，我们更倾向于选择那些现代化机械设备无法进入的山地型农业遗产项目，以确保这类遗产项目的真实性。如果说在传统农耕技术上有问题，这些问题也多半出现在项目入选之后。一旦进入《中国重要农业文化遗产名录》，有些遗产地就会因其潜在的经济价值而受到各方利益集团的觊觎。这些外来资本也很容易根据经济利益最大化原则，用自己带来的"先进"技术，取代当地特有的传统农耕技术，从而导致传统农耕技术的快速流失。据我所知，目前已有部分农业遗产地在收割上，已经使用或部分使用了联合收割机等现代化设备。传统农业文化遗产开始受到一步步蚕食。"千里之堤毁于蚁穴"，类似问题如不及时解决，农业文化遗产必将名实不符，必须引起我们的高度重视。

其实，与机械化取代传统农耕技术相比，更大的问题是农药化肥的继续使用。在中国重要农业文化遗产项目评审之初，我们就已经注意到了这样的问题。但在中国这样一个已经步入现代社会的农业国，要想寻找完全不使用化肥农药的农业遗产地，事实上是很难的。于是我们选取了化肥农药使用较少的偏僻落后地区。为确保农业遗产项目在数量上的均衡，我们在东部地区更多地选择了果园项目。原因是：与大田作物相比，果园更注重农家肥的使用。经验告诉我们，使用化肥不但影响果品品质，同时也会影响到水果的成果率。但后来我们发现，即或使用农家肥，同样有它的问题：集中养殖下的农家肥，存在着抗生素严重超标等一系列新问题，如何解决这些问题，需要我们进一步研究。

二、对优秀传统农作物品种的有效保护

优秀的传统农作物品种，是一个民族传统农业的精华。评价一个民族传统农业是否先进，首先就要看是否培养出了非常优秀而独特的传统农作物品种。对当地特有的、品质优良的传统农作物品种实施有效保护，是农业文化遗产保护的重要一环。评判一个项目能否入选《中国重要农业文化遗产名录》，首先要看它是否保留下了足够优秀的、独特的传统农作物品种。江西万年稻作文化系统、北京京西稻作文化系统、黑龙江宁安响水稻作文化系统、湖南花垣子腊贡米复合种养系统等，之所以能入选《中国重要农业文化遗产名录》，显然与他们保留有优秀的传统农作物品种有关。那么，是不是已经获批的中国重要农业文化遗产项目，都保留有传统农作物品种了呢？显

然不是。如已经入选《中国重要农业文化遗产名录》的遗产项目，迄今依然有种植近几十年来培育出来的杂交水稻者。对此，专家委员会虽有明确的整改意见，但直至今日仍无法全面落实，可见，要想找回当地原有优良品种仍有相当长的一段路要走。造成这种情况的原因有二：一是申报之初我们对十全十美的项目并不完全摸底，二是入选项目某些方面的先天优势掩盖了这方面的不足。如有些项目因具有独特的非常具有榜样示范作用的土地利用优势，便堂而皇之地进入了《中国重要农业文化遗产名录》。进入该名录后，有些遗产地确实按着专家委员会的要求，在当地寻找到了不少当地特有的传统农作物品种，如云南红河州的哈尼梯田、内蒙古的敖汉旗、福建的联合梯田等，在这方面确实做了许多扎扎实实的工作，恢复了不少传统农作物品种（当然，有些地方也有他们的问题——诸如种植面积有限，更多的还处于政府管理下的"试种"阶段）。但也确有部分遗产地，迄今都没有很好地解决传统农作物品种的恢复问题。等待这些农业遗产地的，应该是"黄牌警告"，如果屡教不改，也难免被"红牌拿下"。因为作为中国重要粮食品种基因库的中国重要农业文化遗产地，不应该也不可能将杂交稻作为自己的保存对象。这一点是毋庸置疑的。

与此同时，在调查中，我们还发现了一些更具普遍性的问题——如因某种利益需求而对当地传统农作物品种带来的系统性破坏。

给传统农作物品种带来破坏的原因有二：一是因旅游开发给农业遗产地原有品种带来的破坏，二是因改种高产农作物品种给遗产地原有品种带来的破坏。

旅游开发是农业遗产地增加自身收入的常用方法之一。面朝黄土背朝天的农民，从原来的只挣一份钱，变成了同时能挣两份钱，这本身是件好事。但如果处理不当，好事很容易变成坏事，且这样的例子不胜枚举。如某遗产地历史上以种植香葱、芋头、生姜、洋葱、包菜、莴苣、韭菜及瓜类等数十个传统农作物品种为主。其中的香葱、龙香芋举国闻名。然而，近年来随着旅游观光的需要，这里被大面积种植上了观赏性植物万寿菊、向日葵、杭白菊、鸡冠花等，使这里从"一朵菜花"，逐渐演变成了"春看菜花、夏赏荷花、秋看菊花、冬看芦花"的四季均可看花的旅游景区。据有关方面统计，2014 年以来，该景区仅种植万寿菊就多达 1300 多亩。从旅游角度来说，吸引游客似乎无可厚非，但需要说明的是，这里是中国重要农业文化遗产地，其重要任务之一，就是要保护好本土品种。放弃急需保护的传统农作物品种的种植而改种其他观赏性植物，这显然有违农业文化遗产保护初衷，实不可取。

一味追求产量，也是传统农作物品种惨遭破坏的一个重要原因。如有些地方原本种植的是传统农作物品种，由于产量过低，一些传统农作物品种最终还是被近年来培育出来的产量更高的农作物新品种所取代。这种在饥饿中产生的以量取胜的农作物品种"价值观"，一旦上位，就很容易给以保护传统农作物品种为己任的农业文化遗产，带来意想不到的灾难。因为农业文化遗产所保护的肯定不是当代人研发出来的杂交稻，而是历史上祖先们经过成百上千年精心选拔出来的非常优秀的传统农作物品种。这种在农作物品种上偷梁换柱的做法，将会直接影响到中国农业文化遗产中最需保护、最需传承的中国农耕文明之"核"。说到底，农耕文明是通过一个个优秀品种加以传承的。以真换假，用当代杂交稻或转基因产品取代传统农作物品种，其结果，就是给我们的后代子孙传递了一个又一个品种上的"假情报"，我们就会成为历史上的罪人。

保护传统农作物品种具有重要的战略意义：一是它可以帮助人类解决因转基因、杂交稻以及大机械化生产而带来的口味逐渐单一化的问题，为满足人类口味的多样性提供最起码的品种上的保障；二是多样性农作物品种的保护，可以有效地防止农业生产中病虫害的快速传播。

为解决类似问题，多数国家开始了基因库的建设，试图通过国家物种基因库，完成对传统农作物品种的保护。但物种基因库有它明显的短板：一是储存时间不够长①，二是相关种植技术无法通过基因库加以传承。如北京京西稻原有品种已经失传，虽然后来的人们在物种基因库中找到了原有品种紫金箍，但出芽率很低，品质上已经出现严重退化，无法继续使用。但是，如果我们在遗产地坚持种植，许多传统农作物品种，就会在当地农民手中代代相传，而且越传越好。农业文化遗产的活态传承，应该成为传统农作物品种永续传承的最佳手段。

三、对优秀传统农具制作技术的有效保护

提到"传统"，很多人首先想到的便是"落后"。其实，

---

① 种子从完全成熟到丧失发芽能力所经历的时间，被称为种子的寿命，一般我们以达到 60% 发芽率的贮藏时间为种子寿命的依据。种子的寿命因植物种类的不同而不同。可以是几个星期，也可以长达很多年。柳树种子的寿命极短，成熟后只在12 小时以内有发芽能力。杨树种子的寿命一般不超过几个星期。大多数农作物种子的寿命在一般贮藏条件下约为 1—3 年。例如，花生种子的寿命为 1 年；小麦、水稻、玉米、大豆的种子寿命为 3—6 年。在良好的贮藏条件下，种子的寿命可以加长好几倍。不过，作为生产上用的种子，还是以新鲜的为好。即使在适宜的条件下，种子保存过久，也会逐渐丧失发芽能力。这是由于种子细胞内蛋白质变性的缘故。在高温和潮湿的情况下，种子呼吸作用加强，这不仅消耗了大量的贮存物质，同时还放出热量，加速蛋白质的变性，从而缩短了种子的寿命。（详见如下网址：https://baike.baidu.com/item/）

农业文化遗产保护的不是落后，而是在千百年传承、遴选的基础上，保留下来的一个民族农耕文明中最优秀的东西，其中就包括人类在历史上创造并以活态形式流传至今的非常科学、非常顺手的农业生产工具。传统农业生产工具代表着一个时代或是一个地域的农业科技化发展水平，是一个时代或是一个地域农业文明程度的基本标志。

（一）通过农具感悟古人的智慧

其实，历史上许多农业生产工具，都不一定有多么复杂的技术含量，但它一定是最实用的。譬如甘肃省皋兰县什川镇万亩梨园、浙江会稽山千年古香榧群，在摘果时所使用的蜈蚣梯，内蒙古敖汉旗旱地播种神器籽葫芦，都具有制作简单、使用方便、皮实耐用等特点，充分反映出当地匠人在农具制作过程中对于材料的透彻理解。

（二）通过农具感悟古人的个性化需求

传统农具的一个重要特征就是它的个性化定制。这里所说的"个性化"，首先是指农具对于特定地域环境、土壤的适应性——它们生产的每一件农具，都需要根据当地特有的地质、地貌量身定制。如云南红河四县所使用的每一种农具——锄头、镐头、镰刀等，都会根据当地的自然环境、土壤特点、劳作场所的冗余度，来设计每一件农具的长短、粗细、材质、重量、角度、宽窄等。个性化定制的另一层含义，是指农具制作匠人还会根据不同客户的身高、体力、性别、手掌的大小等，提出更具个性化的建议。生产工具的个性化定制方便了客户，提高了农民的生产效率。

（三）通过农具感悟古人可持续发展理念的宝贵

"传统农耕技术所使用的基本动力来自自然，几乎可以做到无本经营。它在满足农村加工业、灌溉业所需能量的同时，也有效地避免了工业文明所带来的各种污染和巨大的能源消耗。我们没有理由随意消灭它，也不应该简单地以一种文明取代另一种文明。我们的任务是：一是保护，二是研究，三是发展。"

但是，在现实生活中，许多地方同志在对这个问题的理解上仍存在许多误区。如在南方稻米产区，历史上防治稻螟虫有一套属于自己的方法。但我们并没有意识到保护这种传统农耕技术的重要性，不假思索地用近年来发展起来的紫外线灭虫技术取代了传统的灭虫技术，害虫虽然被消灭了，但传统灭虫技术却因此失传。这种偷梁换柱的做法，同样有违农业文化遗产保护的初衷，不值得提倡。

在比较发达的省份，传统农具越来越少，许多地方甚至打着保护农业文化遗产的幌子，将它们收进当地的民俗博物馆。传统民俗博物馆尽管投资少、见效快，在宣传和弘扬传统农业文化遗产的过程中会发挥一定作用，但说到底，我们是不可能通过博物馆的静态展示，把老祖宗农具制作技术和使用技术传承下去的。

四、对外来物种的有效监管

数年前，云南红河梯田遭遇小龙虾入侵。只在防治小龙虾上，便已给红河梯田带来数百万元人民币的损失，而2018年7月的一场暴雨，又给元阳老虎嘴梯田带来更大面积的地质灾害，教训不可谓不深。其实，对像红河梯田这样的水田，其他物种的入侵同样不能小觑，必须引起我们的足够重视。据调查，目前进入红河哈尼梯田的外来物种主要有两个：一是小龙虾，二是福寿螺。它们的入侵给红河梯田带来的损失及危害主要表现为两个方面。

（一）小龙虾和福寿螺等外来物种的入侵，直接造成了当地水稻的减产

小龙虾及福寿螺对水稻的影响主要是由其生物习性决定的。小龙虾食性较广，特别喜欢吃水稻的新鲜根系。由于喜欢穴居，深深的洞口常会造成秧苗的倒伏，直接影响到水稻的产量；而福寿螺作为一种软体动物，个体大、食性广、适应性强、生长繁殖快（每只雌螺可年产卵万粒左右）。其孵化后稍长即开始啮食水稻等水生植物，尤喜其幼嫩部分，对水稻危害极大。

（二）小龙虾和福寿螺等外来物种的入侵，破坏了梯田等原有的农业基础设施

小龙虾喜欢穴居，常在田埂打洞，洞深最高可达一米，小龙虾的这种穴居习性在平原地区问题并不太大，但在像红河梯田这样的山区梯田里，问题就非常多了。最直接的后果，就是造成田埂的垮塌。如果发现不及时，或是雨水过大，很容易造成梯田由上至下的大面积垮塌。一旦垮塌，很难修复。即或能够修复，也会产生很高的人工成本，给当地人的收入带来影响。

（三）小龙虾和福寿螺等外来物种的入侵，还会对当地生态环境造成负面影响

在红河梯田生物链中，小龙虾居于生物链的顶端。这种被

称为"克氏原螯虾"的甲壳类动物以鱼苗为食，这就打破了红河梯田原有的生态系统，直接影响到当地鱼类的自然繁衍。

其实，外来物种入侵是一个非常广义的概念。有些外来物种的进入是无害的，有些外来物种的进入是有害的。而"有害"的基本尺度，便是看该物种的进入，对原有生态环境或生态链是否会造成某种程度的破坏。

五、对当地农民队伍的有效保护

中国农业文化遗产保护出现问题，还有一个十分重要的原因——懂得传统农耕技术与农耕经验的农民队伍大量流失。近二十年来，随着中国城市化发展进程的不断加快，农村人口急剧减少。而且，生活在农村的常住人口也不再是身强力壮、专门从事农业生产的青壮年，而是年老体衰的老人和较少从事农业生产劳动的妇女及儿童，于是，传统农耕经验的传承在这里出现了明显的断档。

传统农耕技艺的传承首先需要"人"这个基本载体。人都没了，真正懂得传统农耕知识与农耕技术的人都没了，农业文化遗产何以传承？要想让懂行的农民回乡，将传统农耕技术与经验真正地继承下来并传承下去，首先需要解决的是农民回乡的动力学问题。城市的艰辛很多农民工都体悟到了，抛家舍业的痛苦很多农民工也都体悟到了，如果我们能从根本上解决返乡农民的基本需求，能改善返乡农民最基本的生活环境问题，加之亲情牵挂这一深层的情感需求，都会让外出的农民返乡并非没有可能。问题的关键是需要各级政府出台一系列优农惠农政策，通过提高农村人口的生活水平，使农民成为一个受人尊敬的职业，农业文化遗产的活态传承才会后继有人。

六、对传统农耕信仰的有效保护

农耕信仰是传统农耕文明的基本标识，也是传统农耕文明的重要支撑。在农业文化遗产的保护过程中，要将农耕信仰视为农业文化遗产的重要组成部分，充分意识到农耕信仰在维系社会秩序、协调人际关系、净化人类心灵、保护自然生态等方面所发挥的积极作用。

传统节日仪式与传统农耕信仰息息相关，是传统农耕信仰的重要载体，也是传统农耕文明的重要载体。要想保护好农业文化遗产，就要保护好与之相关的传统节日仪式，并通过一年一度的转山仪式、转水仪式等，增强当地人保护山林、敬畏自然的意识。这类仪式在偏远地区传承得会比较好。

在保护传统节日仪式过程中，首先要提高认识，深入发掘传统节日仪式中的正能量，同时坚持"民间事儿民间办"的原则，"还俗民间"，让民间在弘扬传统节日仪式过程中发挥主导作用。而政府要做好宣传、鼓励以及会期过程中的服务工作。最重要的是不要介入传承，更不要取代民间成为传承主体，否则，就会将原汁原味的民俗变成死气沉沉的"官俗"。官俗化最集中的体现，就是将原有仪式改造成政府的所谓"艺术节"。反观近四十年来由各级政府打造的所谓"艺术节"，几乎没有成功的先例。

七、对农业生产制度的有效保护

农业生产制度是人类为维护农耕生产秩序而制定出来的一系列规则。这些制度既包括以乡规民约为代表的民间习惯法，也包括相应的民间禁忌等。在阿鲁科尔沁，人们在设置火塘时，必须先将草皮铲下，并放置在不碍事的地方，换场时，再将原草皮恢复成原有的模样，从而确保草场不致遭受人为破坏。在南方竹产区，人们对竹的砍伐是有严格规定的。从时间上看，砍竹不能在雨季，否则，砍下的竹子很容易因潮湿而产生霉变。砍竹多选择在秋季。这时的竹子经过一年的生长，成材率更高，而干燥的秋季，也更容易保证竹子的质量。在红河梯田，哈尼人为确保水源，十分注重位于村寨上方的水源地——寨神林的保护。不但人不能随意进入砍伐森林，就是大型家畜也不能随意进入，否则就会受到民间习惯法的严惩。

历史已经证明，一个完善的农业文化遗产项目，仅凭技术的卓越是远远不够的，还需要有完备的农业生产制度做支撑，而且，越是不发达地方的农业文化遗产，就越需要这种完善的农业生产制度，否则，农业生产就不可能获得可持续发展。

☀ 彩萍（戴云良 摄）

农业文化遗产学

乡土中国

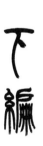

下编

☀ 去地里（刘莉 摄）

建设什么样的乡村

——基于乡村价值的乡村振兴

朱启臻

中国农业大学人文与发展学院教授，农民问题研究所所长。

乡村振兴有必要清楚两个基本问题：一是什么叫乡村，也就是要回答乡村具有的价值问题；二是建设什么样的乡村，回答如何建设乡村和乡村建设内容的问题。

一、寻找农业文化的"根"

关于农业文化遗产，我们先思考这样一个问题："农业文化遗产"存在于什么地方？或者说，它的载体是什么？因为我们要发展文化，保护、传承优秀的农业文化遗产，我们就必须清楚，这个文化存在于哪里，清楚承载这些文化的载体是什么。否则一方面要传承优秀文化，另一方面又在消灭传承文化的载体，皮之不存毛将焉附？以建设文化、保护文化的名义来消灭文化的现象之所以存在，就是没有弄清楚这个问题。有专家讲，我们的新农村建设，是建设一个，破坏一个，形成了所谓"建设性破坏"现象，为什么会是建设一个破坏一个呢？因为有些决策者和建设者不懂文化，不清楚文化存在于哪里。他们也是抱着美好的愿望，就像我们很多人有浓厚的乡土情怀要建设自己家乡一样，也想把农村建设好，但客观结果却是好心不得好报，破坏了乡村！

我理解，农业文化遗产的载体应该在乡村。孙庆忠教授在陕西泥河沟做"枣文化"的研究。泥河沟是不是一个村庄呢？枣文化不是研究枣如何开花结果的，而是要研究枣对乡村生活的影响以及乡村对枣的利用，栽培枣的经验和地方知识固然是文化，但是人们利用枣的文化内涵就更丰富，不仅有丰富的与枣有关的美食、滋补品与营养品，有关于枣的动人传说，枣还有美好的寓意。在我家乡至今保持着年轻人结婚时送枣和栗子的习俗，寓意"早立子"。所有这些被称为文化的东西，都是以乡村存在为前提的，没有了乡村，这些文化也随之消失。当然，你会进一步提问：在村庄的什么地方保存着农业文化呢？这又很复杂，我们说，乡村的空间结构、社会结构、人们的生产与生活方式以及人们的娱乐与信仰等，都是文化的载体。有些艺术家，凭借他们的职业敏感性，较早地感知到了乡村的重要价值，提出了"乡村是中国传统文化的根""乡村是文化宝库"等判断。于是，有些人看到了茅草房、土坯房，又拍照又画画，感叹："太漂亮了，千万不要破坏啊！一定把它保护好啊！"结果，农民说上一句话，噎得他们半天讲不出话来："好?！你们怎么不来住啊？"他们很无奈，和我说，"朱教授啊，我们对牛弹琴，农民不理解呀。"我说："不是他们不理解，是我们讲不清楚，文化到底在哪里。"当然，解释乡村价值所在不是艺术家的事，应该是社会学家的事。

但是很可惜，几十年来，号称社会学家的人众多，对乡村的研究，无论是理论研究还是实践研究，却几乎处在空白状态。当中央提出来乡村振兴战略的时候，社会学家拿不出理论依据，甚至有人怀疑："乡村能振兴吗?"还可以听到社会上很多想当然的滑稽言论。如一些乡村振兴的研讨会上，有人就提出"要把乡村变成公园"，"要把农田变成花园"，"要让农民上楼"，诸如"要撤村并村，让农民过上幸福生活"，"要把农民变成既拿地租又挣工资的工人"等口号不绝于耳，花样百出。甚至还提出个口号来：按照城市建设的思路改造乡村。正是这些想当然的口号，貌似创新，实则愚昧无知，对乡村的破坏起着推波助澜的作用。一夜之间冒出来很多的"著名"乡村规划师，其实对中国乡村知之甚少，凭着想象去规划和设计乡村，只能是"墙上挂挂"。如果真的按这些规划去建乡村，结果就是建一个消灭一个。

所以，我们迫切需要了解乡村对文化保存和传承的价值。这是乡村振兴的依据，也是文化遗产得以存活下去的依据。也只有清楚了乡村所固有的价值，才能明确我们到底要遵从什么规律，建设什么样的乡村。

二、建设有利于产业兴旺的乡村

通过对众多现象和事实的归纳，从正反两个方面我们论证和发现乡村在生产、生活、生态、文化、社会与教化等六个方面具有不可替代的价值，在 2019 年出版的《把根留住》一书中，我们做了详尽的表述。这里，我首先谈谈乡村和乡村生产的关系。如果说文化，我倒是认为乡村与乡村生产的关系是中国乡村文化的最大特色和重要内容。尽管我们有了"农业与农村部"，但是人们对农业和农村的关系似乎知之甚少。因为我们看到，一方面人们在高喊着发展现代农业确保国家农业安全的口号，另一方面我们也看到大规模地消灭农村，结果，削弱了农业生产，增加了农业的风险性。所以，乡村产业兴旺就要先了解农业和乡村的关系。需要声明一点，我这里讲的乡村和农村是同一个概念，因为社会学讲的农村就是乡村，有学者认为这两个概念存在本质不同，其实仅仅是词意差别，实践中我们找不到没有农业的乡村，也不存在不是乡村的农村。

乡村之所以产生，正是为了农业生产。远古时代本没有乡村，游牧民族逐水而居、逐草而居，一个地方的草吃得差不多了，赶一群羊就换个地方，不会有村落形成。后来从采集、游牧中又发展出新的生产内容，叫"农业"。农业有个特点，由于土地与庄稼不能移动，决定了从事农业的人也不能像游牧那样四处移动。农业的这种固定性特点，进而决定了在土地上播种并等着收获的农民要定居下来。由于安全需要和每户耕作的面积有限，一户挨着一户地定居，村落就产生了。村落在其漫长的成长过程当中，始终遵守了两个基本维度：一个是适应生产，另一个是方便生活。如果我们画个坐标系的话，用横坐标表示乡村生活，用纵坐标表示农民生产，就可以把村落划分为不同类型。你就会发现，所有的村落都始终遵守着这两个原则，或者说，遵守这两个维度。直到今天，当我们看到传统村落的时候，我们依然会很兴奋。于是有人就不禁会问："这么美丽的乡村，设计师是谁啊？"老百姓会告诉你，没有设计师。民居和村落为什么会建得这么漂亮和神奇？因为每个农户在建造自己的房子时，都自觉遵守也必须遵守适应农业生产这个原则，违背了这个原则，农业生产就难以为继，村民就无法生存下去。

今天的设计师，很难设计出传统村落的美丽与和谐，因为他们大都没有乡村生活经验，也不知道乡村的价值和功能，更不懂得乡村发展应该遵守的规律，凭着一个模板到处套用，结果把本来千差万别、千姿百态、形态各异的特色乡村改造成了千村一面，把城市人的想象强加给了乡村。我看过一些搬迁移民新村，一片高密度的两层小楼，每一户60平方米，一楼是一个厅，二楼是两个小卧室，一厅两室，城市人想象着很惬意。但是农民失去了生计，一是远离耕地，无法耕种，荒芜了土地；二是失去了农家院落，家庭养殖业被消灭。一些没有生计来源的农户只能把猪仔养在屋里，把鸡圈在楼顶上。这些消灭乡村的做法，常常把一个小康之家改造成了一个依赖政府补贴的贫困户。

乡村从它建起来的那天开始，就始终遵循"近地原则"。东北有句民谚"丑妻近地家中宝"，耕地离家越近越好，或者住宅就建在耕地旁边。只有近，农民耕种土地才能节约时间和运输成本；只有近，才能与乡村形成有机循环，农业才能得以可持续发展；也只有近，才能精心照料农作物或家禽家畜。在乡村，你会发现，房前屋后，种瓜种豆，院落里饲养家禽家畜，这都是方便管理和照顾。"生命性"是农业特点之一，农民要照顾它、照料它，不能远离它。远离了农田很难做农业。有一年，我讲到这个问题的时候，有一个县领导对我说，朱教授，我那个地方就把村庄合并起来，形成了小城镇，农民照常种地，而且种得还挺好。这在我们的研究方法上叫证伪。我们提出一个研究假设："没有农村，农业就会被削弱。"人家说不是，我这儿乡村拆了，农业发展还挺好，这是反例，推翻了原先的假设。所以，一定要去看看，要作出解释，如果真是那样，就要修改原先的判断。于是，我就去了。最感兴趣的不是他们把三家村变成了千家店，也不是去看他们的楼房，而是直接去看他们的农田，看看老百姓是如何种地的。我到了离农民住宅区最远的那些地块，离居民点有十多公里。到了地方，远远望去，我一下子就明白了。我看到什么了？那儿有一大片窝棚盖起来了，农民种菜，有温室大棚的也有露天的。农民要育秧、移栽、灌水、施肥、防风、防霜冻，遇到下雨还要及时排水，因此，必须守护在田间地头。为了实现"近地"的目的，农民在菜地里盖起了一大片窝棚。把镇上的楼房留给老人和小孩住，但时间一长，感到来回跑路照顾两头实在不方便，于是就把老人和孩子也接过来了。老人还可以做些力所能及的工作，比如说浇浇菜、养几只鸡、养两头猪；小孩过来跟父母在一起，还可以方便对孩子指导学习和教育。这样，一个窝棚不够住了，就得再建一个窝棚……如此下去，不出几年窝棚就会变成砖瓦房，新的村落就这样形成了。这就是农业与乡村的关系。

围绕着农业生产，乡村就逐渐发展完善。乡村与生产就相互促进、相互适应，形成了有特色的农业产业和各具特色的乡村形态。

党的十九大把产业兴旺作为乡村振兴的首要目标，乡村有什么样的产业呢？当然，首位的是多样化的种植业和养殖业，大家注意是多样化，不是所谓专业化。如果大家有乡村经历，提到"兴旺"这个概念，一定会联想到过春节的时候乡村的两个条幅，一个是"五谷丰登"，另一个是"六畜兴旺"。五谷和六畜，反映的是农业的多样化。规模化、专业化、标准化等工业文明的术语和概念不能生搬硬套地使用到农业上，农业更讲究整体化、多样化、个性化，所以在乡村我们谈到兴旺的时候，一定是多业并存、百业兴旺，多样化的种植和养殖，符合农民生活需要的。想吃什么种什么，去货币化的消费，不用花钱买也吃得挺好挺放心，这是农民的最大福利。但是今天在一些似是而非的理念指导下，农民放弃了这个福利，农民和城市人一样，也要到超市里面去买菜、买粮，这是件很遗憾的事情。

除了多样化种植和养殖以外，乡村的另外一种经济类型是庭院经济。庭院经济是一种综合经济，房前屋后，种瓜种豆；鸡鸣狗跳，牛羊成群，是传统乡村的生产景象，今天的庭院经济除了种菜、养鸡还有乡村手工业。党的十九大以后中央提出振兴乡村传统工艺，鼓励乡村培养一批家庭工厂、手工作坊和乡村车间。乡村手工艺重新回到人们生活中。竹编、柳编、草编等编织业的发展成为很多地区的出口创汇支柱产业，土法织布、民族印染成为民族地区农民增收的重要渠道。特色酿造、地方美食制作甚至成为一些乡村的产业振兴抓手。这些产业都是依托乡村得以存在的。如果消灭了乡村，大部分乡村手工业将失去存在的空间。然而，手工业又是传统文化的载体，失去了乡村，乡村文化也不复存在。因此，从某种意义上说，保护乡村就是保护和传承中国传统文化。

乡村产业的第三个类型是乡村服务业，特别是近些年蓬勃发展的乡村旅游、休闲、度假等业态，成为乡村产业兴旺新的发展空间。人们常说发展融合农业，谁和谁融合呢？要文、旅、农融合。文化在哪里呢？在乡村，失去了乡村就不可能再有乡村文化。一些所谓田园综合体，只要土地而排斥乡村，谈什么文化与农业融合，感觉很可笑，没有乡村作为文化载体，谈什么融合？有些特色小镇、有些田园综合体，尽管死亡了，依然找不到死亡的原因。其实原因很简单，他们排斥了乡村。无论是乡村旅游还是乡村的观光、休闲、度假，都以村落为依托，村落是对外来人产生吸引力和维系可持续发展的基本要素。所以，习近平总书记强调，少拆房、慎填湖、不砍树，要尽可能让农民在原有村庄形态的基础上享受现代生活。习近平总书记视察云南大理时，在农家院里和农民座谈，又进一步强调，这样的庭院比西式洋楼好，记得住乡愁。我们常说乡村是文化的根，这个根在乡村的哪里呢？文化的根就存在于乡村形态与肌理之中，存在于老百姓的生产与生活中。其中，农家院落是基本的空间要素。

三、建设生态宜居的乡村

接下来，我们说说第二个问题，乡村的生态价值与生态宜居的关系。乡村的生态价值十分突出。生态文明提出好多年了，直到今天，很多人也不清楚什么叫生态文明。看新闻报道和一些人的文章，依然把生态文明局限在绿化荒山、植树造林、垃圾分类、治理污染等方面，这些都属于生态建设，与生态文明不是一个概念。政治、经济、社会、文化、生态"五位一体"，生态文明要渗透到其他四个文明当中。生态文明作为一种文明形态，主要体现在人们的信仰、人文精神、习惯以及生产、生活方式之中。如果不理解什么是生态文明，那就到乡村去，乡村给我们提供了一个理解生态文明的完整而典型的模板。

首先，"天人合一"的理念渗透在村落的选址、民居的建造和老百姓生产生活的方方面面，处处体现着尊重自然、敬畏自然、巧妙利用自然的智慧。就地取材建造的民居，与特殊地形、地貌、土壤、气候、物产等诸多因素共同构成各具特色的村落。比如在平原，因为缺乏石材，多为土坯房村落；在太行山区，当地村民就地取材，建造了石头屋和石板房村落；在黄土高原，利用黄土直立不塌的性质，依山就势开凿出来拱顶的窑洞，具有冬暖夏凉的优点；长白山林区，利用天然的木材资源优势建造了传统民居——"木克楞房"；傣家的标志民居竹楼等，都体现了尊重自然和利用自然的生态智慧，充分阐释了中国传统文化的"天人合一"理念；同时，不同地域呈现出各具特色、各有其利的村落，将中国传统民居文化的丰富与多元发挥得淋漓尽致，以"各美其美，美美与共"的姿态展现出中国传统文化的自觉。

其次，乡村生产中的生态文明思想表现得十分丰富。很多农业生产方式已经列入世界农业文化遗产，比如青田稻鱼共生系统，上面长水稻，下面养鱼，这个微观生态系统充满着生态智慧。再如梯田文化，从水源涵养到水系的形成，从梯田的利用到老百姓的生活习惯，形成了一系列的理念、习惯、习俗，反映着天人合一的生态文明信仰。其实，更具价值的是"有机循环"，这是构成中国传统农业文化非常重要的组成部分，包括种植业和养殖业之间的能量循环，也包括村民生产与生活的循环。村落是实现这两个循环的节点，没有了村落，这两个循环就不复存在。传统乡村是没有垃圾概念的，我小时候生活在农村，在书上看到"垃圾"这个概念，不理解，就问老师什么叫垃圾？老师告诉说，农村没有垃圾，垃圾是城市人产生的一种东西。后来进城了才知道，这叫垃圾啊！在农村都是宝啊！农民在地里生产的所有东西，都能得到充分、有效利用。粮食人吃，加工粮食产生的皮子、渣子、糠等用来喂猪、养鸡，作物秸秆用来养羊、养牛。现在被称为厨余垃圾的剩菜、剩饭，都是用来喂猪喂鸡的好饲料。连刷锅水，老百姓都舍不得倒掉，那叫"泔水"。动物和人的排泄物，作为有机肥又回到田间去。所以，外国人看到中国的农业感到很惊奇：中国人的土地越种越肥沃。于是写了《四千年农夫》，他们认为世界生态文明中心在中国。

其三，农民生活体现的生态文明理念也十分丰富。突出表现在自给自足、循环利用、崇尚节俭等诸多方面，也体现在邻里互助以及乡村和谐的人际关系上。自给自足是农民生活的特点之一。其生态意义在于免去了长途运输，节省了保鲜贮存费用，减少了规模化生产对化学投入品的大量使用，减轻了市场压力。去货币化的消费不仅是农民的重要福利，也是低碳生活的重要内容。循环利用在乡村是十分普遍的：一是表现为生产上的循环利用，如手工业的原料来源于农业生产的"副产品"，麦秆、高粱秆、玉米皮等都可通过手工制作变为生活用品或工艺品；二是生活上的循环利用，如一些废旧的衣服和床单往往成为做鞋的原料，哥哥的衣服可以留给弟弟穿。崇尚节俭是乡村美德，也是农民长期形成的生活方式，农民不会浪费东西的。前几天，有记者打电话让我谈谈乡村的垃圾分类问题，他说城市人垃圾分类尚且困难，乡村该如何呢？我告诉他说，农民不用培训，天然地就会垃圾分类。他们把可以腐烂的东西如果皮、剩菜、树叶、灰土等，堆在一起发酵后变成有机肥；把报纸、旧书刊、纸箱、塑料制品、玻璃瓶，以及铜铁铅等金属，分门别类地收在一起，卖给收废品的商贩或者直接卖到废品收购站点，分类之细超出城市人的想象。只是那些既不能化作有机肥，也不能拿来卖钱的废品，他们才舍得放进垃圾箱，而属于这类东西的废品在乡村很少，减少了集中处理垃圾的负担。当然，乡村的生态价值还表现在与大自然节拍相吻合的生活节奏。心理学、教育学业已证明，乡村生活是符合人性的生活方式。城市的快节奏、高压力、紧张无序的生活，是导致心脏病、高血压、失眠、心理疾病高发的重要影响因素，而乡村生活更符合人性。有些地区提出来要把乡村建设成养生、养心、养老的"三养"社区，就是基于这样的道理。未来高品质的生活是什么样子，很少有人炫耀自己城市中的别墅，而是为自己在乡村有一个农家院、有一块菜地而自豪。

当前，各地都很重视乡村环境整治，按照乡村的本来面目，遵从乡村生态价值和发展规律整治乡村会取得事半功倍的效果，如果按照城市的思路改造乡村，乡村的生态智慧就会被淹没。比如那种把千户农民集中到一起上楼集中居住的做法，乡村文化就失去了存在的空间条件，包括乡村生态文明在内的诸多乡村价值就不复存在。类似"组收集，村运输，县处理"等处理垃圾的口号，其实是把乡村宝贵资源变成了废物。正确的做法是，按照乡村智慧利用垃圾。在处理人与环境的关系、人与人的关系方面，都可以从乡村价值中寻找智慧。

四、建设有文化的乡村

我们再谈乡村的文化价值与乡风文明。其实前面已经谈了很多文化问题，乡村是传统文化的宝库，乡村是传统文化的重要载体，已经成为人们的共识。习近平总书记在党的十九大报告中强调"四个自信"——道路自信、理论自信、制度自信、文化自信，其中指出，文化自信是一个国家、一个民族发展中更基本、更深沉、更持久的力量。我们有博大精深的优秀传统文化，是我们最深厚的文化软实力，是中国文化发展的母体。问题是，必须清楚优秀传统文化存在于什么地方呢？我们可以肯定地说，在乡村！

我的一个学生做毕业论文，内容是研究孝文化保存在什么地方。他和我讨论调查结果，罗列出上百处孝文化得以存在的乡村元素，如住宅结构、家谱、族谱、家训、家规、祭祀与祭祖、红白喜事、时令与节日、礼仪与庆典等，仅仅在饭桌上就有诸多讲究。这些载体都在乡村，在城市里很难找到。我们谈乡村文化价值的时候，同样要明白两个内容：一是乡村到底有哪些文化？二是乡村文化具体存在于什么地方？清楚了这两个问题，建设乡村文化就有了方向，否则就会出现建设性破坏。

很多人不懂乡村的文化意义，认为乡村是文化的荒漠，于是，建设乡村文化就把自己对文化的理解强加给乡村。比如，他们认为读书是文化，让农民读书吧，于是就有了农家书屋工程。唱歌、跳舞、演出是文化，于是就有了"文化下乡"活动，结果热热闹闹、来去匆匆，难以给乡村留下什么。这些固然是文化建设的内容，但是与包罗万象、博大精深的乡村文化相比，实在是毛毛雨。很多乡村文化建设项目之所以流于形式，花了不少钱，干了不少事，但是没有效果，原因在于缺乏对乡村文化的认识，不懂得乡村文化的丰富内容和乡村文化的特点，没有按照乡村文化特点建设乡村文化。

我们先看看乡村到底有哪些文化。

我列出几个方面，由于时间关系，每一方面就不展开讲了，只是给大家提供一个基本框架和思路。

第一，农业文化。农业文化包括和农业生产相关的耕作制度、地方品种、乡土知识、传统和现代农具、农业信仰等十分庞杂的内容系统。南方有稻田文化，北方有旱作文化；山区有梯田文化，水乡有水田文化。几乎每一个农产品都形成了自身独特的文化，如稻米文化、茶文化、酒文化。还有农业景观，其美学价值受到艺术家的青睐，成为摄影家、画家、小说家、诗人等重要的创作题材。各地举办的诸如桃花节、梨花节、菊花节、油菜花节等各种以花为主题的艺术节，成为重要的旅游吸引物。人们甚至赋予农作物或农产品诸多的精神品质及期望，如"平平安安"（苹果）"万事（柿）如意""早（枣）生贵子""多子多福"（石榴、佛手）、"健康长寿"（桃）等，这些文化寓意，潜移默化地发挥着文化的教化功能。农业文化更为突出地体现为农业信仰，不同的地区、不同的民族、不同的地理环境、不同的气候，造就不同的农业信仰，农业信仰不仅协调着人和自然的关系，也协调着人和人的关系。传统农具中所包含的技术进步和生存智慧常令人感叹，是农业文化的重要组成部分。此外，节气时令、节日庆典，无不是农业文化及其衍生物。

第二，村落文化。村落文化是以农业文化为基础，在乡村积淀而成适应乡村生活的文化类型。乡村文化与农业文化密不可分，没有明显的界限。村落文化包罗万象，种类繁多，主要包括乡村风俗习惯和农民的生活方式。具体说，首先是衣食住行的方式，与当地环境相融合的民宅，具有民族特色和地方特色的服饰，丰富的地方特色美食，都是乡村文化的重要体现。其次是乡村手工艺，手艺既是乡村产业的内容，也是乡村文化的重要体现，凝结着人们对美好生活的期望。其三，娱乐方式和交往方式，民间文学、民间故事、传说、地方戏曲、民族体育、红白喜事以及游戏等均属乡村文化的范围。

第三，传统美德。传统美德是乡村文化长期积淀而成的，为人们普遍接受的优良道德品质、崇高民族气节、高尚民族情感以及民族礼仪的总和，是任何时候都不会过时的、对和谐社会建设发挥重要作用的文化精髓。如尊老爱幼、上慈下孝、邻里互助、团结友爱、诚实守信、勤俭持家、谦虚礼貌等，传承优秀传统美德是乡村文化建设的有效抓手，也是重要目的。

第四，现代文化。乡村不是仅有传统文化，也发展着现代文化，包括吸收城市文化和西方文明。如科学技术的普及与应用，现代网络的普及，各种电器、现代交通和通信工具的使用，新能源的推广，居住方式的变革以及厕所革命等都是现代文化在乡村的实现，有效提升着乡村的生活质量。前一段时间参加了一个"快手"的研讨会，据介绍，农民已经成为使用"快手"的主体力量。借助新媒体，农民宣传自己的产品、介绍特色生活方式、传播乡村文化，体现着乡村文化的与时俱进。

了解了乡村文化的类型，我们再进一步了解乡村文化存在于什么地方。这个问题很重要。简单说，乡村文化存在于乡村的空间结构中。乡村是由哪些空间要素构成的？有农家院落、民居、街道、祠堂、庙宇、学校、广场等公共资源和公共空间。这些特定的空间结构，形成了家族、邻里、亲属、乡亲等社会结构，进而形成了诸如家风、村风、传统、习惯、习俗、舆论、人际关系、生活方式等特殊的熟人社会文化结构。通过评比好公婆、好媳妇，用身边的好人好事教育身边的人，这些文化建设措施只有在乡村才有意义，因为乡村开放的农户，是形成熟人社会文化的前提，熟人生活才有示范和模仿效应。如果把这个经验搬到城市来就失去了意义。城市的住房，特别是单元楼的结构，还有邻里关系吗？我现在住的房子已经住了十多年了，对门的邻居姓什么、叫什么实在不好意思再问了，因为没有任何交集，我没有去过他家，他也没有进过我的门，就是点头之交。他有没有儿媳妇，孝顺不孝顺公婆，我不知道。至于另一侧的邻居，尽管只隔着一堵墙，但那只是物理意义的邻居，恐怕这辈子也不会知道他是谁。这样的居住空间，还有熟人文化吗？还有示范和模仿吗？没有了。传统文化传承也会因此被中断。所以，了解了乡村文化的载体，才能传承好、建设好乡村文化。

乡村文化建设，不是固守传统，也不是消灭传统。正确的做法，应该是少拆房，慎填湖，不砍树，尽可能让农民在原有乡村形态的基础上改善生活。要把乡村建设成记得住乡愁的乡村。梁漱溟所说的老根上发新芽的文化态度是值得借鉴的。他说，我们中国文化这颗大树经过风吹日晒，饱受各种摧残，要枯萎了。但是树根还活着。让老根上长出新苗，把它培养成一颗新的树。如果有人问，这个树是老树吗？不是，老树已经死了；是新树吗？也不是，它是从老根上长出来的。抱着这样一种对待传统与现代文化的态度来建设乡村文化，新瓶装老酒，老瓶装新酒，传统与现代文化融合，有利于乡村文化的健康发展。

五、建设有教化价值的乡村

乡村是一个天然的教化空间。一个生物人在乡村可以"自然"地成长为懂得社会规范和礼仪，掌握生活技能的社会人，我们称之为教化。没有教学大纲，没有培训班，似乎是自然而然的。近这些年，司法局、检察院发现乡村具有这样的功能。于是，在一些乡村挂个"行为矫治中心"的牌子。把缓刑犯或未成年人犯罪者放在乡村，让他们和村里老百姓共同生活劳动一到两年，发现他就变成了好人，有的还成为了致富带头人。城市社区往往缺乏乡村这样的教化功能，为什么乡村会有教化功能呢？这和乡村的空间结构、社会结构、文化结构与特点有关。

具体说，乡村的教化功能由以下方面决定。

第一，乡村的空间构成。前面我们讲过农家院落的开放性，形成了乡村的熟人社会，熟人社会有很多规则，这些规则大都是约束人的行为的。熟人社会对人的行为的约束很多情况下是通过"亲近"与"疏离"实现的，一个人有能力、是个好人、值得信赖，大家就亲近他，愿意帮助他，并倾向于和他合作；一个缺乏信赖的人，大家会疏远他，甚至孤立他。人们为了避免离群和孤独，总是要遵守乡村约定俗成的规则的。这是由乡村的空间结构所决定的。我在《把根留住》一书中转述过这样一个故事：

　　说的是三十年前，一个小山村里有位六十多岁老太太，老伴早亡，膝下有两个儿子，老大家境好些，老二家里很穷。有事都是找老大。这天，老太太抹着眼泪儿到了大儿子大林家，说村里要统一换电表，一个电表是八块钱，那时候的八块钱，对山沟沟的庄户人家来说，可不是小数。如果哥俩摊钱，老二家里很穷，拿不出钱，让老大一个人出钱，心里感觉不公平。老大心一横，对村里说："我娘屋里的电表就不装了，把线接到我的电表上，以后，娘的电费，由我来出！"老太太含着泪笑了，村里人也夸大林厚道。

　　打这以后，大林的威信，在村里一下子树起来了，谁家有了啥事，都请大林去主事。

　　一天，县民政局来慰问大林娘，大林娘是中华人民共和国建立前的老党员，如今国家有政策了，要给她发钱，一年两次，一次七百八十块。大林一听，高兴极了。可是，老太太年龄大了记性不好，不能保管钱财了。老二住城里，老三又经常出去打工，于是，给老太太领钱、保管，就由大林来负责了，平时亲戚间人来客往的，该老太太出的钱，都从这钱里扣除。

又过了两年，老太太领的钱涨了，一年三千块。这年春节时，兄弟俩凑在一起喝酒，在酒桌上，老二说，咱娘一年领三千，三年就是近一万啊，她的钱花不完，咱弟兄分分吧。酒后吐真言啊。老大一夜没睡，坐在灯下，把这两年老太太的开支，凭着记忆，一笔笔地记录了下来，最后，总收入减去总开支，是负八百。

第二天，老大把弟弟叫到家里，给弟弟算了一笔账，说这几年，娘照相、领钱、审查，都是我一个人跑前跑后，前年生病住了几天医院，两三千就出去了；几个小辈的嫁娶，本来娘只出十块二十块的，可是都知道娘能领钱了，礼金只好加到五十块，娘用我的电，以前娘不领钱，我掏也掏了，现在娘领钱了啊，这我得扣出来，这叫"亲兄弟、明算账"。老二没出声，老大暗自得意，是啊，自己的话，句句合理，字字在理。

可是后来老大发现不对劲儿了，走在路上，大家似乎有意躲着他，有几家结婚办喜事的，也不来请他主事了。

有一天，老大和村里的一个朋友喝酒，问为什么村里人都躲着他，朋友告诉他，你娘八十多岁的人了，她还能用你几年的电啊？还要跟她算电费，大家看不起你。老大被人揭了短儿，一路跌跌撞撞，不知不觉，竟走到了娘的老宅子里，倒在娘的床上呼呼大睡起来了。

大林半夜醒来，屋里黑咕隆咚的，他伸手去拉灯绳，却拉了个空，大林嘀咕道：咋摸不到灯绳啊？他下了床，东摸西摸的，黑暗中响起母亲的声音："儿啊，你们弟兄都有家业的，娘咋能啃你一个人、让你一个人掏电费呢？

我怕自己一不留神儿，伸手拉亮了灯，就把灯绳给剪断了。当初，你说让娘用你的电，娘就认定了，你是个有孝心、能担当的好孩子啊。"

故事挺感人。从乡村教化的角度分析这个故事，可以看到乡村人是如何对待一个人德行的，是如何通过亲近与疏离来规范和教育乡村成员行为的。

需要强调的是，在乡村这种空间结构被赋予了信仰，并融入生产生活方式之中，就形成了巨大的约束力和乡村礼仪惯制，是个体难以抗拒的。我们在乡村调研就会发现，就是一套普通得再普通不过的房子，也有"上下""尊卑"之分。老年人住在什么地方是大家都认同和自觉遵守的，就成为敬老文化的空间约束。乡村很多空间都是这样，让人敬畏，不敢轻易违背，客观上起着约束行为的作用。

第二，乡村劳动。现代教育学、心理学都证实乡村劳动过程对人的影响是有效的而且是综合的。比如，农业劳动对儿童的价值，我们可以概括为以下七个方面。

（1）增长知识，通过农业劳动可以认识品种，了解种子知识、土地与土壤知识、肥料知识、灌水知识、气象知识、光照与温度知识、防虫与防病知识、农业工具使用知识、栽培知识等。观察作物的生长过程，可以使孩子思考影响作物生长的各类因素，培养孩子科学思维和综合思维的品质。一些农业体验园还把各类植物挂上了分类的牌子，普及生物分类的知识。一些养蜂户，把蜜蜂的种类、习性、蜂产品等做成展板，让孩子们了解蜜蜂如何采花粉以及蜂蜜是如何酿出来的。知识对提高人的综合素质和完善人格至关重要。

（2）体验劳动艰辛，培养珍惜劳动成果的品质。人们常说"一分耕耘，一分收获"，其实在农业劳动过程中，收成与劳动的投入并不总是成正比例的关系。"一分耕耘，未必有一分收获"，原因在于农业面临着诸多的不可预测和不可抗拒的自然灾害。丰收在望的麦田可能因一场雹灾而绝收；累累硕果可能因突然冻害而失去收成。旱灾、水灾、风灾、虫灾，等等，"十年九灾""三年两头受灾"等说法并不是夸张。正因如此，农民有了"龙口夺粮""虫口夺粮"等说法。因此也决定了农业劳动是十分辛苦的活动，从事农业劳动最能体验"汗滴禾下土"和"粒粒皆辛苦"的因果关系，培养人们"一粥一饭，当思来之不易；半丝半缕，恒念物力维艰"的情感，从而养成珍惜劳动成果的品质。

（3）善待大自然，尊重自然规律。农业劳动是和大自然打交道的活动，在与大自然互动过程中，人们掌握了自然规律，学会利用自然规律为农业生产服务的智慧，如农民知道最适合的播种时机，他们创造了保墒保水的方法，他们会根据降雨规律安排种植，根据风向和风力安排不同作物或不同的种植方式，农民还积累了丰富的观测气象和预测天气的知识。在与自然打交道的过程中，人们也体验到了大自然的力量，对人的行为与洪水、泥石流、风沙、干旱等灾害的关系有深刻认识。一个从事过农业劳动的人，容易养成敬畏自然的品质，他们懂得保持水土的重要性，创造了梯田；他们知道林木的重要意义，形成了植树造林的传统；一个真正意义的农民是不会破坏生态环境的，因为他们深深懂得生态和自己的生产与生活的关系，由此，创造了人与自然的和谐。

（4）培养诚实的品质。农业劳动与其他劳动最大的区别之一在于"诚实"，诚实品质是农业劳动得以完成的基本条件。栽什么树苗结什么果，散什么种子开什么花，发芽、开花、结果，每个阶段都不可逾越；灌水、施肥、除草，每个环节都不可缺少；没有播种就没有发芽，没有浇水就没有生长，没有施肥就结不出优质的果实。在农业劳动过程中，人们强烈地体验着因果关系，领悟诚实劳动的意义。什么都可以欺骗，唯独土地不可以欺骗，人对土地容不得半点含糊。在比较劳动成果差异时，人们会检讨自己的劳动过程，会体验到诚实劳动的喜悦，也会看到投机取巧的恶果。有理由说，农业劳动是培养人诚实品质的最有效方法。

（5）培养耐力与忍耐品质。农业劳动的每个环节都是一个完整的活动，容不得半途而废，如播种就包括了挖坑、点种、浇水、掩埋、压实等活动，缺少任何一个环节，都可能导致不能发芽而前功尽弃，所以农业劳动培养人的坚持性。农业的周期性磨炼人的耐性，农业活动不是急功近利的活动，难以看到立竿见影的效果，而是需要一个漫长的生长周期，在漫长的等待过程中，培养人们对成果预期的品质，也是对未来憧憬品质的培养。农业所面临的诸多风险，培养人们尊重自然品质的同时，也培养忍耐、坚韧和不屈不挠的品质。

（6）感恩和祈福的情操。感恩是一种情怀，知恩图报更是一种情操。农业劳动对感恩品质的教化在于培养对大自然和土地的情怀。鲜花感谢雨露，雄鹰感谢蓝天，人们在农业劳动中体验到了大自然的恩赐，没有阳光、雨水、土地，作物就不能生长，世界就没有生机，人也就不能生存。是大自然赋予了我们财富和绚丽多彩的生活，这种对大自然的感恩情怀超越了对家人、朋友的爱，是一种普遍的感恩情节。

（7）珍爱生命的品质。农业劳动的对象是生命体，农业劳动过程就是培育生命、爱惜生命的过程。无论是种子的发芽，还是幼苗的生长，或是小动物的出生与长大，都需要人的悉心照料，在这个过程中人们体验生命活动的规律，探讨生命的奥秘，发现生命的价值。农业劳动过程是陪伴生命成长的过程，从珍爱动植物到珍惜人的生命，从动植物的生命环境联想到人的生存环境，深刻理解保护生态、珍惜水源等生命活动环境的重要。农业劳动过程就是一次生命教育的过程，比任何课堂上的说教都更具体、更丰富。

第三，风俗习惯。习俗具有组织乡里协同生活的互助功能，如婚丧大事以及建房等活动，几乎是全村出动。习俗具有维系村落共同生活秩序的功能，特别是制定村规民约，成为村民自我教育、自我管理的传统良俗，在维系乡村秩序方面发挥重要作用。村落成员在长期共同的生活、劳动和人际交往中形成了特定的人生观、价值观、道德信念和体现在习俗、习惯、信仰中的文化传统，通过各种文化活动以及家庭和家族的教育传教在农村社会环境中得到了传承和发展，并对生活在其中的人起着潜移默化的教化功能。我们常说"入乡随俗"，习俗不是强制的，但往往是不可抗拒的。村落习俗作为维护全村利益的一种惯俗，各家各户对村落所拥有的土地、山林、水域都有一定的监护权力和义务，对村境内的公益设施，负有维护修建的义务，以防御外来力量对本村的侵害。随着时代的发展，狭隘的小地域观念和小集体利益逐步被顾全大局观念、团结睦邻思想所取代。今天的村境不仅保留空间的概念，还被附加了新的内涵。如为家乡谋福利所获得的成就感，为乡亲解决了问题而获得的赞誉，村落成员以村落里出了名人而感到自豪，诸如此类，表明村落的观念并没有随现代进程而消失。从村里走出来的人衣锦还乡、光宗耀祖、造福乡里的冲动依然保留着。返乡创业的农民工、为家乡争取资源和项目的官员，为家乡修桥补路的企业家，不仅受到乡亲们的称赞，也是乡村教化的结果，在村落中所获得的认可、赞誉反过来又成为教化他人的榜样。这也是乡贤文化得以存在的基础。

第四，家风与家训。在村落里我们常听人评价某户是"老家主儿"，意指具有良好的"家风"，家庭成员行为有规矩，祖祖辈辈恪守优良传统，口碑好，以区别于那些具有不良行为的家庭。村民们普遍认为找对象时"家风"是重要条件，因为"家风"不仅是可以遗传的，还可以被改变。在乡村也常听到类似谁家娶了一个好媳妇，改变了他们家的"门风"等说法，讲的就是家风的作用。家规是家庭生活中发展出的一套规矩，违背了规矩会受到家族的惩罚，人从出生开始就受此礼俗的熏陶并且从心里认可这种规范，遵守家规、族规就成为自然而然、顺理成章的事。

家庭是人的社会化的最初场所，村落里的家庭，既是一个生产单位，也是农民的生活单位，家庭成员吃的是一锅饭，点的是一灯油。家庭既是一个消费单位，也是交往单位，不仅有家庭成员间的交往，与亲戚朋友、邻里的交往也十分频繁。在家庭生活中，孩子们学会了家务和农业劳动，在与他人的互动中懂得了角色认知和角色扮演，掌握了"礼"和秩序观念。家风对家庭成员的影响主要是通过"示范"和"感化"来实现的。在乡村调查时我们常听到这样的话："某某家，家风不好，他们的上辈就不孝敬老人，这辈儿不孝敬老人是一报还一报"，"他家父辈就爱占便宜，儿子成了贼"，诸如此类。那些家风纯正、讲究孝道的家庭，儿孙自然也懂礼貌、讲孝顺。似乎家风是"遗传"的，实则是示范、效仿的结果。家风的树立与推行，离不开示范人物，这个人一般是家庭里最有影响的人，据我们的观察，在核心家庭中，这个最有影响的人往往是家庭主妇。媳妇要孝敬公婆、相夫教子，在乡村家庭中的特殊角色使其具有特殊地位。在农村经常听到类似"娶个好媳妇比养个好儿子更重要"的说法，人们可以给你讲出很多因为媳妇的原因而改变"门风"的例子。在特定家风环境中，子孙后代模仿前人的行为，从而接受无形的教化，延续家风。在乡风文明建设过程中，从挖掘乡村优秀文化资源开始，特别是挖掘优秀家规家训资源，开展"家立规、人立言"活动，组织家风评议活动，评出"好媳妇""好公婆""慈孝之星""乡贤"等，用身边的好人好事教育身边人，成为乡风文明建设的有效措施。

其实，乡村的教化资源十分丰富，除了我上面分析的几个方面外，还有乡村手工艺、地方戏剧、地方文学等，都潜移默化地对乡村成员的行为、观念，发挥着十分重要的教化作用。

以上我们讲了应该把乡村建设成适合生产、生态宜居、具有文化传承与教化价值的乡村。其实，乡村还有很多方面的价值，挖掘乡村的这些价值，遵循乡村价值体系建设乡村，既有利于传统与现代的融合，又容易达到事半功倍的效果，建设一个留得住乡愁的乡村，既是文化传承与发展的条件，也是社会治理现代化的重要基础。试图在乡村价值之外再形成一套新的价值体系是十分困难的。

☀ 家里的驴宝贝（刘莉 摄）

基于小农生产和市场对接的扶贫试验

叶敬忠

中国农业大学人文与发展学院教授、院长。北京市社会学学会副会长、中国社会学会农村社会学专业委员会副主任委员、中国社会学会发展社会学专业委员会副主任委员。

导言："小农"和"小农户"的引入

"小农"或者"小农户"，在中国常被用来作为贬低人的话语，指的是心胸狭小、传统保守、思想落后。批评哪个人或哪个机构的某些事情做得不好，就说是"小农思维"。全社会都是这样的话语体系。其实不同的理论视角对于小农的分析有很多不同的观点，很多研究发现，小农并非如我们日常所理解的那样，一定是保守的、落后的。

中国农业大学人文与发展学院的讲座教授、荷兰农业社会学家扬·杜威·范德普勒格，著有《新小农阶级》一书，现在已经再版三次。他认为，相较于其他群体，农民其实会更好地选择利用新技术。三年前，我在河南省固始县太平村调研时，很多村民都在用手机里一个叫"附近的人"的功能。其实，小农对新技术，尤其是对现代技术，是非常开放的，这也意味着，社会对小农的刻板印象应该适当改变。

这个报告是我们在河北省易县做的事情，关涉食物体系。食物体系在国际上是一个很重要的研究领域，关注的是食物的具体生产和供应体系。比如，目前大家习惯于从超市里购买食物，但其实，这种购物方式使得食物从生产者到消费者之间的环节被超市所控制，最终消费者并不知道生产者是谁。从这个意义上讲，超市即为"食物帝国"。对于很多人引以为豪、觉得特别现代的这种食物体系，也有越来越多的人开始思考如何另外寻找可以替代的食物体系。我们在河北易县最开始做的就是寻找替代食物体系。在村庄中越是贫困的人口，越容易参与这种替代食物体系。

由于这个报告更主要的内容是关于扶贫的，所以有必要先介绍一下扶贫工作。

一、精准扶贫的政策设计与实践遭遇

我国的扶贫工作经历了很多阶段，我们学院很多老师的研究工作见证了这些阶段，如"八七扶贫攻坚""整村推进"和2013年以后的"精准扶贫"。

"精准扶贫"最重要的是两个方面，第一个是"精准"，第二个是扶贫的"手段"。

"精准"是标准。怎样达到精准，要做的就是：扶贫对象精准、项目安排精准、资金使用精准、措施到户精准、因村派人精准、脱贫成效精准。关于"怎样来脱贫"，即扶贫的"手段"，我们有"五个一批"，指发展生产脱贫一批、易地搬迁脱贫一批、生态补偿脱贫一批、发展教育脱贫一批、社会保障兜底一批。

在"五个一批"中，"发展生产脱贫一批"是最为关键的扶贫行动。它指的是引导和支持具有劳动能力的人，通过发展生产实现就地脱贫，因此可以称为"生产扶贫"。除此之外，"五个一批"中的"易地搬迁脱贫一批""生态补偿脱贫一批""发展教育脱贫一批"是指通过国家的特殊政策扶持，帮助有能力的人实现脱贫，因此可以称为"政策扶贫"。"五个一批"中的"社会保障兜底一批"是指国家通过社会救助的方式，帮助完全或部分丧失劳动能力的贫困人口实现脱贫，因此也可称为"兜底扶贫"。

最重要的是第一个，即生产扶贫。只有通过发展生产脱贫，才能够拔掉贫困人口的穷根子；只有发展自己的生产力，通过自己的劳动才能够把真正的贫困根源切断。在实践中，生产扶贫的主要方式是发展以市场为导向的地方特色产业，如引入资本发展果蔬、中药材种植加工、畜禽养殖等产业，通过鼓励和支持农民专业合作社或龙头企业等新型经营主体，在贫困地区开发"一乡一业"或"一村一品"，进而带动贫困户脱贫。因此，"产业扶贫"几乎成为了"生产扶贫"的代名词，且绝大多数情况下，主要指农业生产和食物生产类的产业。

在产业扶贫里有两个特别重要的概念，一个是"市场"，因为生产的东西总要卖到市场去；另一个就是"产业"，指的是围绕大市场的规模产业。

那么，目前产业扶贫的效果如何呢？首先，产业扶贫对我国扶贫事业做出了巨大贡献，而且约70%的扶贫资金也是用在发展产业上。但是，产业扶贫也常常遭遇一些困境，比如，贫困小农户在产业扶贫中的参与度不足;产业扶贫往往投入多,周期长,见效慢,一个猪场需要一年,种植苹果需要两三年,常常是"好说不好做";产业需要围绕市场,容易受到市场炒作和波动的影响。

二、产业扶贫的实践困境

我想主要从产业发展和市场两个方面分析产业扶贫。

首先,从产业来看,第一,产业扶贫需要吸引资本,没有资本就没办法搞产业;同时,产业的发展,需要集中化、规模化和标准化。但是,分散在贫困地区,甚至居住在山边、丘陵地区的小农户,他们的特点是资源分散,这里一小块水田,那里一小块山场,还有一个小庭院;地块也常常分在五六处……总之,养点猪、鸡,种点小米、花生和红薯,还能再做点红薯粉条,小农户的生计活动很多样、很分散、很微型。可见,小农户的资源特征和发展规模产业的要求是矛盾的。第二,当组织这些贫困的小农户发展规模化产业的时候,因为他们自身的资源很难参与生产,所以很难让他们形成一种内生性的发展动力,这也是很多地方产业扶贫"好说不好做"的重要原因之一。第三,产业扶贫以市场为导向,有市场就有竞争,有竞争就必然有风险。在贫困地区做农业方面的规模化或专业化的农业发展本来就存在两大风险,一个是市场风险,一个是自然风险。农业生产不像工业生产一样,今天有订单,晚上就加工,第二天就推向市场。发展一个农业产业需要一年甚至更长的时间。一般某个地方想发展某种产业的时候,肯定是当时市场还不错的时候,但是这并不意味着一年以后的市场依旧很好。所以农业规模产业的市场风险会更大。另外,由于农业生产周期长，相应的自然风险也更大。可见，不像工业加工，规模化、专业化的农业产业发展本来就存在很大的市场风险和自然风险。在实践中，盲目推行产业扶贫和农业规模化生产，有时产业发展起来的时候，往往就是产品滞销的时候。第四，贫困小农户连接大市场的方式往往需要通过企业或合作组织等，在实践中，贫困小农户处于产业链的最底端，其农产品往往只能以低廉价格出售，经历多个中间流通环节才能到达消费者手中。可见，贫困小农户在产业发展中经常会受到其他强势市场主体的排挤。

其次，从市场来看，第一，我们经常谈自由市场，但是市场从来就没有自由过，会受到很多外部的因素和力量的干预。第二，市场是不可能实现分配正义的，不仅如此，市场还会生产出社会不平等，因为市场遵从"优胜劣汰"的丛林法则，是制造穷人，制造"弃民"的机制。而扶贫要做的却是利用社会力量实现分配正义。第三，市场会通过炒作控制价格，金融资本企业在其中起了很大的作用。市场里金融资本炒作是一个很重要的手段，而分散小农户跟这些大的资本主体竞争，堪比犬羊与虎豹之争，结果是可想而知的。所以，在一定程度上，无限大市场不光制造穷人，它也排斥穷人。

那么，除了产业扶贫，即围绕市场发展规模产业之外，还能怎么做呢？我要给大家讲的就是自2010年开始，我的团队在河北省易县一个村庄所开展的实践。我们的做法也是从上述提及的产业扶贫的两个方面切入：一个是产业，另一个是市场。

三、另一种产业：小农生产

从小农户生计的视角出发，考察他们有什么资源、能做什么产业，这就是我说的"另一种产业"，即小农生产。从生计的视角出发，不是这个地方缺什么就要在这个地方做什么，而是根据农户现在有什么来考虑干什么。这种思考方式与农村发展五大理论中的生计框架理论相契合，出发点是现在有什么、能干什么。

小农户有什么呢？无非以下六个方面的资源：自然资源、物质资源、经济资源、人力资源、社会资源、文化资源。对于分布于农村地区尤其是偏远山区的贫困农户的生计发展来说，小块土地、山地、多年种植和饲养的品种（作物、蔬菜、林果、家禽、家畜等）以及水源等是其主要的自然资源；现有的劳动工具和生产设施是其主要的物质资源；少量（或几乎没有的）现金或存款以及来自政府的少量政策性补贴是其主要的经济资源；现有的家庭劳动力以及按照小农方式进行种养殖业生产的乡土知识和经验技能是其主要的人力资源；亲属邻里关系、村庄各种正式和非正式组织以及人际信任是其主要的社会资源；现有的小农式（非工业化）生产方式和乡土食品生产传统，以及这些生产方式和生产传统中所体现出的有关人与自然、人与社会、人与人之间的价值理念是其主要的文化资源。

拥有上述生计资源的小农户能干啥呢？引用我们文章（《中国社会科学》2019 年第 2 期）中的一段话："贫困的小农户可以从事的生产便是在有限（相对较小）的土地或空间规模上，依靠有限（相对比较缺乏）的家庭劳动力，按照现有（相对较为传统）的生产方式和生产技艺，以有限度（相对固定）的生产规模，种植和饲养现有（相对乡土）的作物（包括蔬菜、林果等）和家畜家禽，以及加工有地方特色（相对传统）的食品。"

与产业扶贫中经常存在的小农户无法参与规模产业的情况不同，这些产品的小农式生产，是除"兜底扶贫"之外的所有贫困户都可以顺利开展的，且几乎没有什么生产风险的"另一种产业"。

四、另一种市场：巢状市场

上面提到的这些小农产品卖给谁呢？可见，还要有市场。这里探讨的是另外一种市场，叫巢状市场。

巢状市场的出现是与"现代食物体系"联结在一起的。现在的食物是规模化、工业化生产。目前，人们吃到的猪肉，基本来自猪场养殖，鸡肉也来自鸡场。那些特别现代的猪场和鸡场会将所有的猪、鸡集中在一个地方养殖，需要考虑占地等空间问题。空间是利润的生产资料。所以，工业化生产和规模化生产考虑的主要是利润。这样的生产方式还存在一个远距离运输的问题。这些现代化的工厂化生产常常带来健康问题和环境问题。

很多城市消费者不太满意这样的食品质量，在思考有没有办法能够获得现代食物体系之外的食品供给途径。说得通俗一点，就是除了超市之外，还有哪些地方可以获得食品？事实上，已经有很多在城市或者乡村中探讨这种替代食物体系的人。我们在 2019 年 3 月 30—31 日组织的"小农户与市场对接：新机制、新理论、新实践"研讨会，很多参与者都是从事替代食物实践的人。在现代食物体系中，城市消费者并不知道食物背后的生产者和生产过程。所以我们就想把城市消费者和提供食物的农村生产者对接起来，形成我们所说的巢状市场。

为什么叫巢状市场？有两个含义：第一，它不是全新的市场，其实就相当于在全球的大市场或者全国的大市场里头筑了一个"巢"；第二，在巢状市场中，生产者和消费者之间的直接而固定的联结关系和他们之间充满信任的互动网络，恰如"鸟巢"里的各个节点，生产者和消费者以各种方式紧密地团结在一起，构成一个边界明确的组织结构。只要某些生产者和某些消费者建立了这样的固定结构，就可以形成一个巢状市场。按照这个概念，一个村的某一个生产小组可以与城市的某一个社区建立一个巢状市场，另外一个生产小组则可以与另外一些消费者建立另外一个巢状市场；全球或全国也不再是一个自由市场，而是无数个巢状市场。

为什么小农产业跟城市消费者能够对接起来呢？因为小农产业采用的是传统乡土的生产方式，而这些产品正是一些城市消费者所需要的。所以，巢状市场的扶贫方式继续以市场和产业作为切入点，形成了"巢状市场小农脱贫"的另一种扶贫路径。

五、另一种脱贫：巢状市场小农扶贫

我们自 2010 年开始，在河北省易县的桑岗村展开工作。这个村子的情况特别普通，这恰恰就是选择它的缘由。这个村庄距北京 190 公里，以山区农业为主。2017 年，有 173 户，654 人，其中建档立卡贫困户 55 户，兜底贫困户 12 户，贫困人口 210 人，常住人口以村庄的留守妇女、老人和儿童为主。村庄耕地很少，人均 1.1 亩地，而且很多土地的产量不是很高。这个村保留着典型的小农农业形态，几乎每家每户都种有旱地、林地、水浇地、菜园，院子里养着土鸡，可以生产柴鸡蛋。基于这样的现实情况，我们从以下六个途径开展工作。

第一，发展生产者。我们最早于 2010 年将 20 个贫困家庭发展为第一批生产者。越贫困的家庭越容易参加（巢状市场)，因为真正富裕的家庭不会太在意将那点粉条卖给消费者，他们也许愿意等孩子回来以后自己消费，或者留给孩子带到城里去消费。目前，经常参与巢状市场的农户有 76 户，包括 48 户建档立卡贫困户。

第二，发展消费者。也是从 2010 年开始，我们在北京发展消费者。最初，团队老师们带着制作好的易拉宝宣传资料，到一些小区里面做宣传，发现并不顺利。后来我们改变策略，尝试通过熟人关系（发展消费者）。目前，参与巢状市场的北京消费者家庭已经超过 400 个。

第三，推动生产者和消费者对接。2010 到 2012 年，这一阶段都是团队老师们利用自己开车或者租车到村里的契机，帮忙把村庄的产品带给消费者。在这种情况下，容易推动且推动最快的农产品是柴鸡蛋，因为它不需加工、比较容易运输。但是，这一阶段的规模是很小的。2012 年以后，村民开始自己组织生产、自己包装、自己负责运输，规模逐步扩大。从 2010 年到现在，配送活动一般保持每 20 多天一次，从来没有中断过。

第四，组织生产者和消费者互动。若某个消费者要买二斤猪肉、两块豆腐、三斤粉条，应该告诉谁？怎样交钱？消费者拿到农产品后，如何进行质量反馈？这就涉及线上线下的互动。2010 年，微信还没普及，邮件群和 QQ 群是生产者和消费者交流互动的重要网络平台，后来随着微信这种新媒体平台的出现，微信群和微信公众号迅速取代其他方式，成为主要媒介。这些平台为生产者与消费者之间的信息分享、下单交易、网上支付、质量反馈、组织活动以及消费者邀请新成员加入等提供了极大的便利。尤其是借助这些媒介，生产小组得以及时和消费者互动，回答消费者的问题，并经常推送关于村庄生产、农户情况、农产品特点等方面的图文资料，使消费者能够直观地了解小农农业的生产特点、作物的生长过程和农户生计等。很多消费者也会在微信群里"晒出"自己对村庄农产品的好评、烹饪方法等。这些互动使得双方逐渐拉近了距离，增进了理解和信任。另外，我们也在推动线下互动，很多消费者会经常带着亲人朋友去访问村庄和对接的生产农户。

第五，保证质量。消费者并不是出于纯粹公益的目的去参与巢状市场的，所以农产品的质量一定要有保障，否则消费者就不会继续购买了。关于质量保证，我们采取了以下方法：首先是实名标签，每件农产品的包装上都贴有标签，上面写着生产者和消费者的名字。这样的互动，既可以在农产品出现质量问题时，直接追溯到具体农户，也可以对人际信任关系的巩固起到很好的作用。其次是发挥生产小组的监督作用，生产小组需对进入巢状市场的农产品进行质量把关。另外，我们也充分运用村庄内部的熟人社会监督机制，村庄里没有什么生产秘密，每一个农户的生产方式和生产过程都会通过熟人社会的人际传播迅速扩散，这可以对产品质量起到很好的内部监督作用。

第六，去除中间环节。巢状市场之所以能够有成效，是因为生产者和消费者直接对接。在主流的工业化食品体系中，农业及食物产业价值链中 70% 的价值被中间环节截取，生产者和消费者并没有获得这部分收益。这就是去除中间环节的必要性。从这个角度看，我们做的事特别简单，就是"搭桥"，把中间环节剔除。

六、巢状市场的特点——兼与无限市场之比较

相较于无限大市场而言，巢状市场有太多不一样的地方（表1）。比如，在巢状市场中，生产者和消费者直接对接，所

表 1　巢状市场与无限市场形态比较

巢状市场	无限市场（农业和食物）
生产者与消费者直接对接	生产者与消费者被区隔
实名、生产者与消费者互相知晓，且维持长期固定的生产购买关系	匿名、生产者与消费者互不相知，其间的生产购买关系是偶然的、变化的
有限度、有边界	无限的、无边界
有浓郁乡土气息和地方特色的产品	工业化产品为主
生产者和消费者共享一套独特的价值规范和标准框架	市场建构质量标准和消费需求，且受食物帝国的控制
小农既是生产者，也是销售者/纳入并开发边缘化群体的能力与潜力/边缘人群获益多	小农往往只是廉价原材料供应者或农业雇工/强势群体主导，边缘群体被排挤/边缘人群获益少
小农生产者获得更多附加值，消费者以相对较低价格获得高质量产品	大部分利润被中间商（食物帝国）攫取
价值共同体基础上的议价机制，过程透明	大公司的操控和垄断，尤其是价格操控
价值和利益的人人共事，具有高度包容性和显著的扶贫功能	残酷竞争，"优胜劣汰"的丛林法则，小农生产者被排斥、淘汰甚至致贫
风险极低/价格相对稳定/生产与消费信息透明/生产供给与消费需求持续互动，并趋向平衡	风险很大/价格波动起伏很大/生产与消费信息无法掌控、难以预测/供给与消费需求经常陷入周期性失衡
社会资本起重要作用	金融资本起重要作用
信任关系和互惠关系	商品交易和货币往来
关系的市场，关系的产品	市场的关系，商品的关系
生产模式主导替代交换模式（使用价值超越交换价值和价值）	交换模式压制生产模式（交换价值和利润率超越使用价值和利润率）

巢状市场	无限市场（农业和食物）
生产投入的非商品化或半商品化	生产投入的完全商品化
对应的农业模式小农农业	对应的农业模式：企业农业
范围经济：无数个巢状市场	规模经济：一个大市场（国际或国内）

有生产者与消费者都是实名的，消费者知道购买的食物来自何处，谁生产，如何生产；生产者也知道生产的食物销往何处，谁购买。同时，对于不同类型的食物产品来说，相互知晓的生产者与消费者往往维持着固定而长期的生产购买关系。一旦一个巢状市场得以建立，其中的生产者和消费者也将相对固定，这便说明，巢状市场是有限度的，或者说，它与另一个巢状市场之间，存在明显的边界。在一个巢状市场中，如果 400 户消费者跟村里（对接）基本上可以达到供需平衡，那么，其他的消费者就需要跟别的村发展一个新的巢状市场了。

此外，巢状市场的边界还体现在产品的特殊性和共享的价值规范两个方面。首先，不同于无限市场所提供的工业化产品，巢状市场的产品是有浓郁乡土气息和鲜明地方特色的产品。其次，巢状市场的生产者和消费者共享一套独特的价值规范和标准框架，比如，在高质量食物和安全食品方面，更强调与自然协同生产出来的健康产品，而非齐一的鲜艳颜色和漂亮外形。

巢状市场实现了生产者和消费者的直接对接，这便意味着，由于没有中间环节，参与的小农既是生产者，也是销售者，能够获得更多的产品附加值，并将收入用于家庭生计状况的改善。不仅如此，巢状市场的产品价格也由生产者和消费者讨论商议而定，过程透明，不存在操控现象，且小农生产者在议价方面具有较大权力，容易得到城市消费者的认可。

可见，巢状市场的建立基于信任与互惠关系，人际信任、关系网络等社会资本在其中起着重要作用。在巢状市场中，没有生产者和消费者的对接，就不可能有产品的生产与交换，就不可能有市场，即巢状市场展现的是关系的市场、关系的产品。此外，不同于无限市场追求规模经济，巢状市场强调的是一种范围经济，巢状市场不是全国只有一个、全球只有一个，相反，可以有无数个巢状市场。

七、巢状市场小农扶贫与无限市场产业扶贫的区别

我刚才谈了市场，现在再来谈小农扶贫和产业扶贫这两种扶贫方式的差别（表2）。对两种生产扶贫方式进行总体比较可以发现，"小农扶贫"主要依赖贫困小农户的生计资源，采用小农农业的生产模式，通过巢状市场向城市消费者提供"一村多品"。它对应着小农食物生产和城乡直接对接的食物体系。"产业扶贫"则主要依赖来自村庄内部或外部的产业资源，采用企业农业的生产模式，提供高度专门化的"一村一品"。它对应着工业化农业以及主要由工商资本控制的食物体系。

表 2　巢状市场与无限市场扶贫方式特点比较

主要特点	巢状市场小农扶贫	无限市场产业扶贫
资源特点	生计资源	产业资源
生产模式	小农农业	企业农业
产品种类	一村多品	一村一品
市场形式	巢状市场	无限市场
食物体系	小农生产与城乡对接	工业化生产与食物帝国控制

下面我再用政治经济学四个关键问题的分析框架来对产业扶贫和小农扶贫的差别进行分析（表3）。这四个问题分别是：谁拥有什么？谁从事什么？谁得到什么？他们用所得物做什么？首先，谁拥有什么？小农扶贫中的贫困农户合作起来控制着（或与消费者共同控制着）从生产、加工到销售的全部过程；而产业扶贫中食物体系的大部分联接都被企业和其他中间商所控制。其次，谁从事什么？小农扶贫中的贫困小农户既从事生产和加工，也从事配送和销售；而产业扶贫中的贫困农户主要作为原材料或劳动力的提供者而存在，且大多数贫困农户

表3 小农扶贫与产业扶贫的政治经济学分析

政治经济学分析	巢状市场小农扶贫	无限市场产业扶贫
谁拥有什么？	农民拥有（或与消费者共同拥有）食物体系中的所有联接，包括从生产、加工、配送、销售到消费的过程	食物体系的大部分联接由中间商所控制，包括从生产、加工、配送、销售到消费的过程
谁从事什么？	农民既从事食物的生产，也从事加工、配送和销售	农民的角色限于向农业或食物企业提供原材料，或作为企业的雇工
谁得到什么？	农民在价值链中的分配份额得到极大提高，以较高且稳定的价格出售产品，没有任何中间环节攫取收益	价值链中的绝大部分被中间环节所掌控，或被生产企业直接控制；对于扶贫产业来说，村庄精英俘获大量收益
他们用所得物做什么？	改善家庭生计实现脱贫，改善生产，维护农村公共池塘资源，重建乡村性	食物帝国或农业企业将聚积的财富用于规模扩展；村庄精英将收益用于其他产业的开发

仅限于提供廉价原材料。再次，谁得到什么？小农扶贫中的贫困小农户能够得到更好的价格和更多的收入，除支付必要的组织成本外，并无其他中间环节攫取收益；而产业扶贫的较大部分收益被企业和其他中间商所占有，有时还会被村庄精英所俘获。最后，他们用所得物做什么？小农扶贫中的贫困农户将收入用于消除贫困，并在尚有多余的情况下，用于农业生产的继续改善或资源的维持及乡村性的重建等；而产业扶贫中的企业或其他中间商常常将收益用于扩大规模或开拓新产业。

八、巢状市场小农扶贫的功能

巢状市场小农扶贫模式发展了九年，在以下四个方面取得了良好的效果。

第一，以生计资源为基础，贫困户的参与很普遍，生产可持续。贫困户参与的门槛非常低，只要有生产空间和劳动能力就可以成为巢状市场的生产者。这种以贫困农户的生计资源为基础的生产性"产业"具有高度的可持续性，因为所利用的是贫困小农户自家的院落和土地、村庄的公共空间和公共池塘资源以及小农所掌握的生产经验和乡土知识。目前村庄里绝大多数贫困户都参加了巢状市场，其中甚至包括原本属于兜底扶贫应该负责的贫困户。

第二，以固定的消费者和较高的产品价格为保障，贫困户的收入稳定而持续，脱贫效果很明显。首先，农户的多种产品，不到一个月卖一次，每个月都有销售，收入马上就能拿到，不像一些扶贫企业一直到年底才分一次红，所以脱贫效果立竿见影。其次，参与农户几乎每个季节都有不同的产品生产出来，并且肉类、蛋类以及干果、杂粮等耐久产品和农户加工的食品基本可以不受季节限制地提供。同时，消费者的食物需求是常年不断的。这种供应和需求的稳定性与连续性使得巢状市场的交易全年都在进行，因此贫困户月月有进项，收入永续。最后，巢状市场的生产者和消费者直接对接，农产品的价格长期稳定，不太受外部市场波动的影响，可以保障农户的稳定收益。

第三，以充分的信任和互动为基础，很好地体现了城乡协调发展的理念。很多消费者不只是购买农产品，他们还提供一些志愿服务，包括给村庄捐衣物和书籍，去村里开展健康知识教育，甚至会为到北京求医问药的生产者提供一些医疗信息。另外，消费者还会带着亲人朋友去村庄访问，不仅给村民带来了额外的食宿收入，而且发挥了农业和乡村的多功能性，增进了城市消费者对农耕文化的理解。

第四，以整体性修复作为补充，体现了绿色发展的理念。消费者需要的是尽可能以小农生产方式获得的产品，所以很多农民现在很少使用化肥，基本不用农药。与此同时，村民自身在食物消费方面的安全意识也得到明显提升。越来越多的农户开始种植乡土品种，自己繁育鸡苗和猪苗，以保护地方特色动植物资源和优良品种。生产小组还将部分收入投入垃圾治理和文化活动中，不仅带动了村庄更多互助与合作的形成，而且提升了村庄的组织能力。这些变化对乡村生态修复以及乡土社会和传统文化的复兴具有重要作用。

作为一项创新方式，巢状市场小农扶贫充分展现了"帮助小农户对接市场"，"发展多样化的联合与合作，提升小农户组织化程度"的行动策略，彰显了共享、协调、绿色、创新的发展理念。

九、结论与讨论

产业扶贫发挥了很重要作用，但是它很难全面覆盖具有生产能力的所有贫困小农户，因此应该探索创新的、适合小农户的扶贫方式。九年的小农扶贫行动表明，以"贫困农户现在有什么"的生计资源为出发点，以健康农产品和地方特色食物产品的小农式生产为"产业"，以城市普通消费者对健康食物的需求为出口，以远离无限市场和充满信任的"巢状市场"为交易和互动的组织形式，"巢状市场小农扶贫"可以成为一条具有高度可行性和长期稳定性的可持续生产扶贫途径，且很好地彰显共享、协调、绿色和创新的发展理念。

其实，从 2017 年开始，《中国青年报》《人民日报》等媒体对我们所做的这些关于小农扶贫的试验进行了很多报道。我们的政策建议获得了中央领导的批示。同时，国务院扶贫办还在《扶贫信息》上刊登了我们的试验，把这样一种扶贫方式通过不同途径进行了传播。在这里，我觉得有必要特别强调以下几点。

第一，在谈巢状市场小农扶贫的时候，千万不要习惯性地用约定俗成的一套概念去理解巢状市场和小农。比如，我经常会遇到这样的问题："这个做法确实不错，但怎么扩大规模？"规模是自由市场的一个概念。就像我刚才已经提到的，无限市场强调的是规模经济，而巢状市场强调的是范围经济。与无限市场相比，巢状市场在哲学基础、价值伦理、逻辑过程、运作规则等方面，完全是另外一套体系。社会里有多种体系，不可能完全用一套体系去理解另外一套体系。

第二，我在这里绝对不是去否定无限市场和规模产业的作用。无限市场当然是重要的，规模产业也是重要的，尤其是对一个地方、对一个国家的财富积累和经济发展而言，它们都有很大的作用。但是我想要表达的是，结合当下贫困小农户的特点和扶贫工作来说，发展基于无限市场的产业扶贫，并非适合所有地区的贫困小农户，也并非唯一的选择。类似构建巢状市场这样的基于小农户生产的扶贫方式，是可以参考的一个路径。当然，巢状市场运行了九年，试验过程绝对不是一帆风顺的，在生产者组织、消费者组织、产品质量保证、配送分发等方面都会面临一些技术问题和制度挑战。我们专门有其他的报告去介绍其间存在的问题，在这里不做过多叙述。

第三，很多人会问，没有中国农业大学的支持和帮助，巢状市场是不是就做不起来？其实，在村庄里，还是有很多人可以起到搭桥的作用。比如，每个村庄都有主要来自县城政府部门或事业单位的驻村工作队，他们是建立村庄与县城机构或城市社区对接的最佳组织者和中间人。另外，村庄社会工作者、大学生村官、村干部等也可以承担起发动者和组织者的角色。如果村中有人在某个机构工作，那么他（她）也可以尝试推动村庄的生产者和机构的消费者进行对接。政府和社会各界也可以在推动对接方面提供一些帮助。例如，政府部门、企业、学校和医院等的食堂或员工可以与贫困村庄进行对接，帮助发展起稳定的消费群体。

总之，基本的结论就是，当前的精准扶贫工作，需要在市场扶贫方式上突破常规思维，重新认识并分析小农农业和小农户的特点、潜力及能动性，充分利用国家扶贫政策和扶贫项目的支持，通过小农户的生产劳动，以及全社会的共同参与，创新真正适合小农户的长效脱贫机制。

☀ 归途（王文燕 摄）

当前农民专业合作社的规范与发展

任大鹏

中国农业大学人文与发展学院教授，农业与农村法制研究中心主任。

自 2007 年 7 月 1 日，《农民专业合作社法》实施，农民专业合作社快速发展，注册登记的合作社已经超过了 200 万家，约半数农户加入了农民专业合作社。应该说，合作社已经成为我国农业产业发展重要的市场主体，成为衔接小农户与现代农业发展的重要组织载体，并在农业的小规模生产与农产品大市场对接、农业技术的传播与应用、农产品质量安全和品质提升、农业文化传承、满足消费者多元化高品质农产品需求等方面发挥着越来越重要的作用。

但是，合作社的发展过程中，也存在着许多问题，对之出现了诸如空壳合作社、假合作社、伪合作社、僵尸合作社、休眠合作社等各种各样的负面评价。简言之，快速的数量增长与较低的发展质量，是当前合作社发展的主要矛盾。

这一主要矛盾，归根结底是合作社的发展与规范的关系问题。关于这一问题，首先需要明确几个基本认识。

第一，规范是基础，发展是目标。之所以强调合作社规范化建设，核心的目的还是要促进合作社的发展，是要通过合作社这样一个组织平台，能够引领更多的小农户面向市场，实现小农户与现代农业发展的有机衔接。归根结底，是我们怎么样能够把小农户镶嵌在现代农业发展中不可逆的快车道上。

第二，片面地强调规范会制约合作社发展。从立法目标看，法律应当型塑什么样的合作社？即实践中讲的先发展还是先规范的问题。我国的合作社发展时间相对较短，如果忽视规范强调发展会导致合作社发展的无序，但如果不以发展为目标片面强调规范化，合作社发展的内在动力难以激活，合作社发展的现实困难不能解决，以合作社带动农民的目的也会落空。当然，更重要的是在于应当怎么理解规范问题，到底什么叫规范。

第三，没有规范基础会导致合作社发展扭曲。如果完全放任合作社自由发展，必然出现的结果是，小农户在合作社中的民主权利和经济利益得不到保障，对合作社的财政补助被少数人攫取，合作社应当担负的益贫性功能不能体现，支持合作社发展的政策意义和法律价值被淡化，合作社的发展必将走入误区。

所以，规范与发展是辩证统一的关系，这二者之间不可避免地会存在矛盾。过度强调规范会影响它的发展，比如说，僵化地理解作为合作社重要特征和基本原则的"一人一票"制度，会出现什么结果？举个例子来讲，客商找到合作社理事长讨论西红柿价格，理事长有没有决策权？如果过分强调"一人一票"，意味着合作社需要召集成员大会或者成员代表大会，交易成本过大，严重影响到决策效率，后果就是丧失交易机会。

一方面，合作社作为一个市场主体，需要快速的、便捷的一个决策机制以满足市场的效率要求。另一方面，从规范角度讲，理事长决策、核心成员决策、成员代表决策，又不能体现合作社全体成员民主管理的权利。由此，核心问题就在于规范和发展之间的衡量标尺到底是什么？

一、什么是规范的合作社

对于什么是规范的合作社这一问题，有各种各样不同的理解。学术界的争论大体上有三个不同的维度。

第一个维度是基于国际合作社联盟 ICA （International Co-operative Alliance）倡导的合作社价值与原则。1995 年，在国际合作社联盟成立 100 周年纪念大会上，发布了合作社定义、原则与价值的声明。这份文件重申了合作社的七项原则。学术界在讨论合作社的规范性时，通常以这七项原则来衡量。但事实上，中国的合作社发展具有独特的背景、目标和功能，因此如果按照七项原则评价，很难找到完全符合这些原则的合作社，这里的主要原因，在于对中国合作社发展背景的忽视，以及对合作社规范目的认知的错误。我国的合作社，从一开始出现就有公司引领、村集体引领或者其他农村精英引领的特点，并不都是普通的小规模农户组织起来的，合作社更主要的目的是为小规模农户的生产和经营提供生产资料采购、生产过程的技术和劳务、农机作业服务和产品销售服务，衔接小规模农户的生产方式与农产品市场，是合作社发展初期的主要目标定位，并不同于其他国家的以消费、信贷为主要业务的发展路径。

第二个维度是以经营绩效衡量合作社的规范化。实践中，评价合作社办得好不好，更多地是看合作社是否有盈利能力。基于这个标准来理解的时候，大量的其实是挂名的合作社，背后可能就是个公司，它的经营绩效远超过一般意义上的合作社。所以越是公司化倾向明显的合作社，越被称为更规范的合作社。

第三个维度是合作社的合法性。一些观点认为，合作社规范不规范，要看是否符合法律规定的设立条件。如果按照这一标准，220万家合作社都是规范的合作社，因为它都是依法注册的，除非有证据证明它在注册登记的时候提供了虚假资料。合作社法规定的较低设立门槛，实质上也杜绝了合作社提供虚假材料骗取登记的可能性。

由于对合作社规范化理解的不同，实践中出现了很多误区。例如，在个别地方政府指导合作社的规范化建设行动中，强调两个标准，一个是制度上墙，一个是"三会"健全。制度上墙就是把合作社的章程、合作社财务会计制度、合作社理事长职责等挂在墙上，但合作社真正运行的是另外一套规则，跟墙上声明的各项制度完全脱节。反之，一些涉及合作社的强制性法律规范被忽视。例如，《农民专业合作社法》关于合作社的盈余分配，明确要求成员与合作社之间的交易量（额）必须作为盈余分配的基础，返还额应当占到合作社可分配盈余的60%以上，但事实上不少合作社的盈余分配没有严格按照法律规定的分配规则执行。根据在全国设立的76家合作社作为我们合作社研究的观测点的观测数据，完全能够按照法律规定的盈利分配方式分配盈余的，只占到我们76家合作社的10%，也就是说，90%的合作社是做不到的。

"三会"健全，就是要求合作社必须设立成员代表大会、理事会、监事会，而这样的要求本身就与法律规定不一致。比如说关于成员代表大会，法律要求是，农民专业合作社成员总数超过150人的，可以设立成员代表大会。根据这一规定，合作社设立成员代表大会是有门槛的，就是成员总数超过150人。对于大多数合作社而言，规模较小，法律规定的合作社成员总数不少于5人，从注册登记数据看，合作社的成员数量通常在50—100人，即绝大多数合作社没有达到设立成员代表大会的门槛，依法不应当通过代表大会的方式替代成员大会，不允许以代表大会为名义剥夺或者限制其他成员在合作社中的直接表达愿望和诉求的机会。要求这些合作社设立代表大会，是违背法律的强制性规定的。

社会反响比较强烈的合作社真伪问题或者空壳化现象，归根结底是对合作社规范性的认知标准问题。从农民自发建立或者加入合作社的初衷出发，从政策支持合作社发展的初衷出发，从法律规范合作社的立法目标出发，应当强调的是，发展合作社唯一的目的或者核心的目的是，以合作社为组织平台，带动小规模小农户共同发展。因此，保护小农户在合作社中的地位和利益，应当是合作社规范化建设的核心。

从农民主体地位的角度讲，农民专业合作社的规范应当体现在如下几个方面。

第一，成员数量上以农民为主体，按照法律规定，农民专业合作社成员总数的80%以上应当是农民。在合作社存续期间，如果因农民成员退社等原因，农民成员比例低于80%时，需要及时补充新的农民成员，满足80%以上农民的要求。

第二，事业的目的是服务成员。与其他市场主体不同，农民专业合作社的设立目的和业务活动必须以满足成员的共同利益为原则，为成员提供服务。例如，合作社购买化肥，首先是因为合作社成员的生产经营活动需要使用化肥，而不是要赚取化肥的购销差价，否则就会偏离为成员服务的目标。

第三，合作社各项决策应该是成员满意。从实践看，不少合作社理事长既有能力又有风险精神，愿意以合作社为平台带动农民。农民成员，尤其是小规模农户，可支配的资本稀少、土地零散、缺乏技术和市场意识，需要由合作社中的精英成员带动，但带动不是取代农民决策，合作社的所有重大决策，例如发展战略、产业布局、是否对外投资、如何分配盈余以及亏损如何承担等问题，都直接影响到农民成员的利益，都应当在广泛征求所有成员意愿的基础上，以满足全体成员的共同利益诉求为归宿。

第四，合作社的盈余应当主要返还于成员。农民加入合作社，核心目的当然是获取更大收益，成员购买合作社的生产资料，接受合作社的各项服务，参加合作社组织的各项活动，本身就是对合作社的贡献。合作社形成盈余，既有资本的贡献，也有成员的交易贡献和劳动贡献，因此在弥补亏损和提取公积金之后，都应当按照各自的贡献比例返还给成员。这在法律上被称为交易量返还原则，或者叫做惠顾返还原则，成员对合作社服务的利用就是成员的惠顾。唯有如此，才能实现小农户与现代农业发展的有机衔接。

二、法律对合作社的规范有哪些基本要求

关于农民成员在合作社中的主体地位问题，既是合作社发展过程中应当坚持的原则，也是法律的强制性规定。

第一，关于合作社的成员结构。如前所述，为了坚守农民

在合作社中的主体地位，法律首先明确了农民成员应当占到合作社成员总数的80%以上。同时，法律对于法人成员的比例也作了相应的限制，这里的法人成员，包括公司等各类企业以及事业单位和社会组织。按照法律规定，农民专业合作社成员总数在20人以内的，可以有一名企业、事业单位或者社会组织成员；成员总数超过20人的，可以有不超过成员总数5%的企业、事业单位或者社会组织，限制法人成员在合作社中的成员比例，这也是成员结构的要求。之所以这样规定，有两个方面的考虑，一是从我国农民专业合作社的发展历程看，大量的合作社是企业、事业单位或者社会组织领办的，公司领办合作社，公司自然就首先成为了合作社的成员，其意义在于，公司参与的合作社可以在一定程度上解决合作社发展中的资金、技术、市场以及产品加工、贮运等方面的困难，有利于合作社通过纵向一体化发展模式分享产业链延伸的增殖利益，进而增加农民收入；二是如果合作社中公司或者其他组织的比例过高，会形成对农民成员的民主权利和经济利益的挤压，因此需要对法人成员的数量作出限定。

当然，即使是合作社中只有一个公司成员，也可能会导致公司对小规模农户的权益侵占，尤其是合作社接受财政补助资金形成的收益可能被公司控制而不能惠及全体成员，对于这些问题，法律有其他制度安排进行控制。

第二，依法设立相关机构。根据法律规定，合作社应当设立成员大会，可以设立理事会、监事会或者执行监事，也可以依法设立成员代表大会。需要注意的是，要区分"应当""可以"的差异。对合作社而言，设立或者没有设立理事会、监事会或者执行监事，都是合法的。应当设立，也就是必须设立的机构有两个，一个是成员大会，一个是理事长。成员大会是全体成员表达其利益诉求的一个基本通道，合作社的重大事项需要通过成员大会表决，且成员大会每年至少召开一次。理事长是合作社法定代表人，对外代表着合作社。

第三，合作社事务的表决实行一人一票制度。按照法律规定，每一个成员在成员大会中都享有一票表决权，强调的是不论成员对合作社出资多少或者贡献大小，成员权利一律平等。成员人人平等是合作社的重要理念，是合作社区别于公司的重要特征，也是合作社的基本制度。为鼓励成员对合作社提供更多贡献，法律允许在基本表决权基础上设立不超过基本表决权总数20%的附加表决权，但附加表决权的设置和行使可以由合作社章程作出限制。另外，合作社的成员代表大会、理事会、监事会的表决，也须以一人一票为议事规则。

第四，要求为每个成员设立成员账户，并依法记载其出资额和公积金份额。成员账户是区分合作者成员与合作社之间财产权利边界最主要的一个制度安排，是保护成员的财产权利和财产利益的基础。法律要求要设立成员账户，就是要让每一个成员始终了解他在合作社中最主要、最核心的财产权利在哪里，成员账户里面要体现出来。按照法律规定，成员账户应当记载的事项包括：一是该成员的出资额，二是量化为该成员的公积金份额，三是该成员与合作者之间的交易量（或者交易额）。

公积金是从合作社的年度盈余中提取的，从用途上看，公积金可以用来弥补往年亏损，也可以用于合作社的扩大再生产。与公司的公积金制度不同，公司法中有提取公积金的法定要求，依法提取的称为法定公积金；而合作社是否提取公积金，则取决于合作社的章程规定，因此称为任意公积金。这里的核心问题是公积金的财产权属。合作社依照章程提取的公积金，是合作社财产的组成部分，合作社可以依法对公积金享有占有、使用和处分的权利，但是这一规定还没有解决公积金的最终归属问题。例如，一个肉牛养殖合作社，合作社为成员提供肉牛养殖服务的一系列服务，如饲料供应、疫病防控、产品加工和销售等，其中有一户成员因为个人的原因不能养牛，也就无法再利用合作社提供的各类服务，需要退社，但如果合作社的盈余都被提取到公积金中，退社即意味着该成员不能继续享有公积金形成的盈余，合作社提取的公积金成为了继续保留在合作社中其他成员的财产，导致退社就会形成财产损失。因此，为保护退社成员的财产权利，法律规定，退社成员有权要求合作社退还其出资额和公积金份额。接下来的问题是，公积金如何量化到成员账户？是按照成员的出资比例量化，还是按照成员与合作社之间的交易量量化，还是按照出资与交易量的比例量化？关于这一问题，法律没有强制性规定，具体的量化方式由章程规定。也就是说，只要符合章程规定对公积金进行量化，就是合法的。

第五，我们坚持交易量返还为主。交易量返还为主是我们的一个基本原则，也是很重要的一个财务管理制度。根据法律规定，合作社的盈余应当主要按照成员与合作社之间的交易量（额）进行返还，返还比例不得低于可分配盈余的60%。前面我们讲过，实践中多数合作社的交易量返还比例都没有达到法律规定的要求，这是合作社不规范的重要表现。

第六，财政补助资金形成财产的收益归全体成员均享。随着中央和地方对合作社扶持力度的不断加大，越来越多的合作社都享有了对合作社的财政直接补助。根据法律规定，合作社的可分配盈余中，按照交易量返还后的剩余部分，应该按照成员账户中记载的出资额、公积金份额、财政直接补助形成财产和社会捐赠财产的平均量化额，进行比例分配。无疑，财政补助资金对合作社的盈余形成是有贡献的。财政补助是补助给合作社的，而不是补助给合作社的个别成员的，因此，财政补助资金在全体成员之间的平均量化额，也是合作社分配盈余的重要依据。这里需要强调的是，财政补助资金形成的财产是合作社盈余分配的依据，而不是分配的对象，不是把财政补助资金或者以财政补助形成的财产在成员之间进行分配，是按照平均量化的方式确定合作社分配盈余的比例。

除以上所讲的法律对合作社的强制性规定外，合作社还必须遵守法律的其他规定，比如合作社对成员的服务和对非成员的服务应当分别核算；合作社应当及时向登记机关报送年度信息；合作社理事长或者其他管理人员不得侵占、挪用或者私分本社资产，不得接受他人与本社交易的佣金归为己有，不得从事损害本社经济利益的其他活动等。

归纳一下，基于合作社当前的发展实际，从衔接小农户发展现代农业的目标出发，合作社规范化建设的重点应当是：基于货币和实物出资、土地经营权入股、对合作社服务的利用等，明确界定成员身份；保护小规模农户在合作社中的话语权，依比例原则界定交易成员与投资成员的表决权；严格成员代表大会设置门槛和代表人数下限；完善成员间风险共担机制；基于合作社利润形成和风险承担方式的差异，允许设置不同的合作社利益分配机制；规范公积金的提取、使用及量化方法；严格财政补助收益在成员间的合理分享；强化财政补助资金的合作社财产属性，保障合作社对其享有的占有、使用和处分权利；规范联合社行为，防止其滥用市场优势地位。

三、合作社的自治权利有哪些

以上是从法律的强制性规定的角度讨论的合作社规范问

题。除了法律的强制性规定之外，合作社作为互助性经济组织，强调成员相互之间的信任、互助，因此法律也要充分保护合作社的自治权利。

合作社的自治权利主要表现在以下几个方面。

第一，合作社可以依法自主决定业务范围。合作社作为一个自治组织，首先体现在业务范围上的自治，即合作社可以根据自身需要确定业务内容，包括对成员服务的具体方式。新的《农民专业合作社法》特别规定了合作社开展以下一种或者多种业务：农业生产资料的购买、使用；农产品的生产、销售、加工、运输、贮藏及其他相关服务；农村民间工艺及制品、休闲农业和乡村旅游资源的开发经营等；与农业生产经营有关的技术、信息、设施建设运营等服务。与 2006 年颁布的法律相比较，新法取消了原有的同类农产品或者同类服务的限制。对于合作社而言，从事多种业务，一方面可以为成员提供更为广泛的服务。尽管农民专业合作社是以业缘为纽带联结起来的，但不可避免地还会具有一定的地缘特性。在特定的地域范围内，组织资源具有稀缺性特点，农民加入一个合作社，可以享有合作社提供的多类产品的多样化的服务，可以有效节约组织成本，也有利于满足小农户的多样化服务需求。另一方面，合作社开展多元业务，进行纵向一体化或者横向一体化节约，有利于降低市场风险或者自然风险的影响，有利于合作社通过延伸产业链增加产品的附加值。

第二，合作社自主决定机构设置、自主决定附加表决权设置。合作社可以根据经营规模、业务范围和内部管理的需要，由章程规定或者成员大会决议设置相应的组织机构。

第三，自主决定成员的入社条件。法律为了体现包容性的立法思想，没有对成员加入合作社设置过多限制，只要承认合作社章程，可以利用合作社提供的服务，都可以申请加入合作社。从合作社发展实践看，不同的合作社成立背景不同，业务内容不同，发展战略不同，会对农民加入合作社设置不同的条件。例如，关于加入合作社是否必须出资的问题，以及其出资额、出资方式，法律均没有强制性要求，亦即合作社可以自主决定成员的入社条件。

第四，自主决定对外投资。根据新的合作社法第十八条的规定，合作社可以向公司等企业投资，根据其对企业的出资额对企业的债务承担有限责任。这是一个很重要的法律制度创新。农民专业合作社通常是由处于相对弱势地位的农民组织起来的，为了能够分享产业链的增殖利润，合作社通常会依附于公司等企业，或者称为企业领办合作社。从现实看，公司领办的合作社更多成为公司的原料提供者，合作社只生产初级农产品，加工、贮运、销售等产业链下游的利润以及品牌溢价的利润归公司享有，导致合作社带动农民的能力有限。允许合作社在公司持股，从利益关系上看合作社与公司之间的链接更为密切，根据其在公司的持股比例分享公司利润，有助于合作社的纵向一体化发展，实现一、二、三产的融合发展。当然，合作社对外投资，意味着合作社的获利能力提升，但同时也加大了合作社的投资风险。由于组织合作社的成员更多是不具备风险承担能力的农户，对外投资的风险也会传递于脆弱的农户进而影响农户的生计安全，所以，合作社是否对外投资，由合作社的成员根据成员大会决议确定。

第五，合作社可以自主占有、使用和处分合作社财产。按照法律规定，合作社的财产构成包括五个方面，即成员出资、公积金、合作社接受国家财政直接补助形成的财产、合作社接受社会捐赠形成的财产以及合作社合法取得的其他财产。从合作社的财产权利内容看，包括对上述财产的占有权、使用权和处分权。占有权是对财产实际控制的权利，使用权是对财产进行合法利用的权利，处分权是决定财产最终命运的权利。

这里有一个特殊的也是很重要的问题，是合作社对财政补助形成的财产的权利。《农民专业合作社法》关于财政补助财产的规定包括四个方面的具体内容。第一，财政补助财产是合作社财产的组成部分，合作社依法可以对财政补助形成的财产进行处置；第二，在合作社进行盈余分配时，财政补助资金形成的财产要在全体成员之间平均量化，即财政补助财产形成的收益应当由合作社的全体成员平均分享。实践中，合作社接受的财政补助资金会有年度差异，合作社的成员数量也会因为新成员入社或者部分成员退社而发生变化。但无论如何，都应当根据财务决算的时点，以财政补助资金形成财产的累计额和当时的成员数量平均量化，这是法律的强制性规定；第三，合作社破产解散时，接受财政补助形成的财产不得在成员之间进行分配，具体应当按照国务院财政部门的规定处理；第四，各级人民政府有关部门应当加强对合作社财政补助资金使用情况的监督。这个问题之所以重要，一方面是社会公众对合作社财政补助问题很敏感，关于空壳社、假合作社的争议，通常是因为以合作社名义套取财政支持资金；另一方面，各级政府对合作社的财政支持，是为了促使合作社提高经营能力和对小农户的带动能力，如果财政补助的结果只是合作社中的少数核心成员受益，与财政资金支持合作社发展的政策导向不一致，因此法律需要对合作社的财政补助资金使用和处置作出明确规定。

总体上来理解，合作社的规范应当是符合四个平衡的要求，即：成员的民主控制与合作社的高效决策的平衡；交易成员与投资成员利益的平衡关系；成员的风险承担与其享有的权益之间的平衡；对内服务和对外盈利它们之间业务关系的平衡。

四、法律对合作社发展的支持措施有哪些

合作社的发展，需要以符合法律的强制性规定为前提和基础，违反法律规定发展合作社意味着合作社须承担更大的法律风险，进而导致发展的不可持续。

关于合作社发展，主要由三个方面的因素决定：一是合作社自身的经营能力；二是法律和政策的支持力度；三是合作社面临的市场环境。

事实上，促进合作社发展，也是合作社法的重要立法目标，法律对合作社的设立与运行采取低门槛、包容性态度，同时立法中专门设置扶持措施一章，从产业政策、财政补助、税收优惠、信贷扶持、人才支持以及合作社用地用电等多方面对合作社的扶持政策作了规定，为合作社创造更加宽松的法律环境。

首先是关于产业倾斜政策。法律规定，国家支持发展农业和农村经济的建设项目，可以委托和安排有条件的农民专业合作社实施。习近平总书记在十九大报告中强调，要实现小农户与现代农业发展的有机衔接，合作社与其他市场主体相比，具有衔接小农户的组织优势，在同等条件下，优先支持合作社来承担农业农村经济建设项目，可以更好体现扶持小农户发展的政策目标。

其次是财政资金对合作社的直接补助。法律规定，中央和地方财政应当分别安排资金，支持农民专业合作社开展信息、培训、农产品标准与认证、农业生产基础设施建设、市场营销

和技术推广等服务。国家对革命老区、民族地区、边疆地区和贫困地区的农民专业合作社给予优先扶助。从合作社的发展实践看，越来越多的合作社接受了各级政府安排的财政资金的支持，在一定程度上缓解了合作社的资金压力。以财政补助资金为支撑的冷库、运输车辆、粮食烘干设备等，改善了合作社发展的基础条件；以财政资金开展的各项培训，提高了合作社成员的合作理念和生产经营技能。与其他支持措施相比，财政补助方式对合作社发展产生的作用更加直接，也更能符合合作社的需求。

第三是对合作社的税收优惠。法律规定，农民专业合作社享受国家规定的对农业生产、加工、流通、服务和其他涉农经济活动相应的税收优惠。财政部和国家税务总局 2008 年还颁发了专门对农民专业合作社的税收优惠政策。与财政直接补助相比，税收优惠具有普惠特点，更多的合作社可以利用税收优惠政策降低经营成本。

第四是对合作社的金融扶持。法律规定，国家政策性金融机构应当采取多种形式，为农民专业合作社提供多渠道的资金支持。具体支持政策由国务院规定。国家鼓励商业性金融机构采取多种形式，为农民专业合作社及其成员提供金融服务。国家鼓励保险机构为农民专业合作社提供多种形式的农业保险服务。鼓励农民专业合作社依法开展互助保险。从该规定可以看出，对合作社的金融扶持包括了信贷扶持和保险支持两个方面。针对合作社信贷资金不足的约束，通过政策干预手段，引导金融机构为合作社提供信贷服务，可以在一定程度上解决合作社资金瓶颈问题。当然，从现实看，合作社贷款难度还是比较大，这与合作社的财产状况尤其是可以用于贷款担保的抵押品不充分有关，一些地方建立了对合作社的财政资金担保机制，是很有意义的尝试。

从合作社的特性看，建立内部资金互助机制，也是解决合作社发展的资金约束的有效措施，各地也有很多成功的经验。但是，因为合作社的成员边界在事实上存在模糊状态，内部资金互助的性质可能发生变化，个别合作社以合作社内部资金互助名义从事非法吸收公众存款的现象，需要高度警惕。因此，内部资金互助的核心问题是明确资金互助与非法集资的法律边界，通过强化内部监管和外部监管，消除可能产生的金融风险。

支持合作社开展互助保险的规定，为合作社降低生产经营过程中的自然风险和市场风险提供了法律通道，在一定程度上解决了商业保险保费高、赔付率低以及不可避免的逆向选择问题，因而法律鼓励有条件的合作社开展互助保险。需要提示的是，互助保险需要具备一定的条件，比如成员的保险需求、合作社规模、内部监管机制的完善以及对互助保险的税收优惠政策等。因此，合作社内部开展互助保险需要谨慎。实践中，一些从事捕捞作业为主的渔业合作社、农机服务合作社、果蔬合作社等有互助保险的尝试，也取得了一些经验。

第五是对于合作社的人才支持政策。从目前的发展实践看，人才短缺是合作社发展过程中的普遍难题，包括技术人才、营销人才等相对缺乏，从合作社可能提供的人才引进条件看，很难吸引优秀人才到合作社中，因此需要一定的政策支持。一方面，国家已经出台了大量的支持大学毕业生等新农人到农村从事创业活动，一些青年才俊在国家惠农政策的引导下，越来越踊跃地通过创办合作社等方式返乡就业、创业；另一方面，各级政府通过财政补助的方式鼓励合作社开展各类培训服务，合作社成员的知识、意识、能力都得到了改善，整体上提升了合作社的人力资本。

第六是关于合作社的用地用电政策。法律规定，农民专业合作社从事农产品初加工用电执行农业生产用电价格，农民专业合作社生产性配套辅助设施用地按农用地管理，具体办法由国务院有关部门规定。关于农业设施用地的问题，原国土资源部和农业部分别于 2011 年、2014 年出台文件，明确了设施农用地属于农用地的范畴，包括生产性设施农用地、配套设施农用地和辅助设施农用地等，均按照农用地管理，不必办理农用地的转用审批手续。因此，从合作社发展的土地政策看，是相对宽松的。当然，合作社发展过程中对建设用地的需求也会越来越强烈，农村有很多闲置的集体经营性建设用地和农民宅基地，可以用来支持合作社从事农产品加工等的用地需求。当前，我国农村的土地制度正在改革过程中，包括农村集体经营性建设用地直接入市、农村宅基地有偿退出和闲置宅基地的盘活利用等，农民专业合作社建设用地供给的压力将会逐步降低。

五、合作社如何提高市场竞争能力

当前，合作社的发展还有很多困难，主要表现是：第一，规模过小，竞争能力弱；第二，合作社面临的市场竞争加剧，经营风险加大；第三，三产融合的政策、技术和市场门槛过高；第四，合作社普遍面临的资金约束；第五，合作社发展的政策环境不稳定。

从合作社自身的角度看，要提高市场竞争能力，应当针对合作社自身特点，从以下几个方面着手。

第一，扩大规模。我们通常讲合作社要"做大做强"，要实现"做强"的目标,往往首先是要"做大",也就是扩大合作社的规模。规模的扩大可以提高合作社的资源配置能力,可以在一定程度上弥补合作社经济资本和社会资本不充分的缺陷,进而有助于合作社提高对成员的服务能力。具体而言,规模扩大可以有不同的实现路径,从合作社发展实践看,主要有:土地规模集聚,即以土地经营权租赁或者入股的方式建立合作社的生产基地等方式,更经济地匹配合作社的土地、资本、劳动力等各要素关系,降低生产经营成本,提高资源利用效率;交易规模集聚,即通过吸收更多成员入社,鼓励成员对合作社服务的经济参与,进而扩大合作社可以直接支配的产品规模,获取更有利的市场交易机会;组织规模集聚,即通过合作社之间的联合和合并等方式,提高合作社的市场谈判能力。

第二,吸收成员土地经营权入股。需要注意的一个现象是,当前的合作社,已经不同于合作社发展初期的"生产在家、服务在社"模式,越来越多的合作社吸收农民土地经营权入股,农户不再直接在小块土地上进行生产,而是由合作社统一生产,并出现了土地股份合作的合作社类型,这是合作社发展转型的一个重要特点。土地经营权入股合作社的优势在于,由合作社统一生产,可以统筹安排各种生产要素,降低要素使用成本;可以更好地控制产品质量,通过绿色食品、有机食品的生产获取增殖效益;可以减少对成员分散生产的监督成本。农村土地的"'三权'分置"改革为土地经营权入股合作社提供了制度空间,《农民专业合作社法》也明确规定了土地经营权可以作为成员入社的出资方式。土地经营权入股,意味着合作社逐渐从服务为主转向生产经营主体的角色变化。

第三,延伸产业链,规避经营风险。通常而言,合作社的规模越大,产业链越长,经营的风险也会越大,所以规避市场风险成为合作社持续发展中越来越重要的问题。除前述通过保险机制规避风险之外，从合作社经营方式上规避风险的措施主要有多种经营和纵向一体化两种模式。延伸产业链，可以克服合作社农产品生产过强的季节性影响，延长农产品销售的货架期，更好应对市场价格波动的风险。同时，延伸产业链无疑也会提高农产品的附加值，一、二、三产业融合发展的意义也主要在这里。

第四，提高决策效率。合作社是强调民主理念，因此设置了一人一票的投票权以防止少数成员对合作社的控制，但同时合作社也是一个市场主体，客观上要求能够对市场信息做出快速反应，因此如何平衡民主与效率的关系，是合作社发展过程中不可避免的问题。对于合作社的重大事项，如是否扩大合作社规模，是否对外投资，是否需要修改合作社的章程，是否需要提取更多公积金，是否将成员应当分配的盈余转为成员出资，等等，都应该通过成员大会或者成员代表大会民主决策。而对于合作社的日常经营事项，应当通过赋权方式由理事会或者理事长决策。理事会或者理事长对成员（代表）大会负责，在符合合作社法律规定的原则下，以满足全体成员共同需求为目标，在授权范围内进行决策。当然，如果理事会或者理事长做出的决策有损于全体成员的共同利益，成员（代表）大会有权罢免理事会成员或者理事长。

第五，构建符合合作社特点的产业组合。合作社的产业组合模式可以有不同选择，通常是多种经营的横向一体化模式，或者一、二、三产融合发展的纵向一体化模式。不论选择哪种模式，都应当体现资源的最优化配置，降低生产风险、经营风险。《农民专业合作社法》允许合作社从事农业生产资料购买服务、产中的生产互助服务、产后的农产品销售服务，也可以从事乡村旅游资源开发、传统手工艺产品生产经营，符合条件的合作社可以开展内部资金互助或者保险互助，可以通过土地租赁或者入股扩大生产经营规模，所以合作社开展多种经营符合法律规定。同时，法律和政策也鼓励合作社开展农产品加工、贮运等纵向一体化经营。产业组合的选择一定要符合合作社的特点。从实践看，规模较小的合作社难以克服市场风险，资源配置能力较弱，缺乏产业链延伸所必需的资金、技术、市场拓展能力，更适合于多种经营，但产业分布过广，会导致规模不经济，因此在合作社具备一定的资金实力和抗风险能力时，可以适当发展第二产业和第三产业。从供应链的角度看，一些合作社将农产品的生产与乡村旅游产业结合起来，例如我们一些合作社围绕着农业的非物质文化遗产做文章，利用传统的种质资源和传统耕作方式生产具有显著地域特色的农产品，同时通过体验农业、观光农业等方式引导城市市民广泛参与，实现了一产与三产的协同发展，在提高合作社盈利能力的同时也弘扬了传统农业文化。

第五，加强合作社的品牌建设。品牌培育的直接目的是增强合作社及其产品的识别性，让消费者了解合作社，了解合作社的产品，以此提高合作社的营销水平。品牌建设是以品质为基础的，如果没有品质保障，难以获得绿色农产品认证、有机食品认证和农产品地理标志认证，品牌的溢价空间是有限的。所以说，在农产品对接市场时，信息和信任应当是品牌建设的重点，不可偏废。在这一方面，很多合作社有非常好的经验，我们可以借鉴。

第六，多渠道开辟资金来源。资金瓶颈问题是合作社发展中遇到的普遍难题，针对这一问题，需要建立更为广泛的多种资金获取渠道。具体而言，合作社解决资金问题，可以采取的措施有：首先，通过肯定资金贡献提高成员对合作社的出资意愿。成员对合作社的贡献方式既包括对合作社服务的利用，也包括向合作社出资，由于资本报酬有限原则的限制，合作社中成员的出资意愿不强，这需要从合作社的资本制度角度完善。同时需要看到，成员对合作社的出资意愿还取决于对合作社经营风险的担忧，因此，完善风险分担机制，稳定成员出资收益，是激励成员出资的重要手段。对出资较多的成员依法赋予其附加表决权，通过成员账户保护出资成员退社时返还出资和公积金份额的权利，也是必要的激励成员出资的措施。其次，通过成员大会决议，可以将应当分配于成员的盈余转为其对合作社的出资，提高合作社的扩大再生产能力。再次，根据章程规定提取公积金，用于弥补亏损和扩大再生产。最后，在有条件的合作社开展内部资金互助。以上是从合作社内部挖掘资本潜力的措施。从外部提高合作社的资金获取能力，主要是信贷资金和财政补助两个渠道。从合作社发展的现实看，合作社贷款难比较普遍，不少合作社是以理事长个人名义或者领办合作社的公司的名义为合作社贷款，而不是以合作社名义贷款，这与合作社的资本属性和财产制度有着密切联系。要提高合作社的信贷资金获取能力，需要从提高合作社的债务清偿能力着手，例如合作社也可以通过转移性的债务担保、利用政府设立的担保平台等机制解决，也需要通过更为有利的信贷政策对合作社进行支持。

第七，建立合理的利益分配机制，增强对成员的凝聚力。小农户加入合作社，是希望合作社能够带动其实现共同致富的理想。现实情况是，农户将产品卖给合作社，对农户而言，意味着合作社是其销售产品的对象，合作社要稳定交易规模，就不得不对成员做出高于市场价格的承诺，合作社不是成员的组织而是成员的讨价还价的对象，没有体现出合作社的制度优势。这一问题形成的核心，是合作社的利益分配机制不完善，成员不能从合作社的市场交易机会改善、谈判能力提升、产业链延伸的利益增殖、品牌化建设的溢价中获利，就很难把合作社看作为他自己的组织。因此，增强合作社对成员的凝聚力，根源上是要从完善的利益分配机制出发。法律规定的交易量返还不低于可分配盈余的60%，是凝聚成员的重要的制度基础，因此应当坚持。随着合作社的类型不断丰富，不同类别的合作社盈余形成的机理差异很大，合作社应当在坚持法律规定的基本原则基础上，采取更加灵活多样的利益分配方式，满足成员对合作社的多种利益需求。

第八，通过联合与合作，提高市场竞争能力。修订后的《农民专业合作社法》专门设立了联合社一章，鼓励合作社之间的合作。实践中合作社联合的趋势越来越明显，通过联合与合作，可以克服单个合作社规模过小而形成的资源配置能力不强、市场交易地位不高等缺陷，有利于合作社实现做大做强的愿景，并提高对加入合作社的小农户的带动能力。法律关于联合社的法律地位、治理结构、盈余分配及法律适用问题已经做了系统规定，合作社之间建立联合社的制度保障措施已经建立，有联合条件、联合意愿的合作社之间可以通过建立联合社发展壮大。

第九，基于土地、资本、区位、文化、传统等资源优势和市场需求实现特色化发展。合作社发展的生命力在很大程度上取决于其发展特色，过于同质化的合作社不能体现竞争优势，在同一地区、同一产业的恶性竞争现象也很突出。我国的合作社发展经历了几个不同的阶段，首先是解决家庭承包制度下小规模农户的农产品生产销售困难问题，在这个过程中形成了

"四统一""五统一"等合作社对小农户的服务体系；第二个阶段是以土地流转为特征的合作社统一生产、统一经营，并逐渐实现了围绕产前、产中和产后各环节相统一的纵向一体化发展模式。今天，特色化发展应当成为合作社发展的主要方式，有特色才有优势，有特色才有合作社发展的可持续。

☀ 土地的味道（王文燕 摄）

地理标志：目光之外的农业遗产

赖俊杰

福建省平和县工商局平和琯溪蜜柚地理标志品牌建设首倡人和实际"操盘手"，中国地理标志十大先锋人物之一，中国政法大学和西南政法大学地理标志研究中心特聘研究员。

地理标志是一种舶来品。最早出笼于世界贸易组织成员国于 1994 年 1 月 1 日签订的《TRIPS 协议》，即《与贸易有关的知识产权协定》。本义指的是一种针对特产设计的知识产权保护制度。引进到咱们中国后，人们根据它具有保护地方特色产品功能的特点，把它通俗化为地方特产的代名词了。今天，中国普通老百姓口中的地理标志，一般指的都是特产。

一、起步：因穷思变无意中触碰到农业遗产

（一）世上真有"太阳果"

不知各位知道不知道世间有没有"太阳

果"？上百度搜索，还真有叫"太阳果"的物种。有一种"太阳果"，它是一种南瓜属的植物。但是本文讲的"太阳果"，却不是这种南瓜属的植物，是专指一种特产——"平和琯溪蜜柚"。"平和琯溪蜜柚"是什么？长得怎么样？

"平和琯溪蜜柚"电视专题片的一段解说词这样写道："天上的太阳圆圆，平和琯溪蜜柚的果实也圆圆；天上的太阳色彩金灿灿，平和琯溪蜜柚的果皮也金灿灿；天上的太阳象征着朝气和希望，平和琯溪蜜柚的前景也和太阳一样充满璀璨的霞光。"这段描写只是从物理性状上描绘平和琯溪蜜柚与太阳之间的相似之处，亦即形似。其实，平和琯溪蜜柚被比喻成"太阳果"，更主要的是取自神似——平和的老百姓谁亲近了这株"太阳果"、拥有了"太阳果"园，谁家的日子就充满阳光。

(二) 发现"太阳果"

其实，平和琯溪蜜柚并不是一开始就成为"太阳果"的。它被喻为"太阳果"有一个过程。

平和县在哪里？平和县位于闽南偏西的位置，隶属于漳州市，距离厦门市不到100公里。县域面积不算小，有2328.6平方公里，现有人口61万，不算多也不算少。在这61万人口中有73%是农民。

平和县属于"山、老、边、穷"县。这里有一个数据可证其"山"：全县上1000米的山峰就有221座。说其"老"，指的是平和是老区县。平和县立有1928年3月8日在福建省率先打响武装反抗国民党专制统治的"八闽第一枪"纪念碑。能在全省率先武装反抗国民党专制统治的地方意味着什么？待会儿大家就知道。说其"边",指平和县位于福建省的偏远地区，发展经济区位劣势明显。这里有一个数据：到 2012 年底，平和县连国道都没有。一个面积两千多平方公里的县域，连国道都绕它而行，你说它的区位有多偏？也许有人会说：没有国道，有高速公路、有铁路、有港口、有机场也行啊！我要告诉大家，这些都没有！略可安慰的是到 2015 年底，平和县已有福州到诏安的高速公路经过这里。最后说其"区"，这指的是平和县属于土地革命战争时期的"中央苏区县"。

上面是基本县情。这样的基本县情意味着一个字："穷"。

平和县城改革开放初期，有个地方我们当地叫"三角坪"，是当时平和县城的中心区域。一个县城的中心区域和现在的普通农村没什么两样。县城中心区域的陈旧破烂说明平和县当年穷到什么地步。这里有一组数据，中国改革开放起步之时，平和全县 425056 人、74690 户，但当年县财政收入仅有 898.46 万元，人均 21.13 元。

到了 1986 年我们国家正式出台"扶贫"政策时，当时福建省政府确定的贫困县标准是人均年收入 320 元以下的为贫困县。那个时候福建全省 89 个县，有 17 个年人均收入在 320 元以下的县，所以这 17 个年人均收入在 320 元以下的县就成了重点贫困县，平和县名列这 17 个县当中。那个时候的平和县委、县政府，为老百姓做事非常认真。上方下达了扶贫任务之后，县委、县政府就开始寻找"脱贫之路"。最初，大家分析怎么能脱贫，在座大多数是年轻人可能不知道，当年有一个口号"以粮为纲"，这是国策。但平和县的领导机关分析后发现：如果想通过种田生产粮食来脱贫致富，那是绝对不可能的。因为当时平和全县耕地只有 35.77 万亩，而农业人口就有 455741 万，人均耕地只有 0.78 亩。按当年平和县的水稻年亩产稻谷平均为 591 公斤计算，人均耕地只有 0.78 亩的 1 名农民全年能生产 461 公斤稻谷，每 100 公斤稻谷（晚稻）当年的收购价为 36.6 元，即便把 1 名农民 1 年生产的所有稻谷全部拿来卖钱，也仅有 168.72 元（含种地成本）。严峻的事实说明，"以粮为纲"单纯种水稻，不可能脱贫，更不可能致富。

那时，广东省改革开放起步早、步伐大，成效初显。平和县在寻找脱贫之路时发现相距不远的普宁市，现在属于广东揭阳，发力服装加工，创办了服装批发市场，搞得轰轰烈烈，大有兴旺发达景象。县里就组织了一些人，我也参加了，去那边考察，想学学人家的经验，看能不能在平和也搞一个商品流通批发市场，以此来带动平和经济发展，引领脱贫致富。结果这个计划夭折了，为什么呢？参观回来后认真一分析，感到没办法克隆普宁以市场立县的做法。因为一个连国道都回避的地方，交通十分不便，信息也不畅通，以市场立县的条件根本不成立。现在回过头看看，当时的判断还是十分正确的，如果当年莽然去干，劳民伤财是必然的，也许折腾到今天，平和县也摆脱不了贫困。

学普宁的道路走不通，迫使平和把目光收回到县内寻找经济发展之途。认真分析以后感到：平和县发展工业和专业市场没有区位优势和基础优势。但人民勤劳，民风淳朴，外加山地广大，气候良好，四季如春，几乎无霜。尤其是土地肥沃，有机质含量高，具有地理标志基因的历史名优特产众多，在清康熙五十八年（1719）编纂的《平和县志·物产志》里记载的特产就有 466 种。历史名优土特产品众多，为平和县发展特色产业即地理标志产业储备了雄厚的物产基础。

目光转向地方特产，意味着回归田园，意味着把眼光校正到本土文化资源上来。人们发现，平和的一切，除了纯天然的高山流水、谷地平原与白云苍狗，其他的都是本土文化的结晶。这样的思路转变与发现堪称伟大！因为其造就了平和在无意中触碰到农业文化遗产，才有了对农业遗产的发现、继承、光大和保护。所谓农业文化遗产，其实就是农耕文明经过大浪淘沙以后流传下来的农字号文明的晶体——一种代代相传的价值观念与生产习惯。

平和如果把思路定在走发展工业之路上，就可能偏离对农业遗产的发现、再造、利用与保护了！平和县寻找经济发展之途思路的回归，为以后平和培育与发展地理标志产业埋下了伏笔。上面提到，地理标志在中国老百姓口中等同于地方特产，而特产恰恰是本土代代相传的价值观念与生产习惯的结晶，具有本土文化资源属性，又归于农业文化遗产范畴。现在回头看可以发现：正是把目光收回到在县内寻找经济发展之途的思路回归，让平和县挖掘出琯溪蜜柚这一种地方特产。对这一种本土农业文化遗产的挖掘与继承、利用与保护，不仅让当地培育出一个年产值超过100亿元的平和琯溪蜜柚地理标志产业，同时也收获了继承与发扬农业遗产、农民发家致富、地方经济得到良性发展的多重硕果。但平心而论，这一切的缘起都有点无心插柳的味道。

平和真正开始起步走培育地理标志产业的道路，是从一本书开始的。这本书就是现在大家在PPT上看到的《闽杂记》。它成书于清道光到同治初期。写的是作者游历八闽，遍尝福建特产以后的见闻、感怀、感受。其中在卷之十中有一篇名为《平和抛》，就是今天的平和琯溪蜜柚。平和县领导知道有这本书是当时漳州市科委有个叫陈秉龙的人提供的信息。陈秉龙告诉时任平和县委书记孙竹说：清朝有一个浙江人叫施鸿保，在福州当幕僚时写了一本书叫《闽杂记》，里面有一篇文章叫

"平和抛","平和抛"是朝廷贡品。

孙竹书记当时正因寻找脱贫之策遭遇"山重水复疑无路",得到这条信息后如获至宝,仿佛看到"柳暗花明又一村"!他马上进行查证,发现果然有这本书,书里也有这篇文章。于是布置人员到现实中查找,看"平和抛"流传下来没有,找遍全县,好不容易在"平和抛"的原产地——小溪镇的旧楼大队后埔村、金光大队旗竿寨村、新桥大队大坑果场三处分别找到了一株幸存下来的"平和抛",也就是柚子树。怎么会仅剩下三棵柚树了?在"文革"时期,把柚子树都砍光了,只在偏僻村落或者山上剩下了三株自然生长的柚子树。

(三) 平和"太阳果"是一种货真价实的农业遗产

留存下来的三株"平和抛"果树正是祖先留下的文化遗产。很快县里就责成县方志委、县农业局、县工商局三个部门,分别联系史学家、园艺专家、市场营销专家对"平和抛"的史实、种性及适产条件、市场前景进行评估论证,即论证用祖先遗留下的这个特产来发展经济、来驱困脱贫有没有科学性与可行性。方志委负责从历史上进行考证"平和抛"发展的文史轨迹,农业局就它的种性、适产条件和发展前景进行评估,工商局则负责探讨它的市场前景。结果发现,除了《闽杂记》上的记载以外,还有许多有关"平和抛"的历史记载。例如发现已知的"平和抛"最早的文字记载是《西圃李公墓铭》。这个墓铭写有:"公事农桑,平生喜园艺,尤善种'抛',枝软垂地,果大如斗,甜蜜可口,闻名遐迩。"墓铭的作者张风苞,生活在明万历年间。而西圃李公生于嘉靖七年(公元1528年),卒于万历十五年(公元1587年)。由此推论:

"平和抛"早在明中期在平和原产地就有人种植，至今已有五百多年历史。一种水果历经 500 年品性依然不退化，足见其优秀！一种水果延续五百多年又得到空前发展，更足以证明其农产文化遗产属性以及传承不辍和生命力的旺盛。

此外，还发现清朝同治年间的福建总督（兼摄台湾）王凯泰写的一首诗："西风已走洞庭波，麻豆庄上柚子多。往岁文宗若东渡，内园应不数平和。"什么意思呢？诗中的文宗指清文宗道光皇帝，内园是指皇宫内廷。原来是这样子的——王凯泰到台湾去，吃了台湾的一种麻豆柚以后，也许为了与台湾同胞套近乎，也许他真感觉麻豆柚不错，然后就写了这么一首诗。这首诗从字面看是贬低"平和抛"的，但是它无意中证明了"平和抛"在清道光年间就成为朝廷贡品的史实。"往岁文宗若东渡"，也就是说当时如果道光皇帝东渡到台湾来、吃过麻豆柚之后就不会要"平和抛"作为贡品了。这首诗与前面提到的施鸿保写的那篇《平和抛》正可以互相印证一个事实：平和琯溪蜜柚确实是清廷贡品。《平和抛》里有"每年备贡外，必于实初结时给价定数，以墨印识其上，方可多得"的文字。

道光之后是同治，这个同治皇帝我估计他有便秘的毛病，为什么呢？他特别好吃这个平和柚子。他好吃到什么程度呢？好吃到专门御赐这个"平和抛"一枚"西圃信记"的印章。每年柚子结到拳头大的时候，就要用这个印章给每个柚子盖上印记，盖上去就等于皇家已经预定，就不能够擅自采摘了。同治皇帝爱平和柚爱到这种程度，可能因为他吃了平和柚有助于缓解因便秘而排泄不畅的问题。吃过平和蜜柚的人都知道，平和蜜柚有助于排泄的功能。

除了方志委斩获颇丰以外，农业局与工商局也交出让县委、县政府满意的答卷，这就促使县决策层很快定下决心：把发展特色产业、促进地方经济发展，作为成就脱贫伟业的战略决策推出。

如果说平和"太阳果与农业遗产"的故事是一部连续剧，至此，序幕已经徐徐开启。

二、摸索：无心插柳却介入了农业文化遗产继承课题

（一）三招化解三个难题

万事开头难！平和县在开始发动全县农民种柚子的时候，老百姓并不认可官方的说辞，他们讲："我又没有神经病，我为什么要种柚子啊，柚子又不是粮食，不能当大米做饭吃。大家都种柚子，种出来之后卖给谁？"那时候商品意识很差。这是县委、县政府遇到的第一个难题。

怎么办呢？为化解群众疑虑，1986年初，平和县委、县政府就先后出台多份文件：《平和县人民政府关于扶持县直机关干部、职工创办果园有关事项的通知》《平和县人民政府关于鼓励机关、企事业单位和基层干部职工开发山地，造林、种果、栽竹的规定》。这些文件要求全县机关干部带头上山种蜜柚。对外出销售蜜柚的给予两个月带薪假。同时提出"县种万亩、乡种千亩、村种百亩、户种百株"指标。把这个作为政治任务来落实。某种意义上就是用施压的形式来行政。你要知道，当一个县域里的所有干部都上山种柚子的时候，它会形成一种多大的气势和示范效应啊！干部的行动老百姓看在眼里，他们私下里就议论："干部可不是傻瓜，他们都开始大种柚子了，我们也跟着种吧，再不种山地都让干部种光了，到时候我

们要吃亏。"于是就有样学样，开始跟着干部大种平和琯溪蜜柚。

第一个问题刚解决，第二个问题又来了。就在群众蜂拥而起上山开荒大种柚子的时候，有脑瓜尖一点的人又说："这个山这个地都是国家的、集体的，等我们把柚子都种出来，开始结果要收获了，县政府如果再下一个文件，把个人开发的柚园土地统统收归国家和集体所有，那我们岂不等于白种柚子了吗?!"政府知道了这个信息后，马上文件就又下来了。当时怎么说的呢? 当时的文件规定：只要用来种柚子，那荒山、荒地，谁开垦的，这个山、这个地永远归谁所有。老百姓就信了，就放心干了!

正应了那句老话：一波未平一波又起。第三个问题又来了。因为太穷啊，在大家都想多种柚子时，却遇到一个很尴尬的问题：没钱买柚苗。当时的一株柚苗就五毛钱。但是普通老百姓买十株八株可以，想买 50 株 100 株就没钱了。但买十株八株没有用，因为要靠它改善家庭经济，至少要种 200 株以上。而买 200 株柚苗就要 100 块钱。那时一般群众哪来的 100 块钱? 现在想想，当年的平和县领导真是很高明。那个时候福建省政府每一年拨给平和县 220 万元的扶贫经费。为解决群众买不起柚苗的困境，县里打起这 220 万元扶贫经费的主意，他们把这 220 万元的扶贫经费集中到县里成立的果树良种场，由果树良种场专门负责培育柚苗，供应给群众。老百姓要种柚子，到果树良种场签一个合同就可以赊购柚苗。你现在拿走 200 株柚子的幼苗，三年后柚树结果拿 200 个柚子给果树良种场抵销赊购柚苗的账就行。老百姓会算账，一算三年后每一株柚树挂果，再怎么也不止挂一个柚子，挂个三五十个柚子都是正常的。用赊购柚苗种柚子的事可以大干特干! 这一来，第三个问题也就迎刃而解了。

（二）新理念与新景象在平和如雨后春笋般冒出地面

至此，平和出现的大种琯溪蜜柚的热潮就是有人想挡也挡不住了！到1986年底，已有小溪、山格、霞寨三个乡镇各创办了千亩蜜柚场；坂仔、安厚、九峰三个乡镇各创办出500亩蜜柚场。到1988年，全县的蜜柚种植面积已达11966亩，当年产量11.3万公斤。

开发荒山荒地大种其柚，让平和出现了许多外地人感到有些匪夷所思的景观与理念。比如说"不炒股票炒山头""把钱存到山上""股份合作开发山地""租赁果树热"之类。大家会有震撼感吧？！

霞寨镇的高寨村，当年因为地处高山，这里穷得兔子不拉屎，男青年娶不到老婆，女青年不愿嫁在本村。如今这里拥有了万亩柚子林，还利用柚子林大搞乡村游，搞得风生水起，有声有色，游客如过江之鲫。"男青年娶不到老婆、女青年不愿嫁在本村"现象，正好来了一个大反转。

刚才说的是高山柚园，现在请大家看看平原地区的柚园。有个被柚园围在中心的土楼叫清溪楼。在平和县坂仔镇，坂仔镇是文学大师林语堂的出生地。

总之，外地人现在到平和去看不到荒山。而平和人到外地去，看到许多山荒着都心疼得很，会感叹这么好的山地怎么都让它荒了呢，用来种柚子一年能收入多少钱啊！国外，如欧盟有些农业专家到平和转了一趟以后，感到非常震撼，说："单一品种的果树，种到了这样大的规模，世界上找不到第二个地方。"

据说全世界种柚子的技术都没有超过平和人的。而柚子丰产，与树形修剪有很大关系。这个技术，咱们中国农大园艺系的刘大杰教授有大贡献。刘教授多次到平和调研与指导，手把手教平和柚农修剪柚树技术。一般老百姓看到这个柚子树的枝丫长得很旺盛都舍不得下锯子，更别说你要把它锯掉。但是刘大杰说锯掉以后才会多结果子。所以平和有的从刘大杰教授这儿学到剪枝技术的人终生有了一种赚钱的技能。柚农请人给柚树剪枝，对被请者要包吃包喝，还要给他送香烟，一天至少要700元的工钱。

还有一个"工人耕山、农民种地"的现象很典型。当时，由于农业种植结构大调整，当地不再种植甘蔗了。这导致县内原有的三家糖厂因缺乏生产原料难以生存下去，上千工人因此下岗。当时对下岗美其名曰待岗，其实就是失业。与三家糖厂类似的还有外贸系统、商业系统以及许多中小型国营企业、集体企业、乡镇企业的职工，这些失业大军少说也有八千甚至上万人，此时也纷纷加入开发荒山荒地大种琯溪蜜柚行列。他们或自己上山开发，或承包农民的土地种柚，重新上岗，重新找回生存保障。我把这样的现象称为"工人"耕山、农民种地。由于"工人"耕山、农民种地的出现，使得平和社会稳定、人民安居乐业。时任平和县委书记林忠曾深有感触地说，平和琯溪蜜柚不仅仅是黄金果、致富树，还是平和社会稳定的"镇海神针"！

（三）平和县现在全县农民人均拥有本土柚树 121 株

20 世纪 80 年代初期，历史馈赠给平和县的三株柚子，到现在繁育出多少子孙后代了。平和县官方现在对外公布的琯溪蜜柚种植面积的最新口径是 70.3 万亩。这是什么概念？1 亩地通常种柚树 45 株，70 万亩共种约 3150 万株，全县有 44.53 万农民，3150 万株蜜柚相当于人均拥有 71 株柚树。

实际上呢，有一个来自行业协会的资讯：根据卫星测量，今天平和琯溪蜜柚的种植面积绝对不少于 120 万亩。这意味着平和农人人均拥有柚树不是 71 株而是 121 株。而且这还仅仅是种植在平和县的柚园面积，如果连平和人到县外、市外、省外甚至国外创办的"飞地柚园"所种的柚子面积都算进去的话，我估计 200 万亩都是少的。现在南方十多个省区都有平和人在那儿承包山地或田园种柚子。特别是在海南，所有的县、市、区都有平和人经营的柚园。

甚至有平和人把柚子种到了老挝和柬埔寨！我问到老挝万象郊区去种柚子的林启明老板："你跑那么远到老挝去种柚子划得来吗？"林老板说："老挝的土地便宜，一亩地年承包租金 50 块钱就够了；在当地雇一个工人来打理柚园，一个月工资 120 美金就够了，也就不到 1000 块钱人民币。而在我们平和现在雇一个工人打理柚园，一天的工钱就要三五百块，也就是说，这些钱在老挝雇一个工人能够干一个月，在平和雇工人只能干两到三天。再一个，老挝的土地特别肥沃，还有他们那边因纬度低天气热，柚子的成熟期比我们平和的柚子要早许多，抢占市场先机，利润空间大。两相对比，你说，到老挝种柚子划不划得来？"平和的普通老百姓现在也成商人了，非常精明。

经过 30 年努力，平和从全县三株蜜柚发展到仅本县种植的柚树就达 5400 万株。这正是平和继承与光大农业遗产的力度与成果！

（四）规模化发展特色产业有"三个有利于"

平和琯溪蜜柚种植形成规模以后才发现：开始种柚子时当

地群众发出的"大家都种柚子，那么多柚子要卖给谁"的担忧是多余的。规模化发展特色产业恰恰是化解这种担忧的良药。事实告诉人们，规模化发展特色产业好处多多：一是规模化有利于集约化经营，有利于吸引外地客商前来采购，有利于特产卖出好价钱。如果是一家一户种的小众水果，不成产业的水果反而不好卖，卖的价格往往也难以达到理想水平。因为小众水果必然知名度不高，体量小难以引来外地经销商，销路不广，市场狭窄。不具规模的水果就如同游击队，小打小闹打打"麻雀战"可以，打不了像解放战争时期那样的"三大战役"；二是规模化的特产经营，有利于继承、光大农业遗产；三是规模化有利于品牌保护和农业遗产保护。

三、前行：自觉为农业遗产引进当代知识产权保护制度

（一）1997 年以前的平和琯溪蜜柚

"平和抛"于 20 世纪 80 年代中期被非主要农作物品种认定机关命名为琯溪蜜柚。这里的琯溪是"平和抛"原产地地名。从 20 世纪 80 年代初中期平和县大种琯溪蜜柚到 1995 年，平和人是把琯溪蜜柚当成一种特产来经营的。因为那个时段地理标志制度尚未从国外引进我国，人们还不知道国外有一种名为地理标志的知识产权制度可以用来为特产保驾护航。我国正式引进地理标志制度以当时的国家工商行政管理局颁布施行《集体商标、证明商标注册管理办法》为标志，时间在 1994 年 12 月 30 日。当时，也还没有地理标志概念，是用集体商标和证明商标代替地理标志的。我国正式出现地理标志概念是在

2003 年，其时我国履行"入世"承诺，在新修订的《商标法》和《商标法实施条例》中正式出台了以注册集体商标、证明商标方式保护地理标志的律条，这才从法律上确立了地理标志在国内的地位。从我国引进地理标志制度的历程可知，1995 年以前的平和继承与发展农业遗产项目——琯溪蜜柚，还走在纯粹的以特色产业为底色的道路上。

从 1995 年 1 月到 1997 年 7 月 18 日，属于平和从理论上探索用地理标志制度加持继承与发展农业遗产项目——琯溪蜜柚阶段。就在《集体商标、证明商标注册管理办法》颁布不到一个月内，当时在平和县工商行政管理局商标广告监管股当股长的我，敏锐地意识到，集体商标、证明商标制度更适于传统名优农产品。很快，我就萌发了为琯溪蜜柚申请注册证明商标的想法。为了让县里的领导接受我的意见，我很快写出一篇《传统名优农产品更适于注册证明商标》的文章发表在 1995 年第 4 期的《中华商标》月刊上。主要观点有：（1）传统名优农产品一般具有以下特性：一是本地水土、气候、耕作技巧的结晶性；二是传统名优农产品通常是由一个地区的人们共同培育而成的，具有共创性；三是成果由其原产地的人们共同享有，具有分享性。（2）普通商品商标与证明商标相比有三点不同：一是前者表明的是商品出自某一生产者，后来用来区别商品的不同特性；二是前者往往由注册人自己使用，后者的使用者包括同质商品的生产者与经销商；三是后者是一种品质保证标志，而前者不是。（3）对照传统名优农产品特性与证明商标的适用性后可以发现，证明商标对于传统名优农产更具"合身性"。

此外，我还在县领导比较会看的《闽南日报》上连篇累牍地发表以证明商标为题材的新闻报道和理论文章。例如《创共用品牌——特色农产品的名牌之路》《农产品证明商标与农业转型升级》《琯溪蜜柚辉煌如何续写》，等等。

以上所做的其实是在为琯溪蜜柚由经营特产向经营地理标志转化作舆论准备。特产与地理标志只隔着一条街的距离。因为特产拥有地理标志的基因，特产通常有五个特征：特殊的生态环境、特殊的品种、特殊的种养方式或特殊的加工方式、特高的经济效益。而这五个特征也是地理标志所要求的。所谓特产与地理标志只隔着一条街的距离，说的是在我国特产想化身为地理标志，还要经过法律的认可。为什么要把特产转化为地理标志？因为特产只是一个经济学概念，把其转化为地理标志，可以让其获得知识产权保护，更有利于其发展。

（二）迈出打造地理标志产业第一步

想让琯溪蜜柚由特产而变身为地理标志产品，再到创建地理标志产业，申请注册平和琯溪蜜柚地理标志商标是第一步。而这个商标的故事说起来话就长了。当时不叫地理标志商标而叫证明商标。管理商标的县工商局局长不懂。做我们局长的工作时，我起初是从注册证明商标对发展平和琯溪蜜柚产业的伟大意义谈起的。但对这个伟大意义局长只哼哼哈哈，不反对也不认可。我只好改用别的方法对他说了一个注册证明商标的好处。我说："局长啊，我们若能把这个商标注下来，以后出了名可以收取商标使用费。"我这不是乱说，是有法律依据的。许可使用注册商标，商标所有权人可以依照法的规定收取商标许可使用费。但能不能收到许可使用费，那得看具备不具备收费条件。如果这个商标成为名牌了，相关群体争相申请使用，则商标所有权人不但可以收费，而且可能发一笔财。也就是说，想多收取商标许可使用费是有前提的。但这个前提当时我没向局长点破，当然当时也不宜点破。当时，我只有先干起来再说其他的想法。

7月18日，我们就把申请材料报到商标局了。

（三）区域公用品牌首役失利

平和琯溪蜜柚证明商标申请材料报到商标局后不久，我就被调离商标广告管理股，不再负责商标行政管理工作。平和琯溪蜜柚证明商标被批准注册后，上面提到的那位工商局局长果然立即开始了他的利用这个证明商标发财的运作。他以县工商局的名义与一个字号叫国农的公司合伙，各自出了一些钱买回不干胶商标标识印刷工具，开印"平和琯溪蜜柚"证明商标的不干胶标识。同时县工商局下红头文件：规定全县所有卖柚子的、种柚子的企业与个人必须统统使用这个证明商标。贴到柚子上的不干胶商标统一到国农公司去领取。当然不是白给的，要收成本费，只是这个成本费高得离谱。

这时，全县与柚有关的相关群体不干了，他们纷纷质问：平和琯溪蜜柚是我们祖宗留下来的宝贝，现在"平和琯溪蜜柚"怎么成了你们工商局的发财神器了？

你们工商局凭什么把全县共有的无形资产占为己有了？老百姓厉害啊！知道单个企业或个人与工商局较量如同胳膊拧不过大腿一样，于是联合起来把千百只胳膊合成一个，这一来胳膊就比大腿粗。这就导致柚农、柚商联合抵制使用"平和琯溪蜜柚"证明商标事件的出现。其实，接我商广股长位置的那位不懂业务，工商局发出的那份"全县所有卖柚子的、种柚子的企业与个人必须统统使用这个证明商标"的红头文件本身就违法了。因为法律规定使用注册商标只能以自愿为原则。如今你规定必须统一使用证明商标就超出法律的授权了。所以说，老百姓就利用法律的这一点规定，把县工商局搞得灰头土脸，最后亏了几十万。至此局长难堪了，才又把我调整回到商广股长这个位置上来擦屁股，收拾烂摊子。

其实，证明商标是一种商标注册人自己不能使用，注册下来的这个商标只能提供给相关群体使用的一种带有公益性质的商标。从其可以使用者众多这一点看，证明商标具有开放性与共用性特点，又是专门用来保护地方特产的，所以也把这种原产地证明商标称为区域公共品牌。例如平和县涉柚人员上十万，只要他愿意使用这个证明商标，在履行了一定申请手续以后，商标注册人不能拒绝其使用，这恰恰是一种区域公共品牌的体现。

区域公用品牌对地理标志产业的培育发展有什么意义？意义可以甲乙丙丁说它多条，但有一条最浅显：众人拾柴火焰高。成千上万个市场主体如果能齐心协力共同使用一个品牌对外，是不是比一家一户自己单打独斗推广一个品牌更容易传播，更容易引起消费者注意，更容易深入人心，而且有利于提高品牌知名度的扩张效应，有利于节省品牌传播与创名牌费用?！

平和琯溪蜜柚证明商标出师不利，给以后的区域公用品牌创建与打造带来了不良影响。在接下来的一段日子里，平和琯溪蜜柚证明商标的推广使用遭遇了重重阻力。其表现主要有两个方面：一是涉柚群体继续抵制使用；二是出现"万国品牌"。

（四）以求取品牌吸引力最大公约数化解难题

抵制使用平和琯溪蜜柚证明商标与"万国品牌"泛滥其实是一个问题的两个方面，"万国品牌"的泛滥源自相关群体为回避擅自使用"平和琯溪蜜柚"可能导致商标侵权的一种品牌取舍。这里的"万国品牌"是一种形容，指当时相关群体胡乱使用诸如"台湾金丝柚""阿里山金丝柚""美国葡萄柚""欧洲雪柚""西欧珍珠柚"之类的现象。此刻，该如何化解弃用"平和琯溪蜜柚"而乱用"万国品牌"问题就成了平和琯溪蜜柚由特色产业真正转化为地理标志产业的生死之战。

表面看，相关群体弃平和琯溪蜜柚证明商标而选择"万国品牌"，有情绪作祟问题，其实不是！主要的原因在平和琯溪蜜柚这个品牌还缺乏强劲吸引力和号召力。那个时候，柚子贴上证明商标与不贴证明商标，卖的数量与价钱几乎都一样，没有什么显著差别。这说明什么问题？说明"平和琯溪蜜柚"还不具有广泛的知名度，还未得到消费者的广泛认可，更甭说拥有美誉度受到市场的青睐甚至追捧了。证明商标并不具有与生俱来的品牌吸引力和号召力！

导致这个问题的原因有两个。

其一，品牌"断代"。上面我说过，平和琯溪蜜柚在明清时期不叫这个名称而叫"平和抛"。实际上，我提倡注册证明商标时也犯了一个错误——我当时应该申请注册"平和抛"，不应该申请注册"平和琯溪蜜柚"，为什么呢？明朝的时候"平和抛"就有了，从那个时候就一直叫下来，品牌一直延续了几百年。但是，20世纪80年代时，福建省非主要农作物品种认定委员会却把"平和抛"改名为琯溪蜜柚。这样一来，品牌延续性就被人为中断了。"平和抛"品牌的延续性成了"内陆河"，抵达不了广阔市场的大海，一切就得从头开始。浙江的地理标志产品——金华火腿，历史上就叫金华火腿；安溪的地理标志产品铁观音，历史上就叫安溪铁观音，品牌延续性从未间断，传播时间长，不出名都难。这才是真正的继承与光大农业文化遗产的正确做法。反观平和琯溪蜜柚，实际上没有承接到品牌遗产，因为前期的品牌延续性被割断了，可以说遗产也消失在历史长河中了。这个问题启发社会，对特色农产品的命名，不应该只由几个所谓的农业专家去折腾，而应该请品牌专家参与。单独由农业专家去命名农产品，多数只会从农产品到农产品的角度考虑。回到平和琯溪蜜柚话题上来，如今品种名称与证明商标都由法律确定下来了，木已成舟，生米已煮成熟饭，回不到原点了，只能想办法适应这个定数了！

其二，品牌效应尚未出现。由于品牌断代影响，新品牌诞生不久，还谈不上有品牌传播，所以市场对平和琯溪蜜柚还很陌生，你叫贴上平和琯溪蜜柚证明商标的消费者怎么愿意多掏钱选择这种商品?! 品牌效应缺位的证明商标，市场追捧的热度自然不高，甚至乏人问津。在这种情形下，不是品牌具有选择使用者的优势，而是相关群体愿不愿意以证明商标为品牌的问题。这通常是一般证明商标取得确权初期常遭遇的尴尬。所以想让平和琯溪蜜柚相关群体乐意使用证明商标，以证明商标统一对外，必须先让平琯溪蜜柚的品牌效应凸现出来。如果柚商贴上平和琯溪蜜柚证明商标后，每500克柚子能多卖几毛钱一块钱，或者价格虽然不比没贴商标的柚子高，但能够大幅度提高销售数量，你再来看还有人不愿使用平和琯溪蜜柚证明商标吗? 乱七八糟的"万国品牌"还有人垂青吗?

而品牌知名度的扩张和品牌效应的凸现要靠品牌传播，品牌传播的捷径是打广告，比如上中央电视台去打平和琯溪蜜柚广告。所以当时我们工商局就给县里提了一个建议：到央视里去做平和琯溪蜜柚广告。为什么一步登天选择央视？因为20世纪90年代初中期，中央电视台讯号已上了卫星，各省级电视台讯号基本上没有上卫星的，当时全国电视讯号上了卫星不会超过5家。电视信号以卫星为中继介质传播意味着其覆盖面大，国外也可以收看到节目。如何做产品广告？众所周知有个三阶段策略——市场导入期，市场扩张期，市场巩固期。各个"期"的广告策略都要有不一样的诉求点和媒体策略，广告效果才会好。当时平和琯溪蜜柚处于刚刚大量涌向市场阶段，属于典型的市场导入期，需要的是在大覆盖面的传播媒体，进行地毯式的"狂轰滥炸"，有一句话叫做"重复利于传播也利于记忆"。同样的道理，在消费者面前多说三次平和琯溪蜜柚，他就知道有这么一种产品，有这么一个品牌了，甚至就记住了。

但上央视打平和琯溪蜜柚广告，尤其在央视一套黄金节目打广告，广告费天价。当时的平和县财政非常穷，入不敷出，哪有余钱用来为琯溪蜜柚打广告？怎么办？我们工商局于是又建议用"三个一点"筹措广告费。"三个一点"即卖柚子的人卖一斤柚子出一分钱广告费；收购柚子的人买一斤柚子也出一分钱，县财政也一斤柚子挤出一分钱，这样子一年可以凑个一百来万元。就用这一百来万元到中央电视台新闻联播一套，能做一星期广告就做一星期广告，能做一个月广告就做一个月广告。这个办法是全国首创，创下县政府为农产品到央视打广告的"全国之最"。在央视打平和琯溪蜜柚广告效果不错，平和琯溪蜜柚的品牌知名度很快就扩散开来了！

现在，在央视比较难看到平和琯溪蜜柚广告了，但是专题节目还是可以看到，比如中央电视台农业农村频道。现在平和琯溪蜜柚处在市场巩固期，广告策略和媒体策略都有所调整。比如今天的平和蜜柚广告有一个创举，拿柚子当广告媒介了。柚子个头大，每一粒都在1500克以上。这么大的柚子贴上平和琯溪蜜柚证明商标很醒目。所以，就把柚子当成传播品牌的媒介了。我们引导平和蜜柚的相关群体算了一笔账：现在平和每年产蜜柚150万吨左右，以一个柚子平均1500克计，150万吨相当于10亿个柚子，每个柚子贴上一枚证明商标，就等于将平和琯溪蜜柚品牌传播了10亿次，假设有10%的人看到这个标，那就是1亿人次；再假设有10%的人记住这个标，那就是1000万。一年1000万人次，坚持10年就是1亿人次，坚持30年就是3亿人次。持之以恒下去，何愁平和琯溪蜜柚不出名?! 平和蜜柚的相关群体觉得这个账算得蛮实在，都认为这个传播品牌方法好，就乐于实施了。

另外，利用新闻事件当平和琯溪蜜柚的"软广告"也做得很成功。平和琯溪蜜柚曾经遭遇发明专利被抢注事件。这个被抢注的专利叫"蜜柚按照出口农残标准的生产流程"。抢注这个专利的企业是与平和相邻的南靖县一家公司，其于2008年8月23日，向国家知识产权局申请专利，要求授予"蜜柚按照出口农残标准的生产流程"发明专利权。该专利申请很快被国家知识产权局受理，受理号为：200810071649。申请人为尽快拿到这个发明专利，还申请了加急审理，但就在其即将得到国家知识产权局的授权前夕，我获悉这个信息，立即向县长汇报：该发明专利属于抢注我们平和县的成果，因为其申请书说明文写道："本发明公开了一种蜜柚按照出口农残标准的生产流程。通过建立出口蜜柚示范基地，确定禁用农药清单并选择农药品种，进行营养诊断和配方施肥，果树立体控冠修剪，套种绿肥并建立生态果园，实施病虫害综合防治，实施果实套袋，进行品质与农残检测并采收果实，应用 POF 热缩膜远红外线保鲜包装技术进行保鲜及包装，应用质量控制信息化管理技术进行质量控制管理等一系列流程进行蜜柚生产……"而这一切恰恰是平和县多年摸索出来的琯溪蜜柚生产操作规范。这样的操作规范一旦被外县企业通过注册专利窃为己有，则整个平和琯溪蜜柚产业将陷入被人扼住脖子的困境，这关乎平和县几十万农民的切身利益，关乎平和琯溪蜜柚能否继续取得大发展的大是大非问题。后来，在县政府支持下，我主持整理出一份《关于"蜜柚按照出口农残标准的生产流程"发明专利意见陈述》，向国家知识产权局提出异议，成功阻击了这个专利被抢注。接着我又利用这个案例写新闻报道发到许多媒体上，扩大了平和琯溪蜜柚知名度。

　　类似这种为平和县地理标志产业做"软广告"的案例还很多。比如下面这个案例就比上面提到的那个专利争议案例"软广告"更成功。这个案例与平和红肉蜜柚植物新品种权纠纷有关。平和红肉蜜柚也是一种地理标志。

　　在清康熙五十八年修纂的《平和县志》上已有平和红柚的记载。原文如下："柚，有红白两种，出小溪者佳。"不知何故，后来红柚在平和县消失了。直到 1998 年，才又出现。新出现的东西后来就被福建省农科院果树研究所的人把其注册成植物新品种权了。他们注册的这个植物新品种权带有窃取成分，因为这个红柚并不是他发现的，也并非是完全由他培育出来的。但他置发现这个红柚和参与培育这个红柚的农民要求共同申请植物新品种权的主张于不理，利用优势地位把平和红肉蜜柚植物新品种权注册到自己和单位名下了。当时，我获悉这一信息后，就感到这是一个很好的宣传平和红柚地理标志的机会。于是，动员发现这个红柚和参与培育这个红柚的农民林金山和林开祥依法抗争，要求享有红肉蜜柚植物新品种权。林金山和林开祥于是上法庭去主张合法权益。但法庭起初似乎有偏袒倾向，因为林金山和林开祥是农民啊。

发现法庭有偏袒倾向后，林开祥便向中央电视台《焦点访谈》节目求助。而《焦点访谈》前后派记者两次深入平和县和福建省农科院，调查这个事件的来龙去脉，又在《焦点访谈》播出"红肉蜜柚之争"和《红肉蜜柚之痛》两期节目，旗帜鲜明地声援林金山和林开祥。在这个案例审理的三年时间内，我坚持写追踪报道十多篇，发到全国各地和互联网上的大众传媒上，极大地张扬了平和红柚知名度。后来，有专家评价说，《焦点访谈》播出的两期节目和我写发的那么多跟踪报道，所产生的广告效果即便专门花2000亿元广告费都达不到！

到今天，根据互联网时代信息传播个人都可操作的特点，平和作蜜柚广告，比较垂青于把柚子拉到各个大学校园去，赠送给学生吃的广告方法。这种免费品尝广告法看似原始，但今天有任何人都可以拍照和网络传播信息轻而易举加持，就不原始了。青年学生免费得到柚子，看到柚子很漂亮，拿到柚子以后就用手机一拍照片，然后又发到朋友圈去。平和琯溪蜜柚的形象与广告就传播出去了。现在广告讲究精准投射，直接达到目标受众的心坎上去，效果最好，还花不了几个钱，这些都是现在传播平和琯溪蜜柚品牌的好方法，比花大钱上央视做广告效果还好！

说到这里，顺便透露自己的一点想法：2019年我要向县里建议一定送一些平和琯溪蜜柚给中国农大的师生们品尝。平和县不能忘恩负义，中国农大为平和琯溪蜜柚产业发展是出了大力的。

（五）克服"公地悲剧"对使用证明商标的影响

前面提到过：证明商标是由对某种商品或服务具有检测和监督能力的组织所控制，而由其以外的人使用在商品或服务上，以证明商品或服务的产地、原料、制造方法、质量、精确度或其他特定品质的商标。这种商标具有公益属性，是一种区域公用品牌。证明商标的这种性质决定了其先天就带有一种"公地悲剧"基因。所谓"公地悲剧"本意指的是对可以利用的公共资源，人们都只想从中为自己榨取最大利益，而忽略对其承受力的关注与爱护，最终使这一公共资源陷于枯竭。这一概念是英国加勒特·哈丁教授于1968年首先提出的。以后经常见诸区域经济学、跨边界资源管理等学术领域。哈丁教授的"公地悲剧"，表现为人们对公用资源的过度使用，但在证明商标区域公用品牌这里，它往往表现为不愿发力为公用品牌成长服务，比如弃公用品牌而不用，认为参与打造区域公用品牌是为他人作嫁衣。在我看来：对公用资源的过度使用是"公地悲剧"的"南极"，弃公用品牌而不用是"公地悲剧"的"北极"，只有方位的不同，没有本质的差别！

这样说大家可能感到比较抽象，那么我下面举一个大家见过的例子来诠释这个"公地悲剧"。大家都知道，现在城市里到处有共享自行车。这种共享自行车在街头巷尾堆得到处都是，停放得乱七八糟，把很多人行道都给占用了，但基本没人管。为什么？公地悲剧作祟！还有，以前城市里最脏、最乱的一个地方，一般都是公共厕所，这也是公地悲剧作祟的一个影子。回到证明商标话题上来，既然证明商标是一种区域公用品牌，那就意味着它是大家都可以有条件使用的，那么这个商标经过传播成了名牌，它就不是哪一家企业哪一位个人的。所以，平和县有相当一阶段不少人不愿使用平和琯溪蜜柚证明商标，就是因为受"公地悲剧"的束缚。

如何克服这个"公地悲剧"对推广使用平和琯溪蜜柚地理标志商标的影响呢？我们尝试了许多办法。最后证明最有效的办法叫"包容使用"。什么叫"包容使用"呢？就是根据法律并不禁止一种商品可以使用多个商标的原理，我们允许平和县的柚农、柚商在使用"平和琯溪蜜柚"地理标志商标的同时，也可以在柚子上贴上本公司或本个体户的注册商标。我们名之为"公标"（地理标志证明商标）、"私标"（个体的注册商标）互相包容，谁也不要排斥谁。有些人不是说使用"公标"让"公标"出名不是自己的吗？那好，你在使用"公标"的前提下，允许你把自己的"私标"也同时贴在柚子上，甚至你愿意把"私标"印得比"公标"略大一点也可以。这样做可以起到以"公标"彰显原产地标记，弘扬平和琯溪蜜柚知名度与美誉度，以"私标"区别蜜柚来自不同生产者，两不耽误，相得益彰。"包容使用"这个政策，我们是通过县政府红头文件发布的。政府针对平和蜜柚使用商标提出的"20字方针"中就有"包容使用"。这"20字方针"为："鼓励使用，免费使用，包容使用，许可使用，规范使用"。

"平和琯溪蜜柚"地理标志商标的注册人为福建省平和琯溪蜜柚发展中心。这个中心是隶属于平和县农业局的一个事业法人，是它代表的平和县政府申请注册的"平和琯溪蜜柚"地理标志商标。在咱们中国大陆，政府及其机构不能充当注册商标主体。如果允许政府充当注册商标主体，平和县政府会以县政府名义申请注册平和琯溪蜜柚地理标志商标的。因为这个蜜柚产业是县里的支持产业，规模大，影响深刻，依靠一个行业协会或者事业法人来管理，难以胜任！我在这里为什么要多说这么一段话？其实是为了阐述平和县政府出台平和琯溪蜜柚地理标志商标使用政策具有合理性与正当性。不然，内行的人可能就会质疑：你县政府并非商标注册人，有什么权利对平和琯溪蜜柚地理标志商标的使用管理指手画脚、发号施令？

不知大家注意上面刚刚提到的针对蜜柚商标使用的"20字方针"的意涵没有？我不谦虚地告诉大家，这"20字方针"也是我提出的，那份包涵"20字方针"的平和县政府文件就是我起草的。我对这"20字方针"很自鸣得意。为什么？因为这"20字方针"，不但关照到地理标志商标推广使用初期的实际，也定调了平和琯溪蜜柚地理标志商标使用、管理的原则与要求。"鼓励使用、免费使用"就是根据商标推广使用初期人们积极性不高的实际而推出的；"许可使用，规范使用"是如何取得证明商标使用权和使用、管理商标的要求；而"包容使用"的内涵上面说了，是破解"公地悲剧"与消弭抵制使用证明商标的法宝。

还有，这"20字方针"还体现了政府"让利于民"的思想，"免费使用"就是这种思想的体现。讲到这，我想起一个与平和县领导藏富于民有关的故事。2006年1月1日，时任国家主席胡锦涛签署第46号主席令，宣布全面取消农业税，这意味着政府再不能从农业产业中直接收税以充实财政钱库了。但平和县不为所动，发展蜜柚地理标志产业的力度还是只增不减。柚子上市后政府还是照样年年组织官员到全国各地去吆喝卖柚子。其中就碰过这么一个事：2011年深秋时节，平和县政府的一位领导带队到兰州举行琯溪蜜柚新闻发布会、免费品尝会、订货会。期间一名受邀来捧场的当地某县的领导说平和县领导好傻，搞农业政府已收不到税了，还这么起劲到处推销农产品，做倒贴本钱"生意"。其实这位仁兄自己才错了！平和县政府乐意这样做，一是为官的思想境界比他高。政府财政收入低点，但老百姓衣兜里有钱，这其实是一种社会财富分配的理想状态。老百姓腰包鼓鼓，幸福指数必然满满，这岂非政府要认真追求的目标?! 况且藏富于民有利于社会稳定，当官也会有成就感！说这位仁兄自己错了还在于他没看到，老百姓手头宽裕了，消费必然旺盛，而消费旺盛是一种很好的税源啊！从让利于民到藏富于民，我感觉我们平和县的领导不容易也不简单！

回到平和琯溪蜜柚证明商标推广使用的话题上。平和出台"20字方针"引导蜜柚品牌打造，政策与措施对头了，效果不好都难了！

（六）"三合一标识"和"四要素"要求的出台

请大家仔细看一下PPT上这个贴在柚子上的标识，有没有看出什么道道？如果没有我来点拨一下：这个标识由三个部分组成：上面的是"私标"，就是蜜柚提供者自己注册的商标；下面的两个标识左边的是"平和琯溪蜜柚"地理标志商标，右边的是一个官方标志，名为中国地理标志产品专用标志。根据当时的国家工商行政管理总局的要求，使用注册地理标志商标的同时，必须同时使用中国地理标志产品专用标志，这有利于彰显地理标志的身份。这样的标识我们名之为"三合一标识"。大家别看这种标识很简单，我们平和是摸索了好几年才整出了这么一个被广泛接受的标识的。

　　在座的各位不是平和蜜柚的经销商，可能体会不到细节也能左右蜜柚生产成本，也能制约蜜柚地理标志商标使用积极性。在这里我就来详解一下。给蜜柚贴商标标识或官方标志，会产生两种成本：一种是印制商标标识或官方标志的成本，这是有形成本；另一种是贴商标标识或官方标志的劳动成本，体现在时间的消耗上，或者说由生产率反映出来。那么，如果把三种都要贴到柚子上的商标标识或官方标志分开印制的话，肯定要增加印制成本的。因为制版与开机印制都要经过三次才能完成；三次制版与开机印制意味着要支付三次费用，而如果把商标标识或官方标志这三种标识合并在一个版面上一次完成印制，成本也就节省下一半还多。同理，贴标识分别贴三次才能搞定变成贴一次就完成，所耗的劳动成本可以节省下两倍。因此，可别小看了这么一个标识的集成与推出哦，它充满来自第一线的智慧。所以，当我们把这个"三合一标识"的范本一挂到《平和网》首页，老百姓一看，哎，你们工商局为我们着想得很尽心，这个标也很科学很实用，我们认了！

　　"平和网"首页的醒目位子，除了有"三合一标识"范本，还有"四要素"范本。如果说"三合一标识"是专为在蜜柚上使用商标量身定制的，那么"四要素"范本就是专门为平和琯溪蜜柚制作包装物定制的。平和琯溪蜜柚产业起步之初，柚子顶多用一个塑料袋套上，然后就用大网袋一装，码在地上销售了。这种地摊式经营方式随着经营理念的进步和包装材料升级已逐渐被摒弃，取而代之的是精装与登堂入室——超市专柜销售和网上销售。这一来，满足柚商的包装要求就成为一个亟待解决的大问题。一些地方的地理标志规模小、产量少，采用商标注册人包办办法，即统一包装、统一印刷、统一发放、统一面市。但平和琯溪蜜柚一年有 150 万吨的产量，这得需要多少包装物啊！曾经有一个测算，150 万吨柚子的包装物，一年就需要投入印制包装物费用 5—8 个亿。这么大的体量，平和县的财政是不堪承受的。所以，平和县只能实行蜜柚包装物由柚商自己解决的办法。但这么一来，经销商有没有使用地理标志商标、商标使用得规范不规范就成为了问题。但实践出真知，受"三合一标识"成功的启发，我们很快出台了个统一包装物"四要素"指导意见：第一，品名统一叫平和琯溪蜜柚，不能变成福建蜜柚、金丝柚之类的东西；第二，地理标志商标要严格依照注册样式印上；第三，产地、企业名称不能少了平和县；第四，"自有注册商标"可以有。这"四个要素"缺一不可！除了"四要素"，包装物的其他方面可以自己确定！简洁明了的，花里胡俏的，随你意。

（七）实施"众星拱月"工程

经过多年努力，"平和琯溪蜜柚"地理标志品牌名气越传越远，声誉越传越好，成为夜空中一轮熠熠生辉的皓月。那时有个统计，国内市场上出现 4 个柚子，必定有 1 个是平和县生产的；平和琯溪蜜柚出口竟占到全国柑橘类水果出口总量的 95%。欧盟与我国互相交换 10 种地理标志保护，平和琯溪蜜柚名列其中。所以县里群众都难掩喜悦之色。但我们却没有被初步成功蒙蔽了双眼，我们分析实际后又发现了问题：有一个说法叫"满天星斗独缺月"，但平和琯溪蜜柚产业正好相反，出现一轮明月独寂寞。为什么会这样？因为品牌体系还没有形成。而作为一个地理标志产业，少了品牌体系的加持是不可想象的！换一种文学一点的说法，平和琯溪蜜柚地理标志产业必须出现"众星拱月"才有利于在激烈的市场竞争中立于不败之地，才是理想状态。受拱的明月是"平和琯溪蜜柚"地理标志商标，就是上面讲到的"公标"；而环绕着明月的"众星"是成千上万蜜柚经营者的注册商标。有了"众星拱月"才意味着平和琯溪蜜柚产业品牌集群的出现。发现问题后，我们就有针对性地鼓励涉柚企业注册自己使用于蜜柚的商标，以此促使品牌集群的出现。经过努力，到2019年底平和县的市场主体已注册了3000件用于蜜柚的商标，我们的"众星拱月"工程也宣告大功告成！

例，如有一家以平和东湖为字号的农产品公司，在我们的指导下，注册了几十件的蜜柚商标。他们在企业也实施打造"众星拱月"工程，除主商标外，还注册了系列商标。就像日本丰田公司一样，以丰田为主商标，尔后每一个车型再注册一件商标。比如卡罗拉、凯美瑞、姬仙达、雷克萨斯……一种商标代表一种档次。东湖公司就学丰田公司的做法，注册了一重金、二重金、十龄树、二十龄树、三十龄树、四十龄树、五十龄树等商标。商标中的"金"越多越"重"，商标中的树龄越长，代表柚子档次越高，柚子越好吃。以此实施他们的差异化经营的品牌战略，使企业很快就后来居上。

"众星拱月"工程的实施，使平和琯溪蜜柚地理标志产业的品牌建设，出现了喜人的"菇群效应"。"菇群效应"是什么？下面会讲到，这里暂且按下不表。

（八）平和有个"太阳系"

在本讲座的开篇之时，我把平和琯溪蜜柚比喻成"太阳果"。那么，经过30年努力，平和的"太阳果"已经不止只有一种了，而是出现了一个"太阳系"。

我前面曾经讲到红肉蜜柚植物新品种权纠纷官司。那个官司实际上也为平和全县农民上了一堂生动的农业知识产权课，为农业遗产继承与光大注入新的内容和生命力，由此萌发出现代农业发展新雏形。平和红肉蜜柚植物新品种权纠纷官司法锤最终落下之时，后来被证实成为平和县"太阳系"诞生之日。太阳系是天文学名词，说的是银河系中以太阳为中心的一个小星系。其基本特征是八颗行星和若干行星的卫星围绕着太阳转，太阳以其能量为这八颗行星提供光和热。而这里的"太阳系"指的是平和如今不仅仅只有一种柚类水果，而有了八种柚子，都是由传统的平和琯溪蜜柚基因芽变催生的。

水果的基因芽变不是人为的转基因，而是植物界的自我变异。事实上这种变异是经常发生的，如果被发现就有可能诞生一个植物品种。平和的农民从平和红肉蜜柚植物新品种权纠纷官司中发现了一个发财新途径，像第一位利用红肉蜜柚植物新品种权赚到八位数财富的何坤生、林锦蓉夫妇，像作为平和红肉蜜柚植物新品种权纠纷官司原告的林金山等人也赚得腰缠万贯。这样的事实太激励人了，所以平和农民学会了盯紧自己家的柚园，希冀有朝一日也能和林开祥的柚园一样，突然冒出一颗"发财树"，尔后凭仗这颗"发财树"申请植物新品种权，再用植物新品种权招财进宝。而苍天不负有心人，成功总为专注者预留着席位！在林金山发现平和红肉蜜柚之后，小溪镇湖田村的农哥蔡新光发现了三红蜜柚；西林村的李生发发现了黄金蜜柚；接着红棉蜜柚被发现，红中红蜜柚、金橘蜜柚、平和青柚被发现……

四、转折：农业遗产继承与发扬初现风生水起生动局面

（一）平和发展地理标志产业带来的效应

1. 县域经济发展效应

曾任平和县长的黄劲武在接受新华社记者梅永存、董建国、温晔采访，介绍平和琯溪蜜柚产业的贡献情况时说："目前，平和成为中国最大柚类商品生产基地和出口基地，被称为'中国柚都'。2012 年全县种植面积达到 70 万亩，产量一百余万吨，（直接）产值四十多亿，蜜柚延伸产业产值超百亿。"黄劲武县长这里没有讲到平和县所有地理标志对县域经济的贡献，但仅仅一个地理标志就给平和县带来一年上百亿元的产值，足见地理标志对平和县域经济的贡献有多大了。

上列数据仅以一年为限，如果把眼光放远到一个时期来看，平和地理标志对县域经济的贡献震撼人心。例如从平和县申请注册第一枚地理标志商标的 1997 年到 2018 年，仅"平和琯溪蜜柚"这一个地理标志，累计创造的直接产值已超过 1000 亿元；带给农民的实际收入超过 500 亿元。如果算上延伸产值，累计已不少于 1500 亿元。

2. 驱除贫困效应

2002 年平和就甩掉了省级贫困县的帽子。平和县统计局农调队曾经就平和琯溪蜜柚对全县农民人年均收入的比重进行过专项调查，结果发现全县农民人年均收入的 70% 是蜜柚带来的。这个 70% 是一个什么概念？据现任平和县长吴丁顺在县十八届人大三次会议上所作的《政府工作报告》提供的数据，2018 年，平和全县农民年人均收入为 17665 元，上列的 70%

为 12365 元。由此可知，如今的平和县，农业增效、农民增收、农村增强，地理标志成了主要经济支撑。

平和县利用本土文化资源成功实现一个县的整体脱贫，成为 1976 年成立，迄今为止拥有七十多个国家的会员，总部在香港的独立的扶贫、发展和救援机构——乐施会向全世界推广的六个典型减贫案例之一，被编入一本名为《本土知识促进减贫发展——来自中国乡村的实践》的书中。这本书发行了中英文两个版本。其中平和县的减贫案例是由咱们中国农业大学人文与发展学院的博导、教授孙庆忠担纲撰写的，我给孙教授打下手，题目叫《利用本土知识资源驱逐贫困——福建平和琯溪蜜柚的地方叙事》。该案例写得非常精彩，精彩到被乐施会认定为内地个案中最精彩的，精彩到国内有的专家学者质疑它的真实性。

今天，我利用这个机会为这些质疑专家做个释疑。实事求是地讲，当年选择蜜柚作为全县农业主打产业有偶然因素在其中，但更多的是一种必然选择。因为穷逼得到处找出路，恰好平和县有种植芦柑取得成功的经验，省里 1984 年曾在平和县召开过芦柑生产现场会。芦柑与蜜柚同属于柑橘类水果。平和县种植芦柑经验获得省里的肯定，也让时任平和县的领导对柑橘类水果情有独钟，从而为后来的选择蜜柚作为全县主打产业无形中在心理上作了准备。

其次，那个时节，毛主席的全心全意为人民服务思想在主要官员思想中还占据主导地位。时任县委书记孙竹与县长卢耀清都有为平和县干一番事业的强烈欲望。而且他们很注重实事求是，懂得把理想与当地实际相结合，这一结合就发现祖宗留下了一份很好的农业遗产，便上马实施了。

后来，也就是从 20 世纪 80 年代到今天，平和县委书记换了八位，平和县长换了七个人。若说他们中的某些人一点没有受到后任不愿延续前任设定的发展思路陋习影响，那是假话。但在对待平和琯溪蜜柚地理标志产业持续发展问题上，真得应该为他们点个赞：因为他们做到了薪火相传，一棒又一棒地接力干。一方面这是平和县情让他们在充分比较与论证基础上，明确了应该立足于既有基础发展县域经济的方向；另一方面是平和琯溪蜜柚地理标志产业发展到今天这样的规模，已容不得他们视而不见或者想放弃而另搞一套。试想想：平和琯溪蜜柚地理标志产业已成为平和县地域经济的支柱产业，成为老百姓经济收入的主要来源，蜜柚兴则百业兴，蜜柚丰产又丰收，老百姓就丰衣足食，脸上就灿烂如花，社会就稳定安逸。对此，哪一位当到县团级主官的人，能认识不到？

从某种意义上说，平和琯溪蜜柚地理标志产业已成为平和农民收入的"晴雨表"，同时也成为县官们政绩的"GDP"。正是平和蜜柚出现了与地方经济发展、与老百姓脱贫、与官员为官政绩和升迁的良性循环，让前来平和县当主官的主政者，也自觉不自觉地加入了这种延续地理标志产业持续发展的良性循环中。一种地理标志产业，已强大到令一方主政者不能无视、不敢漠视，更没胆量放弃之时，这是体制与机制的力量在起作用了！所以，平和琯溪蜜柚地理标志产业如果不获得空前的成功，那就只能是苍天捣乱了！

3. 环境亲和效应

由于地理标志产品必须是绿色的、安全的、品质稳定的、质量有保证的，这就要求地理标志产品生产、地理标志产业发展要坚持与环境保持亲和关系，以利于解决经济发展与环境恶化的矛盾。30年坚持绿色发展带给平和县的就是绿水青山。

大家可以看到，平和的天是蓝的、山是绿的，见不到光秃秃的山头，传达给大家的感受是不是有人间仙境的感觉啊？！

4. 文化改良效应

以前平和人见面时的问候语，年复一年都是同样一句话："吃过了吗？"如今人们见面的问候语四季各不相同。春天是"柚仔花开厚呒？"，夏天是"今年柚仔生有厚呒？"（"厚"即多的意思），秋天是"今年柚仔卖几万？"

以前平和农民一直对移动通信公司推出的这种"套餐"那种"套餐"不感兴趣。但对县气象台通过移动通信平台发布的地方天气预报却定制踊跃。他们之所以这么热心于此，源于他们天气关乎收成意识的苏醒和科学种管蜜柚。

以前平和农民人人赌"六合彩"，如今他们最崇尚的是科学种柚书籍、科技书籍，最受欢迎的是科学种柚培训和农艺师。如今的平和农民，学会了"互联网+"，早在2005年，全县农民创办的蜜柚网站就超过3000个。他们不满足于只在互联网上打打产品广告，而是懂得把搜索引擎变成印钞机。还有上面提到过的2018年，平和琯溪蜜柚成熟时，平和县内的网店最多时一天发出网购的蜜柚30万件，一年蜜柚快递量达1000万件、8000万斤，年网销额达2.6亿元以上，平和因此成为"全国电商示范百佳县"。

5. 农业遗产光大效应

其实，以上这一切，又何尝不是平和县继续、光大和保护农业遗产的特征？有人认为农业遗产有五种核心价值：一为生态与环境价值；二为经济与生计价值；三为社会与文化价值；四为科研与教育价值；五为示范与推广价值。我认为这说的是农业遗产的五种实用价值而非核心价值。核心只能有一个，五个核心等于没有核心。个人认为：农业遗产的核心价值应该是具有继承与光大意义！

平和县通过发掘培育发展地理标志产业，使一棵拥有 500 年历史的果树，保持了其品种性状的不退化，并且发扬光大了其生命力，使得这一株祖先遗传下来的柚树拥有了值得继承与光大的价值，这恰恰是对农业文化遗产核心价值的坚守！

（二）平和培育与发展地理标志产业的特征

1. 政府主导特征

平和县培育发展地理标志产业，一直以政府为主导。首先，在规划地理标志商标申请注册时，就要求把地理标志商标所有权掌握在政府手上。办法是由县里组建专门负责地理标志商标运作管理的机构。

县里所以要这样做，第一点考虑是地理标志资源十分珍贵，旁落不利。第二点考虑是地理标志商标注册成功后，势必成为适产区内农民共同使用的区域共同品牌，由任何一家企业或者个人独占商标都是不合适的。第三点考虑是，以后地理标志产业做大了，做成农村经济的支柱产业，如果由一家普通的地理标志商标注册人来运作与管理，无论如何都难以胜任。

有了这样的认识，县政府在筹建福建省平和琯溪蜜柚发展中心时，便由当时的县长兼任发展中心的主任。该中心被县编委核编为"县农业局下属全民所有制事业单位"。

政府主导地理标志的最重要特征还表现在，从发展战略规划到具体运作，都由政府主导。例如在规划上，平和县政府就根据县情差异制定不同地理标志发展战略，专门出台了一个《西部农业发展战略》。其核心内容为：西部八个乡镇山高水冷，雾多潮湿，适宜种茶胜过适宜种柚，于是以"西部农业提升工程"为抓手，引导"西半县"的农民发展另一种地理标志——平和白芽奇兰茶。

具体运作的例子就更多了，例如上面已说到的县政府在1985年前后发动种植平和琯溪蜜柚初期的作为。即便30年过去了，如今的平和琯溪蜜柚所有的大型活动，全部是由县政府组织开展的。

2. 举县体制特征

第一层面表现在县"五套班子"一齐发力。例如县里常年出台与地理标志产业发展有关的文件。以2013年为例，当年就出台了五个相关文件：县委有"平委〔2013〕7号"文件，题目为《加强平和琯溪蜜柚质量安全和品牌保护工作实施方案》；县人大有"平人大〔2013〕14号"文件，题目为《平和县人大常委会关于县乡人大代表积极参与维护琯溪蜜柚质量安全和品牌保护行动的通知》；县政府有"平政文〔2013〕12号"、"平政文〔2013〕19号"文件，题目分别为：《平和县人民政府关于加快平和琯溪蜜柚产业发展的若干意见》《平和县人民政府关于印发2013年琯溪蜜柚质量安全和品牌保护工作责任书的通知》；县政协有"平协〔2013〕15号"文件，题目为《关于农资市场管理和琯溪蜜柚品牌建设工作视察报告》。从县委书记到到县人大主任、县长、县政协主席，都齐心抓地理标志产业发展。

第二层面表现在相关部门齐动。县市场监督管理局当好县领导的地理标志参谋的同时，担当起地理标志具体"操盘手"角色，抓地理标志商标注册、运用、管理，创地理标志驰名商标；县质监局抓平和琯溪蜜柚标准制定与推行。1998年就出台实施 DB 35/T 89—1998《平和琯溪蜜柚综合质量标准》。该标准现已升级为国家标准；县农业局主抓平和琯溪蜜柚推广种植、苗木供应、技术保障、防止品种退化和出口基地建设打造"平和琯溪蜜柚"精品园；乡镇则根据县政府出台的《乡镇琯溪蜜柚质量安全与品牌保护责任书》，承担相关工作。

第三层面表现在行业协会齐动。该县原有平和县琯溪蜜柚协会、平和县蜜柚出口商公会、平和县霞寨蜜柚协会、平和县坂仔蜜柚协会，平和县特产协会、平和白芽奇兰茶协会等地理标志商标行业协会。现与柚有关的协会整合组建为平和蜜柚产业联合会，这些协会作用发挥都可圈可点。例如平和县琯溪蜜柚协会、平和县蜜柚出口商公会就分别出台施行了行业自律规范，如《平和琯溪蜜柚商标品牌使用公约》和《平和县琯溪蜜柚出口商公会自律公约》；霞寨蜜柚协会抓地理标志"二维码"推广。

3. 大手笔特征

平和培育地理标志产业，大策划、大动作、大平台、大规模、大作为、大成果持续不断。例如瞄准建立"中国柚都"大目标，开展上大规模、建大平台、创大品牌、争大成果的大策划，通过 30 年持续不断努力，使平和的柚类地理标志创下 7 个全国县级行政区第一：种植规模最大，柚类品种最多，年产量和年产值最高，同类水果名气最响，市场占有率和出口量都名列第一。

4. 菇群效应特征

所谓菇群效应即如蘑菇总是成簇冒出、抱团冒出。平和县地理标志在最初的"平和琯溪蜜柚"成功引领下，又在国内成功注册了 21 件地理标志商标，全县 16 个乡镇场，实现了

"每个乡镇至少拥有一件地理标志商标"。平和县已创出一个年产值超 100 亿、两年年产值超 20 亿元的地理标志产业。其他的年产值在数千万元的地理标志产业超 10 个。

5. "龙头"引领特征

目前，全县已评出 47 家各类地理标志"龙头企业"，涉及 10 种地理标志。如"平和琯溪蜜柚"，评出了 10 家；"平和白芽奇兰"茶，也评出 10 家。有的"龙头企业"，已跻身省级、国家级"龙头企业"行列。这些行业的"龙头"，正引领全县的地理标志发展，开创崭新格局。

6. "双力共振"特征

注重"行政力""市场力"共同发挥作用，是平和发展地理标志的典型特征之一。"行政力"的作用主要体现在规范地理标志运作秩序方面。如由县政府制定《平和琯溪蜜柚商标品牌规范管理办法》，作为《平和琯溪蜜柚证明商标使用管理规则》的补充。"市场力"的作用主要体现在凡是市场能够解决的问题，都交给市场去解决。

7. 品牌强势特征

截至 2016 年，平和琯溪蜜柚陆续荣获"中国驰名商标""中国名牌农产品""欧盟十大地理标志保护产品之一"；平和地理标志产业集群中柚类商标已产生中国驰名商标 1 件、福建省著名商标 5 件；而茶类商标已产生中国驰名商标 1 件、福建省著名商标 11 件。

"平和琯溪蜜柚"和"平和白芽奇兰"分别被中国优质农产品协会等六家单位评选为"最受消费者喜爱的 100 个中国农产品区域品牌"。《2018 中国茶叶区域公用品牌价值评估结果》显示："平和白芽奇兰"品牌评估价值再创新高，达 26.99 亿元，居全国 98 个茶叶区域公用品牌第 14 名。

8. 支柱产业特征

根据时任平和县县长所作的《政府工作报告》，仅"平和琯溪蜜柚""平和红柚""平和白芽奇兰茶"这三个地理标志产值就占全县农业总产值的 81.57%。

9. 扶贫"抓手"特征

地理标志成为平和县"精准扶贫"主要"抓手"，和扶贫人口脱贫的主要物质财富。县政府曾组织县统计局运用抽样调查方法，从 6 个乡镇随机等距确定了 10 个村，又从这 10 个村抽取 120 户农民为样本，开展了一次"平和琯溪蜜柚在农户收入中的比重调查"，结果如下：平和琯溪蜜柚占农村家庭收入的比例为 70%，经营其他农业收入的比例为 2.5%，外出务工收入的比例为 19.2%，经营非农行业收入的比例为 7.5%，其他收入的比例为 0.8%。

10. 溢出效应特征

凭借地理标志，平和县至少已收获三个"溢出效益"。这是孙庆忠教授总结的。

之一为山地园艺型农业的生态效益。蜜柚属于园艺类植物，平和打造蜜柚地理标志产业，等于选择了山地园艺型农业发展模式。其最突出的特征在于合理利用自然资源、生物资源和人类生产技能，在有限的生产空间内，通过物种、层次、能量循环、物质转化和技术要素优化，谋取尽可能大的生产效益。

之二是特色乡村游的经济效益。平和利用蜜柚花色洁白，蓓蕾成团，花香类型如同白玉兰，浓烈有如桂花；果实又大又圆，成熟后芳香扑鼻；果皮金灿灿的，其行其神，都像一颗颗小太阳，观赏性很强等特点，春天开展"赏花游"，秋天开展"采摘游"，夏冬两季结合当地风景名胜开展"休闲游"，拓展了地理标志产业致富效应。全县旅游收入逐年攀升，2017 年"十一"黄金周（"十一"黄金周正是蜜柚采摘游时节）高寨村就接待游客 4.2 万人次；黄金周全县就接待旅游人数 20.82 万人次，旅游总收入达 11262.1 万元。2018 年平和县全年接待旅游人数 317 万人次、旅游收入 35 亿元。

之三是蜜柚脱贫的文化效益。平和人自古就有"匪气"。清康熙五十八年修《平和县志》里就有"好讼""好械斗"的记载。到当代演化为好写信"告状"，动辄用"八分钱邮票"把一个地方告得"鸡犬不宁"。有了蜜柚园要看顾，有了卖蜜柚的钱足以维持生存需要并维护人身尊严之后，平和人变得知书达理。同时，也逐渐抛弃了农民固有的吝啬与小气习性，由保守变得乐于与他人分享文明成果。小溪镇厝垅村屈朗组年愈七旬的老农林开祥，近十年来，自掏盘缠二十多万元，应邀到云南、海南、广西、湖北、江西等 12 个省区去免费为当地农民传授平和蜜柚种管技术，接受过他传授技术的各地农民不下10000 人。他因此被许多柚农亲切地称呼为"农民教授"或者"蜜柚教授"。

11. 创新特征

在运作平和琯溪蜜柚地理标志产业中，平和创新出许多新事物：例如地理标志种植生态化、基地规模化、生产标准化、价值高端化、经营品牌化、贸易国际化。再如创造出"智慧 + 生态"的地理标志运作模式。实施水肥一体化、"互联网 +"、测土配方、生物防控等先进技术对柚园进行科学管理，工作人员轻点屏幕，千亩蜜柚园尽收眼底，蜜柚生长情况在屏幕上都

清晰可见,"专家对着屏幕就可以给柚子树诊病开方",实现了地理标志管理由粗放向精细、产业发展由传统向现代的转变,

12. 可持续发展特征

县里坚持以绿色发展为理念,注重地理标志与环境的亲和度融合。近年来,平和一度出现了过度开发荒山种植平和琯溪蜜柚现象,县委、县政府适时调整政策,提倡不扩种、讲提质,遏制了平和琯溪蜜柚过度发展使环境质量下滑的趋势,保证了平和琯溪蜜柚地理标志产业可持续发展趋势的稳定。

☀ 种子的力量（王文燕 摄）

小种子，大世界：农民种子网络与农业文化遗产保护

宋一青

中国科学院地理科学与资源研究所/联合国环境署国际生态系统管理伙伴计划研究员。

"农民种子网络和农业文化遗产"命题作业的遐想

首先要弄清楚，什么是农民种子和农业文化遗产？农民种子和农业文化遗产关联性何在？和世界可持续又有何相干？唯有理清了这些根上的问题，才能大致明白为什么要保护农民种子和传承农业文化遗产，晓得应该怎么做。题大力薄，怎么办？只能"鸭子上架"现身说法，田野故事，亲身经历，说说我和团队的初心和出发，探索路上的所为所思、乡情和艰辛、泥土和智慧、美景和风暴、感悟和思考。希望我和团队能及格！

人类来自大自然、基于大自然，彼此互动共生 20 万年，男人狩猎女人采集，种子驯化是农耕的开始，上万年的人类文明始于农耕文明，但是无论是文明源头的种子还是代代延续积累至今的农业文化，现在都正处于丢失和遗

忘中。为什么？就从"什么是农民种子和农业文化遗产"的遐想开始吧。

科学对种子的定义：种子（seed），裸子植物和被子植物特有的繁殖体，它由胚珠经过传粉受精形成。种子一般由种皮、胚和胚乳三部分组成，有的植物成熟的种子只有种皮和胚两部分。种子的形成使幼小的孢子体胚珠得到母体的保护，并像哺乳动物的胎儿那样得到充足的养料。种子还有种种适于传播或抵抗不良条件的结构，为植物的种族延续创造了良好的条件。所以在植物的系统发育过程中，种子植物能够代替蕨类植物取得优势地位。种子是种子植物的繁殖体系，对延续物种起着重要作用。种子与人类生活关系密切，除日常生活必需的粮、油、棉外，一些药用（如杏仁）、调味（如胡椒）、饮料（如咖啡、可可）都来自种子。植物、大树、花草也是种子繁殖而来。许多种子能食用，是餐桌上的美味佳肴（百度维基百科，2019）。

对农民，种子曾是命根子，种地留种延续生计，饿死亲娘不吃种粮。种子就是希望，生根发芽，留种交换，代代相传。现阶段，"农民种子"，只是区分于近几十年出现的越发强势的"商品种子"的叫法，于农民，仍是延续生计的基础，是"种"也是"粮"，兼有多元特性和功能。世界上有84%的小农，70%的粮食仍由小农生产（FAO，2019），大多数小农还是用自留自换的农民种子。

可是对育种研究者、对种子企业而言，"农民种子"是种质资源，是用于新产品开发的育种材料，同时是要/应该用现代化替换掉的"落后"东西。20世纪80年代开始，全世界的种子研发和商品化突飞猛进，近20年，跨国种子公司和大的种子企业的垄断性越发加强。单一、高产、杂交品种大规模快速取代多样性的在地农民种子，农民面临无种可留只能依赖市场的形势，农业生物多样性急速减少，作物、品种和基因层面的同质化、单一性日趋严重，已是不争事实。

种子现阶段的问题，实际始于20世纪初的纷争——私有化。在过去半个世纪里，种子先是经历了强调自上而下推广技术的"绿色革命"，最近30年以来种子日益在全球化进程中转变为商品，这一过程见证了种子从全人类共同拥有的自然资源转变成为由少数跨国公司拥有和控制的商品。

国际社会为应对和解决上述问题进行了长期努力。1992年的联合国《生物多样性公约》（*Convention on Biological Diversity*，CBD）和2001年的联合国粮农组织《粮食和农业植物遗传资源国际条约》（*International Treaty on Plant Genetic Resources for Food and Agriculture*，ITPGRFA），为各国在保护与可持续利用生物遗传资源方面建立了多边沟通机制。2018年，联合国大会以决议的方式通过了《联合国农民及农村地区其他劳动者权利宣言》（*UN Declaration on the Rights of Peasants and Other People Working in Rural Area*），专门强调农民应当享有的种子权以及农民种子系统发挥的重要作用和应有的地位。

然而，IPBES（2019）最新研究显示，人类活动"现在比以往任何时候都威胁到更多物种"。这一发现基于这样一个事实：植物和动物群体中大约25%的物种是脆弱的。除非采取大力行动减少生物多样性丧失的驱动因素，否则大约有一百万种物种"面临灭绝,许多物种将在几十年内灭绝"。许多农作物的野生近缘种都缺乏有效保护,栽培作物种类、作物野生近缘种和驯养品种多样性的减少意味着农业对未来气候变化、害虫和病原体的抵抗力可能会降低。

但在急速商品化和私有化过程中,人们似乎忘了种子是活的、是生命的根基,我们的食物、药材甚至生存都有赖于它在大自然中应对、进化和传承。任何文化都可以通过其作物和种子的遗迹来探寻它的根源。

再看看"农业文化遗产",全称"全球重要农业文化遗产"(GIAHS),是由联合国粮农组织(FAO)在 2002 年发起的一项大型国际计划,着眼于推动保护全球范围内传承至今的典型性农业生态系统及其与之相伴相生的生产生活方式,在保护生物多样性和文化多样性的前提下,提高农民生活水平并促进乡村地区经济发展。但它曾被称为"被遗忘的农业文化遗产",为什么?这就不得不提一本书——《被遗忘的农业文化遗产:重新建立粮食系统与可持续发展的联系》(*Forgotten Agriculatural Heritage*: *Reconnecting Food Systems and Sustainable Development*,2017, by Dr Parviz Koohaf kan and Miguel A. Altieri)。此书第一作者,潘维兹博士(Parviz Koohaf kan),目前是世界农业遗产基金会主席,也是 GIAHS 的发起人。

潘维兹博士在书中叙述,世界在 20 世纪 60 年代开始面临越来越多的生态环境问题,逐步认识到人与自然互动的方式,以及维护两者之间平衡的根本需求。因此,"1972 年,联合国教科文组织大会通过了《保护世界文化和自然遗产公约》。理由是防止日益受到破坏威胁的任何文化和自然遗产的恶化或消失"。当我们欣赏并努力保护我们的自然和文化遗产时,我们已经忘记了农业遗产。新石器时代开始的"农业"作为所有文明的基础，强调了多样性、文化、进化、发展、持续力和韧性，以保持其核心价值，同时适应不断变化的环境和社会文化需求的力量。但是，在我们最近的文明中，历史见证了现代化、全球化和数字革命，使我们与我们的根基分开，"使我们忘记并忽视了我们自己的农业遗产"（2017，Dr Parviz Koohaf kan）。

潘维兹博士在不同场合多次大声疾呼："农业文化遗产不仅是过去，还与未来息息相关，今天人类面临许多挑战，现代文明的基础受到了威胁。人口增长，气候变化，不可持续的自然资源管理，饮食和生活方式的变化以及全球化正在造成资源利用和地方价值的许多扭曲。如果这个方向继续下去，子孙后代将无法看到我们多样化的、天然营养的粮食作物，也无法了解和体验相关的不断发展的文化。"（2017，Dr Parviz Koohaf kan）

人类和大自然从农耕文明开始共生互动上万年，留下的珍贵的人类文明的自然遗产和文化遗产的保护固然很重要，但是这份人类文明共同遗产的种源和根基是农业文化遗产，这点却被世界一开始就遗忘了 30 年（1972—2002），而且还在遗忘中。没有种源和根基的世界能持续吗？

讲到这里，和大家分享一下近日一次震撼的内心经历，2019 年 11 月，从罗马开会回来的飞机上看一篇文章："20 年前，1999 年 12 月 31 日，全球都在欢欣鼓舞地迎接新的 21 世纪，然而这个新世纪，很可能就是人类最后一个世纪了……"看到这里，我的眼泪爆涌，止不住……迎接新的 21 世纪全球欢腾的一幕仍历历在目……1999 年 12 月 31 日我博士刚毕业，当时坐在荷兰瓦格宁根大学生宿舍的小电视机前看着 BCC 的壮阔画面，随着地球从东到西的转动，每一个国家在迎接跨世纪那一刻的时候欢欣鼓舞的场面，先到了澳大利亚，到了日本，到了中国……记得到了中国的时候，很激动，站立欢呼："中国，中国！"刚刚毕业的我已经决定了要回国工作，为我们的老种子、农民和祖国做点事，可一眨眼，新世纪20年高歌猛进地过去了！因此，我满眼的泪水、痛心和不解！世界怎么了？

一、小种子大世界：从"农业不是问题，是出路"讲起

"农业不是问题，是出路！"这是 FAO 总干事屈冬玉先生的大声疾呼！在 2019 年 9 月 22 号纽约的"气候变化高端会议"前会的主题发言。为什么？

大会的主题是"自然为基础的应对"，这也是 2020 年将要在中国昆明召开的"生物多样性公约"大会的主题。气候变化和生物多样性的快速消失是近年讲得最多的世界危机，其根源是生态恶化，大自然和人类的关系被提到了前所未有的高度。人只是所有生物的 0.01%，但是强大的人类，已经造成了 83% 的野生哺乳动物和一半的植物的灭绝（Bar-On YM，Phillips R and Milo R，2018）。《柳叶刀》的编辑塔玛拉·卢卡斯（Tamara Lucas）和理查德·霍顿（Richard Horton）指出："文明处于危机之中。在人类 20 万年的历史中，这是我们与地球和自然之间第一次严重不同步。这场危机正在加速发展，将地球延伸到其极限，并威胁着人类和其他物种的持续生存。"

人们聚焦人类与大自然直接互动、与人类生存和健康息息相关的农业。农业生产所造成的负面影响也受到了极大的关注；生物多样性快速减少，水土污染，食品安全，疾病增加，饥饿增加。"自然为基础"成为方向，恢复生态，增加自然保

护区、国家公园，加强林业发展，农业到底是问题，还是出路？人们开始讨论，众说纷纭，生态，气候，林业，食品，健康，大企业，高科技，AI，高谈阔论。两小时后，各自都得匆匆去吃饭，唉！人是铁饭是钢，一顿不吃饿得慌，没有农业行吗？人和所有生物一样，先有生存繁衍才能发扬光大。笼统点，可以这样说，但还是不足以支持 FAO 的疾呼："农业不是问题，是出路！"

问题太大，回归现实，回到咱们老百姓和小农的日常生活和传统智慧。民以食为天。饿死老娘，不吃种粮。春播秋收，二十四节气，"地中百样不靠天"；日常信仰"天人合一"，人和自然是兄弟，老天为父，大地为母，敬畏自然，尊重自然规律。这是百姓过日子的常识和经典。在这些高大上的会议，满怀激情和专业知识，不接地气，就容易渐渐淡忘了自然规律和乡土。这让我想起我们一个接地气的会——气候变化应对的社区行动交流和政策对话会。

2016 年 5 月 18 日至 5 月 23 日，来自中国、尼泊尔、吉尔吉斯共和国、塔吉克斯坦和秘鲁的 18 个山地原住民传统社区的 50 多位农民聚集在中国云南滇西北金沙江畔的石头城村，举行了第三次国际山地社区原住民网络交流会。会议的主办者是中国科学院农业政策研究中心和农民种子网络及石头城村，主题重点是"气候变化应对的社区行动交流和政策对话"，故也邀请了国内外相关政策机构的研究和倡导者，包括 UNEP、ENDP、IIED、秘鲁生态环境部、中国原环境保护部、中国科学院昆明植物所、云南农业大学、中国农业科学院、中央民族大学、日本里山计划、乐施会及云南的当地社区组织的近 20 位专家学者。目的是评估基于生态文化遗产的理念和方法在气候适应和社区发展方面的有效性，交流社区经验，政策对话和倡导，旨在支持和加强原住民山地社区的生态文化系统应对气候变化，确保社区粮食安全和可持续发展。

这次为期 6 天的会议交流涉及了以下三个主题：

第一，由秘鲁的印加原住民社区"马铃薯园"和云南纳西石头城村组成的姐妹社区进行双边在地交流和生态文化遗产地评估，以建立生态文化遗产地伙伴和更大的交流支持网络。

第二，来自 5 个国家所有 18 个社区更广泛的"赤脚工作坊"田野交流，重点讨论了传统的社区水系统和管理、老种子保护和参与式植物育种（PPB）、劳务输出和生态文化产品/服务。

第三，全体社区小农与政策制定和研究倡导者进行了参与式"政策对话"。

涉及以下重点方面：

（1）近年来，许多山地社区都报告了水资源短缺和冰川萎缩的情况。石头城村有个近千年的古老水系统，为流域中的 14 个村庄提供饮用水、灌溉和消防用水。该系统一直沿用习惯法和村规民约进行管理，确保白天或晚上根据山谷中的位置为所有家庭公平分配水。尽管在过去的 10 年中，云南连续 9 年干旱，但该系统仍然防止了水资源短缺和冲突，而没有这种系统的邻近村庄则受到干旱的影响更大。该系统由村民选出的社区水资源管理委员会监督，并整合了相关的东巴教敬水仪式。其他山地社区也提出了类似的传统水资源管理系统，进一步证明了这些传统系统、机制和智慧在应对缺水和预防冲突方面的重要性。

（2）社区强调了农业生物多样性对于在山区异构环境中最大限度地提高生产力并减少面临气候变化时作物歉收风险的重要性。他们参观了共有 108 个品种的石头村（Stone Village）

社区种子库——社区种子库提供了与之相适应的选择，并能够从极端事件中恢复。他们了解了作为山区社区气候适应工具的参与式植物育种——农民和科学家们共同努力，开发出适应当地条件的更具韧性和生产性的品种。参与 PPB 的社区（在中国和秘鲁）报告说，PPB 品种的表现要好得多，在山区环境中要比均匀的杂交种子好。PPB 还保留了适应性强的本地种。在广西，大豆地方品种正在被杂交玉米迅速取代，这提醒人们，要更多地认识到农作物的生态和社会价值，而不仅仅是考虑经济价值。

（3）社区还讨论了乡村青年外出打工这个共同的问题，它阻碍了传统知识的代际传播，以及在农村社区增加基于传统知识的经济机会以扭转这一趋势的必要性，如通过生态文化产品和生态旅游服务等。其他战略包括让青年更多地参与社区生态文化及自然资源管理项目和活动，以提高人们对传统知识价值的认识，加强社区网络并将当地民族文化和传统知识纳入地方小学的正规教育系统。同时强调了妇女在老种子保护利用和传统知识的传播中所起的重要作用。

（4）会议的最终结果是根据以上主要信息，讨论和一致通过制定了《石头城村宣言》。该《宣言》呼吁各国政府、研究人员和国际社会认识到传统知识和生态文化遗产的价值，为加强传统资源管理系统特别是水和农民种子系统提供支持，并认识到性别差异化的作用和气候变化的影响；呼吁支持防止传统知识的迅速丧失和加强代际传播，并承认传统知识和实践在为能源密集型现代技术提供低成本、低碳替代品方面的重要作用；呼吁各国政府和国际社会在全球范围内承认国际山地原住民社区网络，作为加强生态文化遗产地和传统山地原住民应对能力的知识交流和创新的重要机制和平台。

（5）会议过去数年了，国内外，所有的 18 个参与社区都在可持续地往前走，不少社区建立了社区种子库，加强了水资源管理，生态文化产品和服务增多了，返乡的年轻人增多了，这带来更多孩子的笑声和妇女们的歌舞声。会上萌芽的"纳西摩梭传统村落四村联盟"（石头城，吾木，油米，拉伯）在金沙江畔寻回了失去的老种子，恢复了流动的智慧，人们交流互助，复育在前行中。国际山地原住民社区网络在持续地发展壮大，协调和支持着更多山地社区的交流和倡导，在 2016 年举办的网络第六次国际交流会，初步计划在昆明举办的世界生物多样性大会（COP 15）期间，在石头城四村同步进行。村民在高兴地准备中，期盼有更多来自全球的传统智慧和科学方法能在金沙江畔再度交汇！

种子危机，人与自然连接的断裂

书归正传，回到原点：问题究竟出在哪儿？让我们聚焦农业的起源、种子不远的过去和现在的危机以及可能的出路。

这个星球上已经有 20 万年的人类史，农业开始于男人狩猎女人采集，从妇女采集的种子开始驯化、定居耕作，一点点地开始了农耕文明。最早的农业至今有近一万年了，起源于地球不同地方的农作物驯化，原苏联的大生物学家瓦维洛夫于 1935 年提出了耕种作物的 8 个起源中心，后来的学者从人类文明进程和作物进化进程在时间和空间的角度上，将作物起源又扩至 12 个农业起源中心。最早的农业文明出现在中东两河流域、埃及等，是从小麦驯化开始的。我们国家是小米、水稻、大豆的起源中心。小米在中国有 8000 年的历史，粟作文化是中国北方古代重要的农业文化体系；水稻在长江流域也有七千多年的栽培历史，与粟作文化形成一南一北分庭抗礼的局面；大豆早在商代已成为中国人重要的蛋白质来源，中国迄今还分布、保有数量众多的大豆野生品种。我国最早的农业文明始于从黄河流域的小米到长江流域的水稻，还有发现新大陆后，美洲的玉米、土豆等多种作物传播到了全世界，养活了普天下的百姓，滋养了人类文明。农耕文化作为人类文明的起始类型，经过全球不同地区的农人一点点地驯化选育，传播到全世界，各地都有自己的生态特征和一套驯化植物和动物的方式及相关的传统文化和宗教，整个生物多样性、种子多样性与文化多样性、生活方式及精神和信仰是相连的传统生态文化系统。

20 年来，追随老种子走中国、游世界，走遍了中国 26 个省和自治区数十个村庄，拜访过包括小米、水稻的发源地，还踏遍五大洲几十个国家的几十个村落，探索了从南美洲安第斯山脉的印加原住民社区"土豆园"，到墨西哥的玉米发源地"玛雅部落"，从中东小麦、大麦的家乡叙利亚、约旦、埃及，到非洲的肯尼亚、津巴布韦、埃塞俄比亚丛林里的原住民村庄。每一处的农人对种子都有极大的兴趣，因为种子是他们生命的根基，日常食物、药材等生活生存的基础，精神的依托。安第斯山上的拜种神仪式，非洲丛林里的庆丰收换种节……任何文化你都可以通过其作物和种子的遗迹来探寻它的根源。

讲了生态文化遗产系统，我们近十多年一直都跟踪研究秘鲁的安第斯山脉一个机构，他们是原住民的土豆园，安第斯山脉中的一些原住民对马铃薯进行保育和育化，又跟国际马铃薯中心合作。这些原住民的文化、信仰（这是秘鲁原住民盖丘人）与他们的天地观，相比较可知，跟我们石头城的天地观很相似，就是对人、地、天、自然的一种共生的认可，对

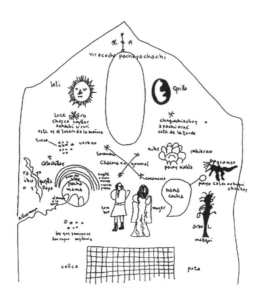

☀ 秘鲁安第斯山印第安原住民的 alluy 信仰体系

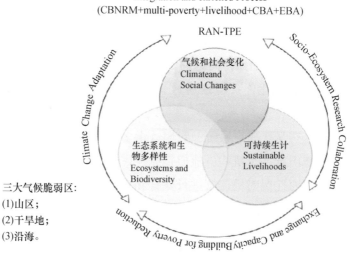

Socio-Ecosystem Base Adaptation (SEBA):
社会生态可持续应对框架
Integration and enriched Process
(CBNRM+multi-poverty+livelihood+CBA+EBA)

RAN-TPE

Climate Change Adaptation

Socio-Ecosystem Research Collaboration

气候和社会变化
Climateand
Social Changes

生态系统和生
物多样性
Ecosystcms and
Biodiversity

可持续生计
Sustainable
Livelihoods

Exchange and Capacity Building for Poverty Reduction

三大气候脆弱区:
(1)山区;
(2)干旱地;
(3)沿海。

大自然的敬畏，就是我们中国人说的天人合一。在这个基础上，我们整合了一个生态文化遗产系统来指导我们的研究和社区行动。

这几个环当中的核心价值观，就是他的信仰，在生态文化遗产系统基础上又进一步扩大了，因为我们在科学院跟第三极，跟大的生态有更多的交织和使用，我们想跟整个可持续目标挂在一块，把那个作为核心揉在大的生态框架里面，叫社会生态可持续应对框架，这些框架的最核心的东西就是原住民"天人合一"的框架，不管从气候和社会变化，还是生态系统和生物多样性、可持续生计，都是一个活态的系统性，其活态性和系统性决定了它的韧性和可持续发展。

我们再从时间纬度回看一下，从种子驯化开始的农耕文明到现在已经有一万年了。而从英国开始的工业革命还没到200年。现代农业是1914年一战后开始的，还没到100年。二战后的绿色革命，20世纪60年代开始到现在五六十年，但是最近几十年，特别是1994年WTO在摩洛哥成立，整个全球化开始了，中国2000年加入WTO，全球化、高速的工业化、高速的商品化。可近年来，物种毁灭和消失的速度是惊人的。联合国粮农组织发布的《粮食系统生物多样性状况报告》指出，农民田间的植物多样性正在减少，在约6000个粮食作物品种中，仅有不到200种为全球粮食产量做出了实质性贡献，在近4000个野生粮食品种中，有24%的数量出现锐减。

气候变化更加剧了对自然生态和人类生存的影响。中国气象局发布的《中国气候变化蓝皮书（2019）》指出，气候系统的综合观测和多项关键指标表明，1901年到2018年，中国地表年平均气温呈显著上升趋势，近20年是20世纪初以来的最暖时期，中国极端天气气候事件趋多趋强，气候风险水平呈上升趋势，极端高温事件在 20 世纪 90 年代中期以来明显增多。

中国成功的代价和可能的转型，需要老种子的回归和乡土文化的复育。中国是古代唯一的大型农业国家，因此其文化发展，独得延绵四五千年之久，至今犹存，农耕文化源远流长，这是咱们值得骄傲的地方。小农春播秋收、种地留种，一直延续到 20 世纪 60—70 年代，仍是农民和科学家共同保种留种、选种育种、保持种子的公共属性。（小农种子评估，2019）绿色革命技术（杂交种 + 化肥 + 农药）是全球的成功案例，而且我们确实取得了很大的成绩，但为了推单产，我们完完全全采纳了绿色革命的高技术、高肥、高投入、高产出，就是杂交种 + 化肥 + 农药，增产两三倍，但是这个增加的时候，其他都在增加，化肥、水利、农药、地膜都在增加，这些增加的同时，高投入，同时也付出了很多。这就是我们的付出，我们只有全球 7% 的土地养活了 20% 的人口，但是我们用了世界 35% 的化肥，中国农业面源污染有一半以上是农业造成的。再从我们身边发生的社会食品安全事件问题和自己的感受来说，近30 年来，在全球化的趋势下，农民种子系统遭遇了种子商业化和垄断的持续排挤和颠覆，同时未得到足够的政策支持。其多样性和系统性急剧减少、丧失的风险加大，我国在地农家品种资源流失程度非常严峻，农民耕种的农家种种类与数量显著减少，尤其是三大主粮作物，水稻从原先 4.6 万个减少到 1000多种，小麦从 1.3 万余个减少到 600 种，玉米则从 1 万多种减少至 150 多个（朱有勇，2014），随之丧失的是相关的传统知识和农耕文化。同时出现的危机是，育种种质基础也越趋窄化，影响了三大主粮单产的提升（张世煌，2015）。

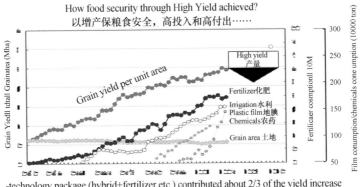

How food security through High Yield achieved?
以增产保粮食安全，高投入和高付出……

-technology package (hybrid+fertilizer etc.) contributed about 2/3 of the yield increase
杂交种+化肥+农药约增产2—3倍。

记得张世煌老师（玉米首席专家）曾说："我们现在地里依存的这些老品种经过那么多年各种各样的气候变化和农人选择，已非常优良了，它们有的抗旱、抗疾基因对我们育种和下一步持续地往前走很重要。"要保护这些品种和整个系统生态文化遗产系统，整个系统是在气候变化和社会经济变化的影响下往前走的。农民种子系统是农民种子根据自然禀赋、文化特性，不断发现驯化，保种留种，选种换种，应对气候变化、需求变化，筛选和优化，农民的选留换种实践和传统知识及文化习俗交织融合、积淀传承，形成了在地农民种子系统，主要通过乡土交流机制在社区层面运作的，在种子的选择、交换、保留和管理方面，依赖传统知识和乡土扩散机制。尽管这个传统系统被定为"非正式的"的系统，但这些系统在农户和社区种子安全方面起着重要作用，并且可以与国家农作物种质资源的保护、增强和利用联系在一起，共同发挥作用。（UN Third Coittee，2018）这对于全球粮食系统的社会生态适应能力至关重要。大多数农业生物多样性通过农民的种子系统得到积极维护。（FAO. 2018. Farmer seed systems and sustaining peace. Rome.

　　回看农业的过去，现在的小农和种子，在私有化和全球化的强大冲击下，导致丢失种子，忘却农业文化根基，人与自然连接的断裂，生态文化系统支离破碎。农业往何处去？刚才说了农业不是问题，但是工业化化学农业确确实实是问题！那么我们需要什么样的农业？农业仅是生产粮食吗？农业没有生态和文化行不行？老种子能和文化分开吗？农业和世界的问题出在哪里？出路在哪里？

　　近年 FAO 一直在推动生态农业转型、人与自然的和谐发展。首先强调的是小农的作用，全世界现在还有 84% 的小农，他们受气候变化影响最大，因为他们直接面对大自然，同时这些小农对整个粮食安全的贡献是最大的，他们既是生产者，又是消费者，他们应该得到更大的关注和更大的支持。越来越多的原住民社区、小农村庄及社会组织和国际机构意识到，老种子和传统文化必须被现代化取代吗？没有小农种子和传统文化的世界和中国会有未来吗？

　　农业是与大自然直接互动的、靠天吃饭的行业，是要按大自然的规律——春种秋收、种瓜得瓜种豆得豆运行的，生态和循环是根本，有种有食，从种子到餐桌，从乡土智慧到舌尖美味，我们离不开土壤、种子、大地生态系统。而自然生态最重要的就是生物的多样性，这是人类和其他生物赖以生存的基础，生态文明建设和乡村振兴的种与根。

　　潘维兹博士指出："放回（put back and put together）农业文化并强调多样性对于可持续发展的重要性，这是我将农业遗产制度作为粮食安全和可持续农业基础进行认识的主要动机。"是的，放回、联结、整合才能系统复育和乡村振兴，这就是出路！

前面说到在飞机上的那一刻，想到当年联结系统的初心和种子梦，面对老种子不断丢失、乡村在失魂落魄中凋零、全球生态文化系统更加支离破碎，内心深深地被触动，抑制不住地泪流满面。当年的小博士已成老博士，20 年的耕耘和探索，希望还是在联结系统的初心和种子梦！

二、小博士大梦想：与种子结缘，20 年种子探索

种子的播入：初识乡土，了解农民

我跟种子的结缘是 20 世纪 90 年代末在荷兰瓦格宁根大学（Waginingen U）读博士阶段回国作田野调查时，我是部队大院长大的疯丫头，小时候对乡土的印象就是东北老家的大土炕和好吃的大锅菜及渤海边上爬满小鱼螃蟹好玩的烂泥滩，但我一直相信自己本质上应该就是农民，这个本性的回归是在我作博士田野研究走入乡村开始的。

我的田野调查是 90 年代后期在广西两个壮族小村庄进行的，一个是都安县古山乡志成村，一个喀斯特群山环绕的边远小山村，古山乡后来并入了澄江乡，小山村也消失在大山中了。另外一个是原武鸣县（今南宁市武鸣区）太平镇的文坛村，现在成了南宁市的郊区村了。那是我人生第一个田野，给了我最初的人生启迪，当时的两位长者是我的种子启蒙老师，炳生的阿公和潘阿姨。

炳生的阿公给我心灵的震动更大，藏在大山中的志成村是我的人生启悟点，当时要从县城坐 4 小时颠簸的汽车路，再爬山越岭徒步 2 个小时才能到达。当时阿公的孙子，韦炳生，是我的小向导，半年间我们无数次地攀爬行走在那崎岖山路上调

查周边村庄、往返县城查资料。记得，导师聂尔斯·罗林（Niels Roling）教授从荷兰来田野指导，当时60多岁。阿公已经70多岁，专门出山迎接教授。两人徒步返回的崎岖山路上布满了烂泥，阿公看到雨中吃力前行的教授很感动，说："真的对不起，让你那么大的教授来我们那么苦的山村。"教授说："阿公，我们在欧洲爬这样有风景的山是要付费的，多么美丽的山！"阿公说："是很美，我们住在这里，看到它的日日月月、春夏秋冬的变化，发现更多的美，但是也很苦，在这里当农民真的很苦。"炳生接着说："是啊，教授，我们这里的人都把古山叫苦山，苦山村，我以后一定要走出大山！"

当时古山的贫困状态，乡亲们的苦日子和笑模样一直伴随着我；这是山区里面种玉米的状态，布满石头的喀斯特地貌，每个石缝种几棵玉米，当时吃玉米是这样吃的，玉米糊是传统主食，现在桂西北喀斯特山区里面还是这样。为什么？是有道理的，因为村民要爬多个山种不同的地块，早上去，背一个竹筒，竹筒里面装满玉米糊，既当饭又当水喝一天。用什么品种做这种顶饱又解渴的玉米糊？乡亲们笑着坚持："这必须用我们好吃的老玉米。杂交种玉米不成，做的东西并不好吃。"

相比，远郊的文坛村条件好些，潘阿姨是个家里家外田间灶台日夜操劳的典型南方农村妇女，还是一个远近闻名的种子土专家，她选育的"墨白"玉米是每年村里村外妇女们的种子来源。记得住在潘阿姨家的那些日子里，多少次，忙了一天的她晚上和我坐在堂屋的小饭桌上，兴奋地摆弄着她的老种子告诉我选育的奥妙。

就是那段铭心的经历，让我从此有了那份对乡亲的近亲感和与土地连接的踏实感，应该是内心那份祖辈的农民本色被唤醒了吧。曾经有人说我袒护小农，我不屑一顾或者根本当成褒奖，因为我内心的想法是："那又咋样？难道不应该袒护吗？如果说我们的日子是农民撑起来的，一点儿都不为过，他们汗滴禾下土地为我们的盘中餐日夜耕种操劳，我们不应该更多认可和呵护他们吗？回看咱们中华民族的过去和现在，加上令国人自豪的近年来改革的成就，难道不是千万日夜辛劳的农民和'农民工'撑起来的吗？"说实话，我不喜欢"农民工"这个称呼，如果说进城务工的农民是农民工，那我就是农民博士，因祖辈都是农民，父亲也是农民出生的军人。

正是在苦山村和文坛村田野中，我心里面播下了种子和两个信念：第一个是我觉得农民不应该这样苦，太不公平了！第二是这些千年传承的老种子和文化不能就这样消失了，太可惜了！炳生爷爷叙述的那些老故事老道理，和潘阿姨摆弄的那些老种子老智慧，不能就这样丢失了，我觉得自己应该也必须为此做一点事儿。

初出炉小博士的种子梦：两大种子系统链接

半年后完成田野调研回到学校，导师说我："一青，你已经完全不一样了。"昔日贪玩爱笑的小博士生，从此有了"心事"。博士论文顺利做完后，导师问我以后要干什么？当时我还没有特别清晰的想法，也有去国际组织工作的机会，但是两位大导师（Neil Roling and Paul Rechards）一致认为，我博士研究的最大发现是：正规种子系统和农民种子系统的断裂和分离，农民的种子系统在国家推行商业化政策以后没有得到足够的重视和支持，导致农民种子系统弱化，公共种子系统种子资源窄化，这影响到农民生计、给国家粮食安全造成隐患。如果能在联结两个系统方面做些行动探索和研究将会很有意义！导

参与式选育种，链接两大系统，农民系统和科学系统

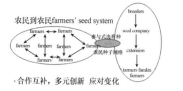

师的想法与我的"心事"一拍而合。就这样，一个刚出炉的小博士怀着联结两大种子系统的种子梦归来了！

联结两个分离的种子系统，背后的理由是，中国强大的公共研究系统，如果能更好发挥公共角色，会帮到农户改良他们的老玉米，同时又能改良农业生物多样性，对整个正规种子系统的种子基础变窄会起到好处。整个大目标把这两个系统连起来，达到那三个子目的，即：帮到农民，改良在地生物多样性，同时对正规种子系统育种有好处。因为农业是跟大自然互动的行业，它的多样性、进化性、连续性和恢复力很重要，它是一个活态的，它是在适应当中不断地往前走的。合作互补、多元创新，是一种活态在地保护利用和基因库异地保护的结合。有道理，目前也是政策越发关注和我们努力的方向。但系统联结，谈何容易！当时真是初生牛犊不怕虎，这也是年轻的好处！

2000年春天回到北京，在中国科学院农业政策研究院开始了解这番"心事"，实现种子梦的20年历程。在此首先得提及和感谢愿意接纳我这个怀端大梦想不知天高地厚的小博士的黄季焜老师和张林秀老师。他俩是当年的中心主任和副主任，林秀现在仍然是我的头儿和闺蜜。他们的接纳和支持为我的梦想实现提供了最好的平台和持续的可能。通过农民种子保护和利用探索联结两大系统一直是我和团队20年的中心工作主线，当然也做了很多和此相关的政策研究，如和黄季焜老师团队合作的全国农业推广体制改革、农民组织发展等研究，和张林秀老师团队近年一起进行的"泛第三极丝路发展国际合作研究"等。这些跨学科的合作研究也让农民种子和系统连接议题作为核心和主线得以不断丰富和扩大。

因为是以种子为切入点，最初的同盟军无疑是农业种子科学家，在此特别想提的是中国农科院作物所的玉米首席科学家张世煌老师。张老师从一开始就是我实现种子梦的坚定支持者，无论在精神上还是种子技术上及政策倡导方面都给了我和团队巨大的支持，没有张老师精神和技术上的不断鼓励和指导，我们无法走到今天！张老师是个有良知和社会责任感的真正的科学家。他对老种子和农民的理解与感情深深地感染着我和团队不懈地努力前行！

张老师的队伍，西南四省农科院的玉米专家们，尤其是广西农科院玉米所的专家和几任领导20年来一直是我们的核心同盟军和技术支持者！最初的根据地就是从潘阿姨的文坛村和广西的另外4个县4个村开始的。

2019年11月30日，我们又到了文坛村，村庄仍在，只是种植结构调整了，新增了大片的柑橘，还剩小块玉米。这张照片里有还在坚持的潘阿姨，村里当年的女农户们和推广人员，黄柏玲、黄开建所长、杨为芳，省里的推广家，他们几位推广人员和这些农户，包括省里面推广人员，还都坚持在第一线，还都在做同样的事情，还在往前走。这些让我很感动，也很欣慰，他们说："宋老师，糯玉米还在我们这里，还在继续种，麦白改良的新墨一号还在传播。"潘阿姨去城里带孙子两年，现在又回来了，说："我明年开始继续这个事情，再继续往前走。"遗憾的是，张老师病了，老所长八十多岁也没有能来。

张世煌老师的教导，杨华全老所长手把手地教，广西农科院玉米所几任所长程卫东、黄开建的接力支持，育种家覃兰秋、谢和霞的长期参与和技术支撑：罗妮·沃诺伊（Ronnie Vernooy）博士（从 IDRC 一直到 BI）连续的支持和指导，陆荣艳、韦玉规、张秀云、李瑞珍等农村妇女育种家的支持、陪伴，是助推我坚持下去的源动力。

马山古寨上古拉村荣艳的故事

2000 年，广西马山古寨社区加入了广西参与式育种项目。初始，妇女小组领头人陆荣艳以唱山歌、跳打榔舞等文艺方式来动员村民。2001—2011 的十年间，曾 9 次引来了中国科学院、中国农业大学、广西玉米研究所，以及加拿大、美国、菲律宾、古巴、尼泊尔、印度等国的 32 位农业专家到古寨村讲学授课，还在古寨街道举办了"农民自选作物品种交流会"，使乡亲们加深对科学种养的认识，令原本只有 9 个老人参与的工作发展到 63 人，主要以妇女为主。经过农户、农村社区、科学家们的共同努力，古寨社区种植的品种逐渐摆脱了原来的单一化，实现了 12 个玉米地方品种与许多当地蔬菜老品种的保育，恢复了往昔的种子多样化。自 2006 年起，古寨社区开始进行玉米"桂糯2006"的种子生产并与其他项目社区分享其生产成果。2012 年 3 月 9 日，陆荣艳带领 27 名留守老人及妇女一起建立了马山荣艳生态种养专业合作社，是广西马山县首家集种植、养殖为一体的专业合作社。

近二十年过去了，当时播下的种子，还在发芽、成长，那个精神的和行动的种子还在那里，我挺感慨的，刚才孙老师说辛劳、奔波、辛劳，在这个过程中我个人收获很多，在这些阿姨们、姐妹们、科学家的身上，我学到很多东西，生命在变革，个人在成长，同时于我是一个特别享受的心路和行路历程，因为接地气、闻着泥土香。

可面对越加严重的世界生态危机，和身边老种子的不断消失，我真的已了心事，完成梦想了吗？真的就可以读书行路、诗和远方了吗？这是2013年开始想得较多的。心事似乎难了，责无旁贷，种子梦还要继续：从一个人的种子使命到一个团队的种子使命！

2013至2015年，农民种子网络诞生了，继续种子梦，从一个人到一个团队再到一个网络。继续寻种、探索、播种、唤醒、转播、扩散、倡导，从一个省几个村庄，到西南四省十多个村庄，再到全国十个省份的三十多个乡村社区，团队在茁壮成长。农民种子网络作为一家社会公益组织，通过开展农业生物多样性、传统知识和可持续食物体系的行动研究与多元创新，来提升小农户的能力与可持续生计，维护他们的权益和尊严。农民种子网络坚定维护种子的公共属性与公共价值，鼓励社区和公共研究机构合作开展农家种子保护、利用与创新，改善农民生计和提升农民尊严。

在此章的最后，必须提的是乐施会的大力支持，没有刘源老师2015年底紧急状况下的果断出手相助、洪力维和伙伴朋友们的持续大力支持，我们的种子梦会难以维系，农民种子网络的路也会更加艰难。谢谢了，一路上的老师、朋友和伙伴！

三、小种子大文化：农民种子网络和农业文化遗产

人是从大自然走出来的，人类生存和发展的基础是大自然。这段话是我国著名民俗学家乌丙安老师讲的。自然遗产保护是第一位的，种子就是自然遗产中最重要的一个环，如果这个存在于地球上的所有生物遗产没有保护下来，其他都是空谈。这个小小的地球村，物种毁灭和消失的程度是惊人的，而物种是人类和其他生物赖以生存的基础，自然生态保护最重要的目标就是生物多样性。自然界是一个共生系统，彼此相生相克，所谓自然和谐，就是这么来的。

开篇说了，农业遗产正是开启和联结人与自然互动的人类文明的源头和基础，中国起始于农耕，中国仍是农业和农民大国，更不能丢失和忘却了这个源头和基础。农耕文化是活的，是土里长出来的文化，这个活的文化的根源就是农民种子，守住种子这个源，通过农业文化遗产这一路径培植乡村振兴的根基，这就是农民种子网络和农业文化遗产中心的共同使命！这份使命感也就是召魂师和播种人开启共同田野工作的原动力！

2015 年春初遇孙庆忠老师的一年之后的 2016 年春天，去的是我们云南的根据地金沙江畔的石头城村，然后孙老师又把我和团队"收编"到他的遗产地研究点——河北涉县的雄伟旱作梯田地"王金庄"。期间我们还一道走了广西的古寨村、薽南村，内蒙古的大甸子村等十多个村庄，一发而不可收地开启了我们共同的田野工作。

聚焦两个村庄——石头城村和王金庄，让我们开始谈谈传统村落老种子的失落和回归的故事。先从石头城说起。石头城村是名副其实的"被世界遗忘的农业文化遗产"第一村，它

坐落在金沙江峡谷中，上游西北方向有闻名世界的"三江并流世界自然遗产"，下游东南方是全国闻名遐迩的"丽江古城世界文化遗产"。在两大世界级遗产辉映下，石头城村及沿江的传统村落却一直默默地静立江岸上千年，纳西妇女披星戴月、日出而作、日落而归地辛劳耕作代代相传。直到2012年，一拨寻种和探宝的人打破了这片土地上的沉寂。

石头城，大名宝山石头城村，位于丽江西北126公里的金沙江峡谷中，因为108户纳西人家聚居在一座天然大石之上而得名。据考，石头城始建于唐朝中，元世祖忽必烈曾在此革囊渡江，越天险太子关南征大理国。纳西语称其为"拉伯鲁盘坞"，意为"宝山白石寨"，至今已有上千年的历史。根据2000年的人口普查数据，石头城居民共有885人，其中纳西族880人，纳西族里"木"与"和"是大姓，"木"姓多为显贵之后，"和"姓多为东巴后人。云南以气候适人、物产丰富、文化多元著称。大山深处的石头城长年不通公路，村庄直至15年前都处于自给自足的生产生活状态。以前粮食产量不高，家家户户酿出来的粮食酒仅供清明、春节、纳西民族节日时使用。石头城村民亦有冬月杀年猪制成腊肉的习惯，保证来年干农活需要补充体力时有肉吃、干活更有劲。

宝山石头城一带山势陡峭，耕地坡度36°以上。有梯田1026亩，旱耕地92亩，人均耕地面积1.26亩，梯田集中在江面至石头城之间，主产水稻、小麦、玉米、高粱、黄豆、蚕豆等农作物，海拔2700米至居住地之间还是荒山，森林主要分布在2700米以上的山地，森林覆盖率38%—39%，重要树种有云南松、云杉、冷杉、红豆杉等，常见的动物有猴子、野猪、林麝、斑羚、熊猫、穿山甲、雉鸡等。石头城村还有一个古老的灌溉系统，浇灌着依山傍城而建的梯田，上千年间滋养着一代代的石城人与山水万物和谐共生。

　　但是，2012 年我们团队的基线评估发现，1998 年通公路后的 15 年间消失了 50 多个作物和品种，包括一些山地传统作物如高梁、燕麦、大麦、青稞及一直种的水稻都不种了，仍在种的玉米、小麦老品种也流失很严重，最大的原因是杂交种大力推广，还有一个是劳力的短缺，而保留老品种的原因是抗旱、抗瘠，适应当地的情况，另外还有文化和感情因素。

　　从文化的角度，我想跟大家讲一个特别小的例子。我们先去了石头城，再去油米村、吾木村、拉伯村、金沙江上游，纳西摩梭四大传统村落全面联手覆盖！书归正传，石头城村民一直种一种麻，用麻来纺布、纺麻衣，那个麻衣用得最多的是老人出殡时候做的孝衣，但是这个麻种近年消失了，没有了这个麻，就没办法纺麻线、织纺布、做麻衣了，纺车停了，装统手艺也要丢失了，而且这个麻衣很难买到。幸运的是，我和村书记木文川，2016 年徒步去金沙江更上游的油米村，在山沟里发现了麻的种子，文川如获至宝般地把种子带回来，种下去。三年后，这里又恢复了那个纺线和织布机，村民高兴地告诉我，宋老师，我们又可以做麻衣了，而且做出来的麻衣非常珍贵。为什么还要自己种麻、织布做衣服？这里面带着一种精神作用和神圣的感情因素，应该是对长辈、对祖先的敬意，就是要用这个世代传下来的麻和手艺，就如石头城的乡亲们祭天的时候必须用老品种的黑猪、黑山羊一样。中秋节敬老人的月饼最好是老品种的食材自己亲手制作。

　　石头城村是金沙江流域颇为典型的纳西村落——距离云南丽江市区 127 公里的纳西村落，深居在玉龙雪山山系的金沙江河谷地带。它所在的滇西北山区位于喜马拉雅山脉最东侧，即青藏高原与云贵高原交界处，澜沧江、金沙江、怒江在此"三江并流"，成为生态系统和生物文化最丰富的地区，也是多元民族文化聚集之地。纳西族人沿江开垦梯田，凭借勤劳和智慧创造了山地农业文化系统。小农农业是纳西山地农业文化系统的特点，虽然人均耕地面积不足两亩，作物和品种数量却十分丰富。石头城主要粮食作物有小麦、大麦、玉米、马铃薯，丰富的豆类、蔬菜、南瓜、蔓菁，以及核桃、花椒、果树，形成了一套高效而富有活力的混农林耕作系统。中科院农业政策研究中心参与式行动研究团队2012年来到石头城村，在此开展农业生物多样性基线调研。调研结果显示，30多年以来，当地农户种植的传统农作物和农家种数量呈下降趋势，尤其是自2007年起，农家种流失速度加剧，杂交种使用比例呈迅速上升趋势。农户曾经自留、交换的农家种子逐渐减少，作物品种日趋单一，农业生产和农户生计在面对干旱、雨季推迟等极端天气时变得脆弱。石头城村成立以妇女为主要成员的种子保育小组，从农业生物多样性和传统知识保护利用切入，保育纳西传统生态文化，推动社区持续发展，走上种子之路。

2016年秋天，孙老师给三村（石头城、吾木、油米）村民培训中讲绘的"一天，一年和一生"三条线和纳西小东巴——和继先即兴画的天地人的智慧树，互相辉映相得益彰。老种子和传统文化走到了一起，本是一体的生态文化系统得到更好的联结，村民们更自信了，老种子在回归中，文化在复育中！

石头城的妇女骨干得到科研机构的支持，中国科学院昆明植物所、广西农业科学院、云南农业大学，它们为小组提供技术培训和交流学习机会，帮助小组成员掌握选种育种、提纯复壮、制种等技术。张秀云、李瑞珍脱颖而出，成为技术能手、妇女育种家。在她们的悉心呵护下，村里丰富多样的种子也受到重视。其他骨干亦不甘落后，木义昌的大豆选种试验，和善豪精心维护家庭菜园，种子多样性愈发丰富，不仅从骨干手里分发到本村村民，还流转到附近的纳西村落——吾木、油米和拉伯。2018 年，四村联盟，携手发展，成立纳西山地社区网络，张秀云成了种子专家和老师，教授四村农户选种育种。

王金庄的故事

王金庄，是第一眼便让我很感慨的遗产地传统村落，雄伟壮观的旱作梯田，跨越几十个山头沟岭山峦，绵延不绝，如果说石头城村是藏在遥远深山中被"世界遗忘的村落"，那么王金庄便是身处"闹市"中被"世界遗忘的角落"，离京城 500 公里，高铁两小时到达，与古都安阳、周易发源地及甲骨文故乡，只百里之遥，却一直在南太行山沟里静默七八百年，父老乡亲牵着小毛驴，日出而作、日落而归地耕种着五谷和豆类，如期生存繁衍着。

和大多数村庄一样，王金庄也是从唤醒沉寂的种子和辛劳的妇女开始的，这些丰富的老种子和诚挚的姐妹们，让我明白了那些雄伟绵延的梯田和一座座的石堰中隐含着的中华文明在千百年中绵延的艰辛、智慧和力量！之前多在边远少数民族村落寻种保种，王金庄是中华汉文化与大自然互动的艰难岁月和多灾多难中留下的珍贵遗产地，凝聚了农耕民族的韧性基因和应对智慧。

我们就从村民王林定收集整理的两个保种小故事开始了解王金庄吧。

1. 饿死老娘不吃种粮

从前，王金庄有位叫刘不秀的老婆婆，老伴英年早逝，剩下她和儿子俩人。母子俩相依为命，过着简朴的艰难生活。明崇祯十三至十四年（1640—1641年）连年大旱、大饥、瘟疫，民死七分，据老人们说，光王金庄大碾台往东就死去46口人。刘不秀的儿子王应元为了母子俩生存，他拖着饥饿的身体耗尽最后的心血，每天去地里扒野菜，甚至连能吃的草根都吃掉了。说来也奇怪，每天人们扒去的野菜第二天仍然能够生长出来。可是，人多菜少，还是满足不了人们的需求。人们专靠吃野菜也不行，渐渐地刘不秀老人病倒了，再加上她舍不得吃，一天不如一天，离死亡越来越近，儿子王应元看着面黄肌瘦的母亲，眼泪止不住地往外流，他为了挽救母亲的生命，把仅剩有的一部分种子拿出来让母亲吃，当老母亲得知是种粮时，她气得眼都不睁，宁可饿死病死也绝不吃掉种粮，就这样老娘永远地离开了这个世界。

2. 腊月初十去扒洞

康熙四年（1665年）大旱，黑风怒吼，大树立拔，民居多倾。就在这民不聊生的大旱、荒乱之年，在王金庄村里发生了这样一个故事。有位农民腊月初十去地里修复梯田时，突然发现了田里的老鼠洞，他好奇地用力扒着鼠洞，沿着洞穴寻找，最终找到了它的仓库，发现它的仓库分四个库：春、夏、秋、冬，住宿、厕所格外有序，并且厕所另一端还有一个通气孔，以便排气，可见田鼠聪明到了极致。这位农民喜笑颜开，发现了田鼠的粮库，他有了生存的主心骨，这时他越扒越起劲，在这个鼠洞就扒出一百多斤粮食。当人们得知这位农民扒到田鼠粮食时，村民像蜂拥一样奔向各自的田间寻找鼠洞，在同样的情况下，有扒多有扒少的粮食，就这样打起了一场扒鼠洞的人民战争。人们扒到了粮食，既解决了暂时的生活困难，又有了粮种，为下年春耕夏播打下了基础。从此，王金庄的人们就把腊月初十扒鼠洞叫成"腊月初十去扒洞"，作为纪念日流传至今。

再看看，农民种子网络小伙伴描述现在的村民是如何对待农耕生活和种子的。王金庄隶属于河北省邯郸市涉县井店镇，地处南太行山东麓，石灰岩深山区，山高坡陡、石厚土薄。冬季寒冷干燥，夏季炎热多雨，春秋冷暖交替。王金庄村是一个自然村，设有 5 个行政村，2019 年全村 4700 人、1425 户、3542 亩（230 公顷）旱作梯田。王金庄村的地理位置决定了村民地里靠天收的种植命运，但他们摸索出了"地种百样不靠天"的生存智慧，总结出"藏种于民、藏粮于地、存粮于仓、节粮于口"的可持续生存之道，这样藏种粮于民式的生活延续了 700 多年。农业生物多样性是农业文化遗产的活的源头和支撑，在王金庄村的旱作梯田上，种植着丰富多样的农作物。2014 年以王金庄为核心的涉县旱作梯田系统被认定为第二批中国重要农业文化遗产，2019 年被推荐申报全球重要农业文化遗产。

1. 旱作梯田，多样化种子

农民种子网络没有踏入王金庄村之前，就听中国农业大学的孙庆忠老师介绍过那里有上百年的老种子，存在于老百姓的粮仓里。2018 年 11 月农民种子网络第一次来到王金庄，沿着梯田走上奶奶顶，一路领略北方旱作梯田的雄伟。11 月份梯田里庄稼都已采收完，但地里仍可以看到好几种豆类，还有被霜打了的小柿子，正是最佳品尝期。小米煎饼夹柿子可是当地的一道传统美食。

了解了王金庄的生产和生活环境后，晚上与村民代表们做五象限农业生物多样性分析。来到现场的村民代表中，有三分之二的妇女，因为王金庄的大部分妇女都是地里的主人，家里的粮仓，与家里吃的有关事情，妇女最清楚。当问到"谁家有金皇后（一种玉米老品种）的，请举手"，"谁家有老来白（一种谷子老品种），请举手"，她们举手时脸上露出的笑容，特别自信。接着，她们纷纷往家跑，片刻之间就返回，手里捧着老南瓜、小米穗子、老玉米、各种各样的豆子、菜籽，满足地笑着。每家每户的屋顶上都有一个粮仓，储存粮食和种子，妇女们视之为命根子和宝贝。

那晚，我们发现村民们保留有丰富的农业生物多样性，对他们的称赞与鼓励，激发了村民们寻找老种子的积极性。在涉县旱作梯田保护与利用协会（以下简称"梯田协会"）的协调下，掀起了老种子普查潮，很快成立了 5 个妇女种子普查小组，她们在休息时间对全村进行老种子登记与收集，共登记了180 个品种。在普查时她们在老奶奶的粮仓中发现了少见的作物种子，就会收集一点回来，放在梯田协会借用的会议室里，用小瓶盛放着。来开会的村民们总会在这些种子旁驻留，瞧一瞧瓶子里眼熟又快叫不出名字的种子，回味着渐远的老味道。

2. 藏种于民，建立乡村种子库

梯田协会的曹京灵、曹肥定和李同江想建立王金庄种子库，像农民种子网络的其他项目点一样。建立这样的公共空间，一方面展示王金庄的人们保留种子的战绩，另一方面提醒大家老种子正在悄悄地变少，需要大家一起努力传承生存智慧，加强农民种子系统，守护未来。2019 年 11 月，"王金庄农民种子银行"终于建成，种子从家户的粮仓被带到种子库展示。目前储存在种子库里的种子有一百多种，常种 106 种，共

10 类作物，均为本地品种，有的已在王金庄村种有上百年的历史，其中有 82 个传统品种，保存在种子库里的种子已全部进行资源登记。

常种的作物品种和传统品种如下表：

作物	品种数	品种（传统品种标记绿色）
玉米	5	金皇后、三糙黄、三糙白、白马牙、紫玉米
谷子	22	来吾县、漏米青、屁马青、三遍丑、压塌楼、马鸡嘴、青谷、红苗老来白、老来白、小黄糙、落花黄、山西一尺黄、白苗毛谷、白苗红谷、老谷子、白谷、白苗谷、红谷、毛谷、黄谷、黍子、软谷
高粱	6	红高粱、扫帚高粱、高杆红高粱、齐头高粱、白高粱、笤帚高粱
豆类	24	小白豆、小黑豆、二黑豆、大黑豆、小黑脸青豆、小青豆、青豆、大青豆、小黄豆、二黄豆、大黄豆、大红小豆、二红小豆、红小豆、绿小豆、白小豆、花小豆、狸猫小豆、褐小豆、小南豆、赤小豆、绿豆、毛绿豆、狸麻小豆、蚕豆
菜豆类	13	黑没丝豆角、黄没丝（红没丝）豆角、菜豆角、紫豆角、花皮豆角、绿豆角、小柴豆角、紫眉豆角、绿眉豆角、宽眉豆角、小白眉豆角、紫荆眉豆角、豇豆（紫长豆角、青长豆角）
瓜类	12	老来青南瓜、老南瓜、本地南瓜、老来红、老来黄南瓜、红长吊瓜、长丝瓜、小丝瓜、西葫芦、黄瓜、葫芦、苦瓜
果菜类	6	大洋柿、小洋柿、朝天根、小辣椒、菜辣椒、大辣椒、长茄子、圆茄子
块茎类	6	小菜根、红芯菜根、红/白皮菜根、小菜、芥菜、莴笋
萝卜类	6	黄萝卜、红萝卜、鞭杆黄萝卜、白萝卜、老白萝卜绿头、紫头白萝卜
油料类	6	大麻、芝麻、花生、油葵、油菜、引子

种子库的管理小组成员由 5 名发展到 43 名，其中妇女由 1 人增加到 26 人，种子库暂时向会员开放使用，会员外的村民经过梯田协会同意后可以使用，面向全村开放。种子库成立之初，梯田协会在涉县农业农村局的指导下，与种子库的会员共同讨论了《涉县旱作梯田系统王金庄农民种子银行管理办法（试行）》。其中第四条明确了村民们利用种子库里种子的规则：本村村民确需从种子库领取种子进行田间种植的，经协会会长及专职保管员批准，可以领取种植，种植时领取 1.0kg 种子，收获后要返回 1.5kg 种子。领取的种子必须保证在种子库内留有备份。"有借有还，再借不难"，让种子库的种子像细水一样长流。

每年一次的种子交流与交换活动也列入了计划。2019 年 12 月梯田协会承办了农民种子网络第七届年会，年会上举办了第一届王金庄种子交换活动，村民们与来自 9 个省 14 个村庄的村民们交换心仪的种子、交流讨论种植技术。

3. 设种子田，活化种子

王金庄的村民们期望种子库的种子一直活下去，这要求种子库里的种子发芽率和适应性要高，可以满足村民们随时需要、随时播种收获。于是 2020 年 3 月 1 日，梯田协会的主要成员经过讨论，决定开始尝试设立种子田，把种子库里的种子播种到地里，挑选适应现在本地气候环境的种子，每年持续不断地挑选，活态保护种质资源，丰富王金庄村的集体财富。在种子田的基础上，将开展有机生态种子选育和生产，满足村庄小范围的种子需求。梯田协会以种子田为开端，探索适应王金庄村的农家种在地保护与利用途径。

王金庄农民种子银行的陈列柜上写着"在发掘中保护，在传承中利用，多方参与，动态保护"，农民主体，多方支持，在地活态保护农民种子和生态文化系统。农民的生产生活离不开种子，多样性的种子离不开农民的生存智慧和丰富多彩的生活，撬动一直守护种子的这一人群，认可他们的贡献，唤醒他们的自信，激发他们的内生动力，形成农民自组织，他们惊人的行动力将会证明他们在保护利用与传承农家种中的作用不可替代！

来自田野的启示让我想起，著名学者钱穆先生曾指出的："各地文化精神的不同，究其根源，最先还是由于自然环境有分别，而影响其生活方式，再由生活方式影响到文化精神。"自然禀赋和文化精神的关系，是血肉相连、生命魂灵的关系，种与魂的回归，需要生物基因和文化基因的联结和系统化。

四、小种子大希望：做有种人，守文化遗产，让世界有种有未来！

世界遗忘和忽略了人类文明共同遗产的种源和根基，而且还在遗忘中，没有种源和根基的世界能持续吗？小农及老种子的文化必须被替代吗？没有小农种子文化的世界和中国会有未来吗？

这是问世界的问题，但更重要的是要问我们自己：没有自己种子和文化的小农和我们能做主、自信和幸福吗？

世界忘却了！我们不能失忆、丢种、无根！从我做起，从自己的村庄出发，和团队及伙伴一道找回丢掉的老种子和失去的乡村记忆！复育乡村！真正的种子精神是一种传播——传播、生根、发芽、成长，然后再传播——的精神。

农民种子网络 2015 年从西南开始启动这项工作，在社区、社会组织、地方政府的积极参与推动下，目前已全国开花。更高兴的是，很多是社区农户自发自筹建起的，包括之前提到的贵州的雀鸟苗寨和龙额侗寨、广西的和里村种子库，等等。

什么是乡村种子库，为什么需要乡村种子库

乡村种子库或社区种子库（community seed bank，以下称乡村种子库）是农民自主保护和管理本地农业种质资源的组织，满足农民用种需求，通过保存、获取、利用、改良等多种形式加固本地种子系统，特别关注具有地方特色的、濒危的本地农民老种子。历经35年发展，全球乡村种子库已有上千家，遍布世界22个国家。各地的种子库，基本原则和主要功能相似，名称、组织形态、角色因时因地而异，正像世界各地的种子丰富而多样，乡村种子库的实践形式也灵活而多样。

在乡村种子库里，农民保存乡间多样而富有活力的种子，与之配套的种子资源登记、种子集市、种子田试验动员更多农民参与其中，不仅有助于巩固乡村社区组织，也为农业绿色转型和国家种子安全提供了种子资源储备和保障。与之形成鲜明对照的是"正式"种子系统，例如中国国家种质资源库保存超过50万份种质资源，但利用率仅为50%左右；而种子公司、育种科研机构更热衷于推广单一的杂交高产品种。2020年2月，《国务院办公厅关于加强农业种质资源保护与利用的意见》正式印发，这是中国第一个专门聚焦农业种质资源保护利用的政策，具有重要意义。对此，国家有关部门解读时说："很多古老的地方品种、特色资源都是在老百姓家的房前屋后、田间地头和深山老林里得以保护和延续"，因此，农业种质资源保护"需要全社会力量广泛参与和支持。……让更多的农

民、社会组织都参与到资源保护工作中很有必要。"

事实上，比"正式"系统更久远古老的农民种子系统始终存在。由于农民种子"既是种子也是粮"的双重性，而不是"正式"系统认定的资源、材料和商品，但"非正式"的农民种子和系统是农耕的开始和延续，仍是大多数小农的生产生活基础。这点被商业化的世界渐渐忘了。在以2.6亿小农户为主体的农民种子系统里，乡村种子库或社区种子库（community seed bank），是农民种子在社区就地保护、获取与利用的重要形式和公共空间。首先，它是社区"盘家底"，盘查、登记、了解自己有多少祖传宝贝种子；其次，建机制和章程，如何管好和用好这些宝贝；最后，在地活化，选种改良，应对更新，交换使用。当农户为应对气候和市场而需要更加多元的种子时，乡村种子库便成为可以满足农户实际需求的场所，而这正是活态的农民种子系统一直都有的基本功能。只是这个被忽略和遗忘的系统近年变得支离破碎，需要再度联结和系统重建。这也是乡村种子库对于乡村复育和振兴的意义。

当然，盘了家底、存了宝贝后，社区如何可持续地有效地利用好种子，关系到百姓的生产生计和社区的可持续发展，是乡村振兴的关键。在此分享一个富裕村子的小故事。

湖南省涟源县茅塘镇的"道童村"，这可是一个名副其实的富村，是大名鼎鼎的三一重工的发源和起始根据地，曾是"鱼米之乡"湖南的鱼米共生、水稻飘香的大村，目前村里有数个家产过亿的"农户"，但是村里还分散着一些稻田和农地，清晨还能零星见到返乡小媳妇和老人在田间地头忙碌的身影，听到断续的蛙声。那是2019年夏天，我和农民种子网络的小伙伴应邀去道童村调研，了解农业、种子和村民的生产生活，目的是恢复生态，再造"鱼米之乡"、村里稻花飘香、村外森林环绕的乡村振兴典范村。当时我们的结论是，只要多数村民有愿望和兴趣，引回失去的老种子（小香米、珍珠稻等），以有机农业的方式逐步恢复，建设乡村振兴典范村的愿望就能实现。当时心里的底气，就是村里尚存的几个村民喜爱的老种子和妇女们谈起老种子时那眼里闪着的光，还有就是在湖南省图书馆查到的一个 20 世纪 60 年代初的《涟源县种子谱》。书中记载了这一片村庄的各种老种子，其中一些还存在了湖南省农科院的种子基因库，这是种子带来的希望！

可以想象，如果咱们每一处遗产地、每个传统村落不但能保种留种，还都有了自己的种子谱和文化志代代相传，那会是什么景象？乡村还会无根失魂吗？世界还会面临种子危机吗？

都说未来的希望在返乡青年和新农人，但是在面对大自然，与大自然直接互动靠天吃饭的农业行业，年轻人如何达到"生存"与"生命"的平衡，即温饱、幸福感和生活意义等的平衡，不容易！在激活种子、唤醒村民的同时，自己也能收获、充盈自己，把握好方向和切入点很重要！

前面说了，面对全球化、私有化、商业化带来的影响和危机，生态农业是出路，循环经济、绿色转型是方向。我们需要的是把生物多样性作为整个生态文化和生命系统的基础，恢复活态的种子和活态的土地，才有农业的循环和世界经济的大循环，这样才能走下去，世界才能持续。

在发展生态农业方面，中国目前有更多机遇，2.6 亿小农手里尚存的老种子和拥有的农民种子系统，还有日益增长的健康食物需求和消费者对小农和环境的关爱。农民种子是生态农业的基础，老种子对消费者来说，是老味道，是乡情，是越发"稀为贵"的少有好滋味。

最后回到我常说的"一方水土，一方人；一方人，一方文化"。作为一方人的我们每一位遗产地传承者，作为中国的年轻人，作为人类命运共同体的世界公民，从我做起，从自己的村庄出发，为人类文明共同遗产的农业文化遗产，联结支离破碎的生态文化系统，复育失魂落魄的乡村，是我们所有有种人的终极事业！把种子种在土里和心田里，扎根大地，阳光滋润，风雨成长。仰望星空，天人合一，心怀世界，这是对种子网络小伙伴的要求，与大家共勉！

世界是你们的也是我们的，但归根结底是你们的，咱们有种人就这样一代一代走下去吧！让世界有种有未来！

索　引

人名索引

外国人名

中国人名

主题索引

（本索引词条由杜永明、张悦、吴成英编制。索引项是按照文意的逻辑顺序安排的。）

编后记

2019 年 6 月 9—15 日和 12 月 1—7 日，中国农业大学以"发展农业文化遗产地，培养农耕文化传承人"为主题，举办了两期农业文化遗产地乡村青年研修班，招募了来自 28 个遗产地的 75 位学员，包括在当地或者有意愿服务乡村建设的创业青年以及部分村镇干部。这项被称为"种子工程"的培训，受到了全国各农业文化遗产地和社会各界的广泛关注。这是响应党的十九大提出的乡村振兴国家战略的重要举措，也是落实"培养造就一支懂农业、爱农村、爱农民的'三农'工作队伍"的具体实践。

为了给乡村青年传承农耕文化的理念和行动做好思想铺垫，我们特地邀请了在中国乡村研究和农业文化遗产研究领域极具建树的 12 位专家学者，为研修班学员授课。这部"名家讲坛录"便是他们倾情讲述的如实呈现。除此之外，我还将乌丙安、李文华和杨庭硕等 3 位教授的访谈录编辑其中，以期读者能在前辈学者的睿智思想中获得更多的启发，从而增进对农业文化遗产、对乡土中国的理解。

在举办乡村青年研修班和编辑这部书的过程中，我总会情不自禁地想起人类学家乔健先生的作品《漂泊的永恒》。在这里他讲到，瑶族世代迁徙，战乱时迫于生活不得不漂泊，等到安定的时候依然要漂泊，为的是寻找千家峒，那是他们传说中的祖居地。千家峒仅仅是一个桃花源似的地方吗？他们寻找的是一份特殊的历史记忆，是一个民族的美好愿景。这是生存之根，也是发展之本。相形之下，此时的乡土中国正经受着社会转型的考验——曾经以血缘和地缘关系凝结起来的家族和村落文化日渐式微，祖辈相承的乡村叙事和生活记忆还能发挥其延续文化根脉的作用？当作为实体村落的故乡渐行渐远，作为精神的故乡也不复存在之时，人们是否还能游走于历史与现实之间，带着往事活下去并从中获得生活的意义？

每个国家、每个民族、每个群体，都拥有各自共同的历史文化传统，都不会忘记那些体现其集体价值观的往事。因此，集体记忆是保存社会文化的载体，也是连接个人与社会的纽带。我相信，"一个有深度的社会是一个拥有社会记忆的社会"，而这份社会记忆需要老一辈及我们这一代人肩负起传递的使命。这也正是编辑此书更为深层的意义所在！

孙庆忠

庚子年冬至